彩图9　西湖十景之——雷峰夕照

彩图10　西方古典园林内的喷泉主景图

彩图11　儿童公园设施

彩图12　花坛主题

彩图13　济南丰奥家园景观规划设计鸟瞰图

彩图14　“清风翠影”意向图

彩图15　丹山路植物配置景观设计意向图

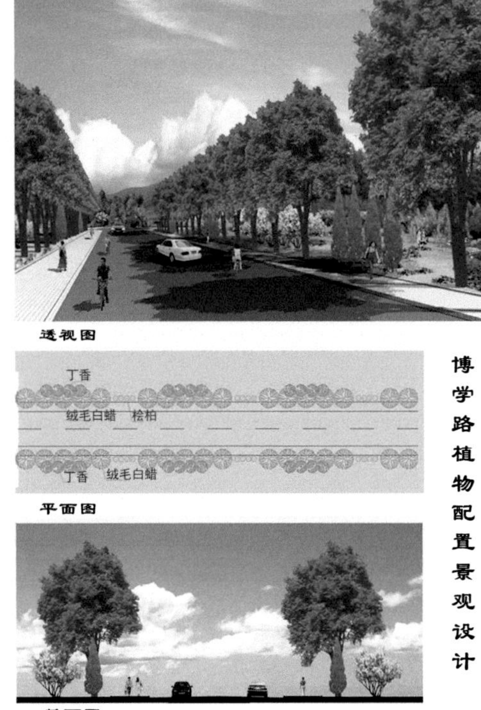

彩图16　博学路植物配置景观设计意向图

彩图17　天健路植物配置景观设计意向图

透视图

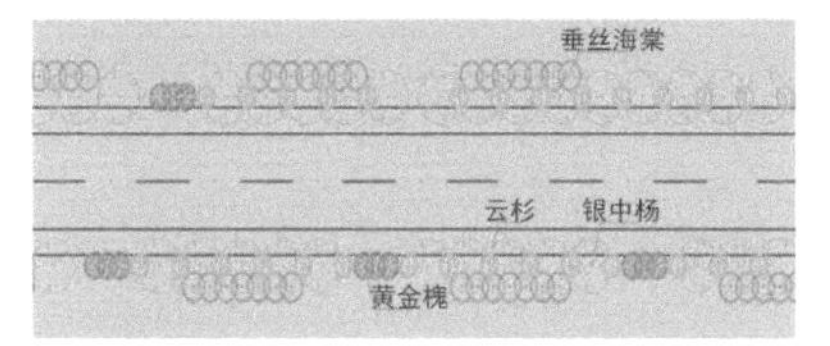

平面图

银海路植物配置景观设计

彩图18　银海路植物配置景观设计意向图

透视图

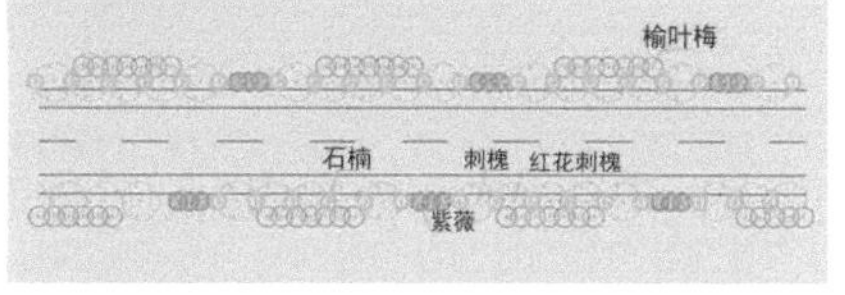

平面图

厚德路植物配置景观设计

彩图19　厚德路植物配置景观设计意向图

彩图20　山东省东营市生态公园

彩图21　蔚然亭意向图

彩图22　钓鱼台意向图

彩图23　揽月台

彩图24　烟台市芝罘区体育公园“绽放青春”主题景观

彩图25　烟台市芝罘区体育公园概念设计鸟瞰图

彩图26　云影密林图

彩图27　品茗阁图

彩图28　曲廊竹韵图

彩图29　知鱼桥图

彩图30　花间流水图

彩图31　晏子公园总平面图

彩图32　晏子公园鸟瞰图

彩图33　“云雾仙崂”效果图

彩图34　“太清花田”效果图

彩图35　荷塘月色意向图

彩图36　“水天一色”广场意向图

彩图37　廊桥秋雨意向图

彩图38　“人生之曲”散步道意向图

彩图39　荆泉风景区生态设计总平面图

彩图40　荆泉风景区生态设计总鸟瞰图

彩图41 “幽茂鸣禽”意向图

彩图42 “阡陌水田”意向图

彩图43 济南白泉湿地公园生态规划设计鸟瞰图

彩图44 生态保育区局部意向图

彩图45 “曲径幽兰”意向图

彩图46 “朝霞凝树”意向图

彩图47 “步移望苇”意向图

彩图48 “鱼跃鸢飞 水流拥翠”主题雕塑意向图

普通高等学校风景园林专业规划教材

风景园林规划设计案例解析

鲁敏　李东和　朱志鹍 ◉ 等著

化学工业出版社
·北京·

内容简介

《风景园林规划设计案例解析》全书包括风景园林用地规划与设计程序、风景园林主题主景设计方法与案例解析、风景园林绿地规划设计案例解析三章。不仅对城市风景园林用地规划的意义、任务进行了系统阐述，而且又全面介绍了包含承接任务、基地调查和分析、方案设计、详细设计和施工设计等阶段的风景园林规划设计程序，总结了风景园林主题与主景设计方法，并对风景园林绿地设计案例进行了解析。

《风景园林规划设计案例解析》内容丰富、翔实，图文并茂，附有多幅彩色图片，介绍了20个主题主景的设计案例和16个不同类型的风景园林绿地规划设计方案，使读者能够直观、系统全面地学习和掌握风景园林规划设计案例解析相关知识。

本书可作为高等院校园林、风景园林、环境艺术设计、景观规划设计、建筑学及城市规划等相关专业的教学用书，也可作为园林绿化、园林设计、园林工程、城市林业、园艺、景观建筑等专业人员参考用书。

图书在版编目（CIP）数据

风景园林规划设计案例解析/鲁敏等著．—北京：化学工业出版社，2020.10
普通高等学校风景园林专业规划教材
ISBN 978-7-122-37455-4

Ⅰ.①风… Ⅱ.①鲁… Ⅲ.①园林设计-高等学校-教材 Ⅳ.①TU986.2

中国版本图书馆CIP数据核字（2020）第139662号

责任编辑：尤彩霞　　文字编辑：温月仙　陈小滔
责任校对：张雨彤　　装帧设计：韩　飞

出版发行：化学工业出版社（北京市东城区青年湖南街13号　邮政编码100011）
印　　装：北京天宇星印刷厂
787mm×1092mm　1/16　印张13¼　彩插4　字数344千字　2021年3月北京第1版第1次印刷

购书咨询：010-64518888　　售后服务：010-64518899
网　　址：http://www.cip.com.cn
凡购买本书，如有缺损质量问题，本社销售中心负责调换。

定　　价：68.00元

本书著作者人员名单

鲁　敏　李东和　朱志鹍　刘　峥

徐　放　程正渭　李　成　尚　红

刘大亮　王永华　高业林　段顺琪

周智敏　刘　夏　崔　琰　谢　禹

谭　蕾　穆回港　吴天缘　董迎宾

前　言

随着科学技术和文化艺术的迅猛发展及城市化进程的不断加快，人口、资源与环境问题的矛盾日益突出，以生态学的原理与实践为依据，科学合理地进行风景园林规划设计，是提高风景园林绿地的生态效能、营造高品质人居环境及空间景观的重要手段和基本保障。风景园林生态绿地系统规划与建设不仅是城市生态系统的重要组成部分，而且是促进城市生态系统良性循环、维护城市生态平衡、提高人居环境质量的重要措施和途径，也是实现人与自然和谐共存、解决与缓解生态环境问题、促进城市可持续发展的正确选择和必由之路。

风景园林学科承担着建设和发展自然与人工环境、改善人居环境质量、传承和弘扬中华民族优秀传统文化、维系人类和城市生态系统平衡的重大使命，高水平高质量的风景园林规划设计是实现这一重大使命的基础和保证。主题立意是风景园林规划设计的中心思想，主题主景设计不仅是营造意境、彰显特色、体现文化内涵、提高园林艺术水平的核心，更是风景园林规划设计的灵魂与精髓。为此，寻求独特的主题主景设计理论与方法已经成为当今风景园林规划设计的必然趋势。

《风景园林规划设计案例解析》全书包括风景园林用地规划与设计程序、风景园林主题主景设计方法与案例解析、风景园林绿地规划设计案例解析三章。本书不仅对城市用地系统规划的方法与理论进行了系统的阐述，而且全面介绍了从承接任务、基地调查和分析、方案设计、详细设计和施工设计等各阶段的风景园林规划设计程序，尤其是创新性地总结并提出了主题主景设计的方法与手法，同时介绍了 20 个主题主景的设计案例，并对 16 个不同类型的风景园林绿地规划设计方案进行了案例解析。

《风景园林规划设计案例解析》不同于普通意义上的图书与案例集，它是在《风景园林规划设计》和《风景园林绿地规划设计方法》的基础上，将风景园林主题主景设计的方法与风景园林绿地规划设计的相关理论及设计案例解析相结合，涵盖公园绿地、防护绿地、广场用地附属绿地、区域绿地等风景园林绿地类型，吸取风景园林一线教育教学经验，集中反映作者数十年来在风景园林领域科研、教学和实践设计成果，既寄希望于学术研讨和教学研究，又希望能为相关领域的专业人员提供风景园林规划设计案例参考。

在本书撰写过程中，研究生罗晓楠、赵雪莹、王晗、姚思远、李文月、伊泽坤、赵学明、宗永成、王恩怡、贺中翼、张凌方、高鹏、李达、赵鹏、刘功生、门小鹏、郭天佑、孔亚菲、程洁、刘敏敏、高鑫、纪园园、袁苗、任文华、周觅、刘文荣、龙雨彤、张天颖、李梦颖、吴晗、肖洒、戚朝辉、马风荻、徐子璇等也参与了部分案例设计及文字整理等工作，在此一并致谢。

《风景园林规划设计案例解析》内容丰富、翔实，图文并茂，附有多幅彩色图片，使读者能够直观、系统全面地学习和掌握风景园林规划设计的相关知识。

本书可作为园林绿化、园林设计、园林工程、城市林业、园艺、景观建筑等专业人员的参考用书，也可作为高等院校园林、风景园林、环境艺术设计、景观规划设计、建筑学、城市规划等相关专业的教学用书。

鉴于本书涉及知识与设计领域较广，涵盖内容丰富，加之时间仓促，书中难免有疏漏或不妥之处，诚盼广大读者在使用中批评指正。

作者
2020 年 7 月

目　录

第一章

风景园林用地规划与设计程序

第一节　风景园林用地规划

每块风景园林用地都有特定的使用目的和基地条件，使用目的决定了用地所包括的内容。这些内容有各自的特点和不同的要求，因此，需要结合基地条件合理地进行安排和布置，一方面为具有特定要求的内容安排相适应的基地位置；另一方面为某种基地布置恰当内容，尽可能地减少矛盾、避免冲突。风景园林用地规划主要考虑下列几方面内容：一是合理确定各使用区之间理想的功能关系及基地内外的联系；二是在基地调查和分析的基础上因地制宜地利用基地现状条件；三是精心安排和组织空间序列。

一、风景园林用地规划的意义

风景园林用地规划，是在考虑功能性和造型性的基础上，把整个风景园林用地规划为一个具有共同性的空间领域。换言之，把园区分为几个部分，使每个部分都能起到相应功能和美化的作用。在进行风景园林用地规划时，要认识到全部用地具有的特性，并根据其特性将用地规划为若干部分，这种方法称为“根据土地特性的规划”。风景园林规划用地就像在绘画中的画布、音乐中的时间一样，是其表现的场所，但是也有与画布、时间的不同之处，即画布和时间是无个性的和普通的，而风景园林用地是具有唯一性的，即在风景园林规划设计中，当选择用地时，就已经着手设计了。总之，用地的特性使风景园林设计受到制约的程度，远远超过绘画和音乐。

用地规划，首先应着眼于用地的特性，将用地规划为几个部分。换言之，必须通过区分的方法，对土地特性的结构进行理解。这里所说的特性，不是用地必须具备优越的条件，而是对用地进行研究，包括它的优点和缺点。其次，进行土地规划时要对造园的目的深思熟虑，从功能和造型两方面来实现这个目的，这是最恰当的用地规划，称为“根据目的的规划”。

“根据目的的规划”，从功能的观点较容易进行，而从造型的观点来看，若不先对若干思路加以整理，就不能很好地进行。其一，规划用地时，从用地的整体来说应采用什么样的秩序系统，由于秩序系统不同，规划用地的尺度和形态都会因之不同。其二，规划用地时，对各个部分空间的顺序，即分阶层的顺序（Hierarchies 金字塔式阶梯组织）应该如何排列，这个阶层组织的顺序从功能来看，具有重要的意义，从造型来看也很重要，这是有关连续性的问题。

用地规划概括地说就是上述两种，即结合“根据用地特性的规划”和“根据目的的规划”。

二、风景园林用地规划调查

风景园林用地规划调查大致分为两种：一是有必要进行有目的的深入调查；二是有必要

对用地进行分析的调查。

（一）有目的的深入调查

1. 关于规划范围的调查

对于规划范围的调查需要根据不同的规划设计而定，包括与功能设计有关的调查和与美的要求有关的调查两部分。

2. 关于建设单位的调查

对于建设单位的调查也是有目的的深入调查中的重要部分，需要深入调查建设单位的种类，了解建设单位的特别要求，分析建设单位的经济能力和建设单位的管理能力。

3. 关于利用者的要求调查

对于利用者的要求调查需要根据三方面进行，即功能的要求（主要使用方式）、美的要求（内容与形式）、利用的界限条件（时间、地点、年龄）。

4. 有关社会环境的调查

对社会环境的调查包括对社会规划、经济开发规划、产业开发规划的调查，需要深入了解规划区域与周边环境的关系，以及对社会管理法令、社会限制等进行调查。

（二）用地分析调查

1. 自然环境调查

自然环境调查包括气象、地形、地质、土壤、水系、植物、动物、景观的个性等方面。

2. 人文环境调查

人文环境调查包括历史、土地利用、道路、上下水道等的现状和规划及其在整体规划中的地位；材料及资料、技术人员、施工机械状况等。

3. 用地现状调查

用地现状调查包括方位、坡度、边界线、用地所有者的关系，建筑物的位置、高度、式样、个性，植物、日照时间、雨量、地下水位、遮蔽物、风、恶臭、噪声、道路、煤气、电力、上水道、排水、地下埋设物、交通量等。

根据现有资料的状况、预算及时间的限制，设计精确度要求等级的不同，这些调查达到的精度很难一概而论，但是根据经验可找出类似标准的尺度。

如何判断调查资料关系到设计者的能力。例如，在现场看到一个值得注意的、处于重要地位的天际线，这种天际线的景象在设计中有正负两方面的作用，但无论如何在多数的情况下它都是赋予用地以个性的重要因素。对这种情况如何进行判断，就要靠设计者的能力。最重要的是，在设计时不要忘记这个天际线空间与气氛的形成条件，在设计时灵活加以利用。

如何灵活运用土地的方位和坡度（地形）的变化是很重要的课题。风景园林用地不一定是平坦的，如果有效地利用高低地形，则不平坦的地方可以出现意想不到的效果。

利用地形变化的方法有两种。其一，是包含其用地在内的构成全体自然的部分确定地形位置的方法；其二，是与全体自然相对比的使用方法。即由于对比，自然与用地内的造园设施都显得更美观的方法。

风向和日照成为使用者决定选标的重要因素，地下水位对排水、池塘、流水的设计以及栽植的设计有显著的影响。

对用地规划项目调查是设计的必要基础。一般调查项目仅仅是以土地规划为目的进行判断，因此在这些项目之间必然有轻重之分。但是，每个设施在设计之际都有必要的调查项目，所以在设计开始时就要对土地规划进行这种调查，以后在必要时再进行更精密的特殊调查来进行补充。调查时应特别注意，不仅要重视设计中的有利因素，还要仔细考虑到设计中的不利因素。

三、风景园林用地功能关系及其图解

（一）功能关系

风景园林用地的性质不同，其组成内容也不同，有的内容简单、功能单一（图 1-1-1），有的内容多、功能关系复杂（图 1-1-2）。风景园林用地规划的第一步工作就是理清各项内容之间的关系，因为合理的功能关系能保证各种人群不同性质的活动、内容的完整性和整体秩序性。例如，在图 1-1-1 所示的街头休憩小公园中，若将租赁区放在坐憩区和水景区之间则必然会扰乱坐憩的秩序，妨碍人们的休息和观景。根据使用区之间性质差异的大小可将其间的关系划分为兼容的、需要分隔的和不相容的三种形式。

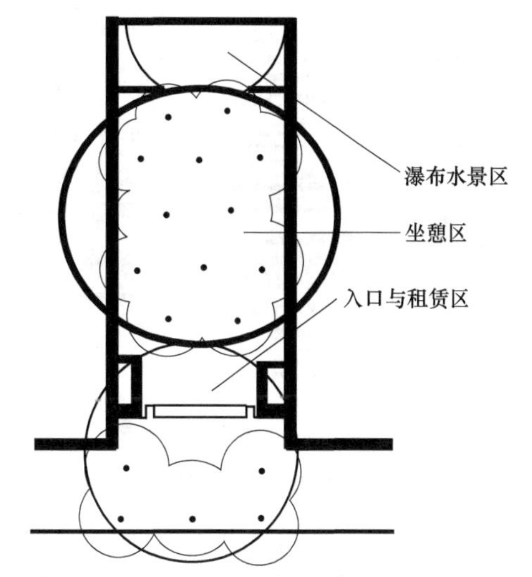

图 1-1-1　面积仅为 450m² 的供行人休憩的纽约佩雷公园平面图

另外，整个风景园林的内容之间常会有一些内在的、逻辑的关系，例如动与静、内部与外部等。如果按照这种逻辑关系安排，不同性质的内容就能保证整体的秩序性而又不破坏其各自的完整。常见的平面结构关系如图 1-1-3 所示。

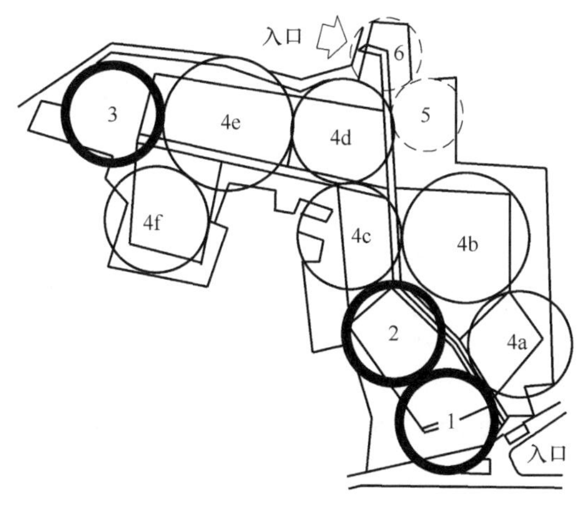

1—儿童活动区；2—科普等展览区；3—文娱活动区；4—游憩区，4a—东假山，4b—大草坪，4c—牡丹园，4d—假山花木园，4e—疏林草坪，4f—西假山；5—苗圃生产区；6—管理区

图 1-1-2　某综合性公园功能分区图

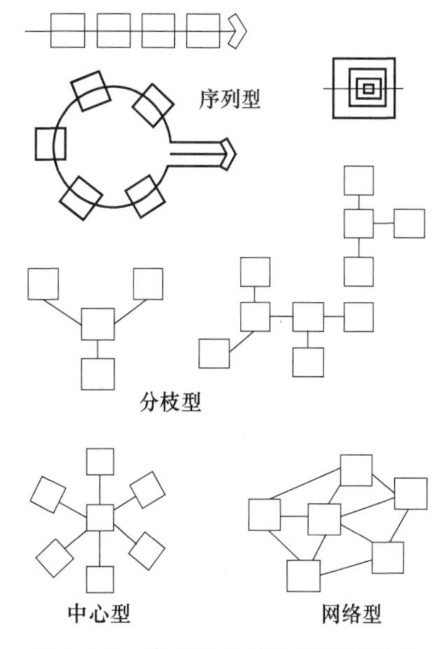

图 1-1-3　常见的几种平面结构关系

（二）图解法

当内容多、功能关系复杂时应借助图解法分析。图解法主要有框图、区块图、矩阵和网络 4 种方法，其中框图法（又称为泡泡图解法）最常用。框图法能帮助快速记录构思，解决平面内容的位置、大小、属性、关系和序列等问题，是园林规划设计中一种十分有效的方

法。在框图法中常用区块表示各使用区，用线表示其间的关系，用点来修饰区块之间的关系（图 1-1-4）。用图解法作构思图时，图形不必拘泥，即使性质和大小不同的使用区也宜用圆、矩形等没有太大差别的图形表示，不应一开始就考虑使用区的平面形状和大小，可采用图 1-1-5 所示的构思过程，其中从 A 到 D_2 的过程较常用。

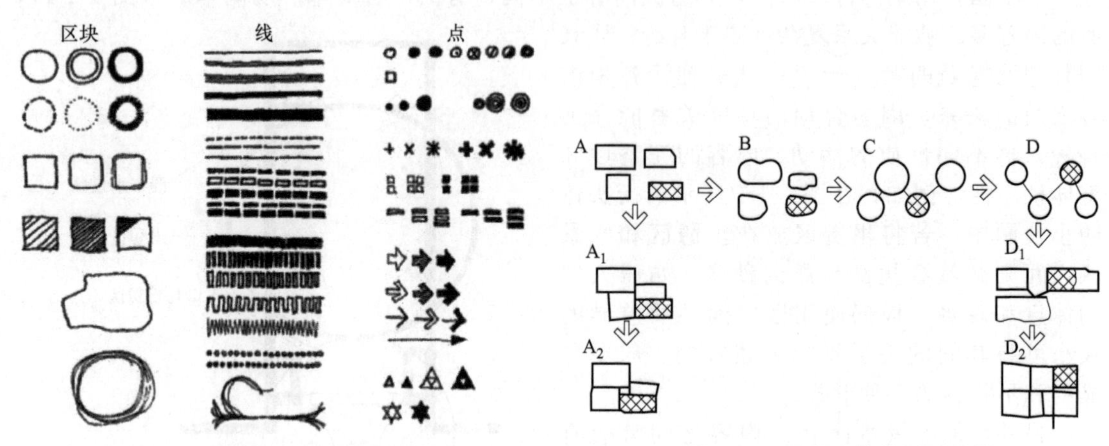

图 1-1-4 框图法中常用图解符号图

图 1-1-5 图解法的常用过程图

在图解法中，若再借助于不同强度的联系符号（图 1-1-6）或线条的数目表示出使用区之间关系的强弱则会更清晰明了，用线条数目表示关系强弱的方法如图 1-1-7 所示。另外，当内容较多时也可用图 1-1-8 所示的方式表示，即先将各项内容排列在圆周上，然后用线的粗细表示其关系的强弱，从图中可以发现关系强的一些内容自然形成了相应的分组。

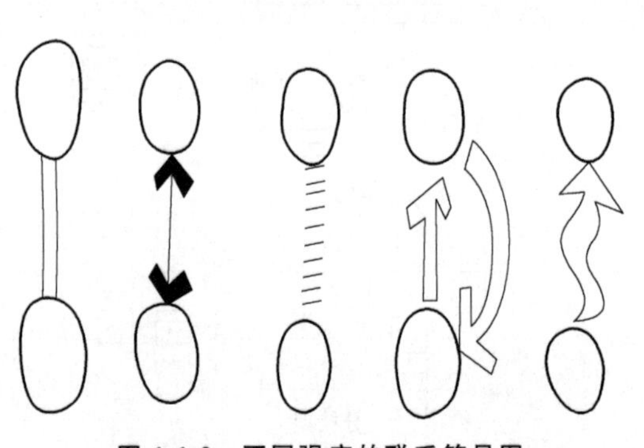

图 1-1-6 不同强度的联系符号图

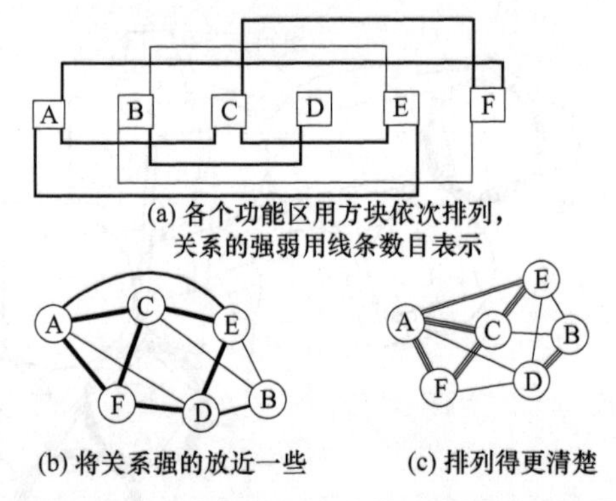

图 1-1-7 用线条数目表示关系强弱的方法图

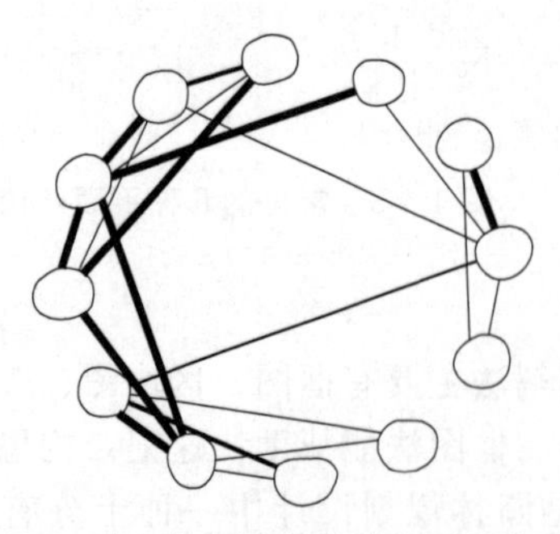

图 1-1-8 内容较多时的处理方法图

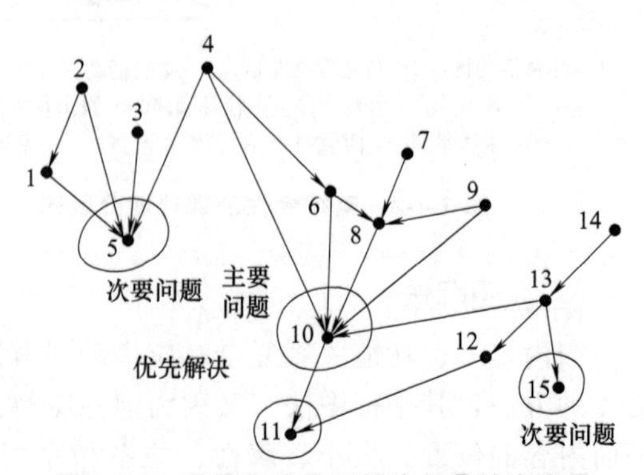

图 1-1-9 用图解法排列解决问题的次序图

明确了各项内容之间的关系及其强弱程度之后，就可进行用地规划、布置平面了。在规划用地时应抓住主要内容，根据它们的重要程度依次解决，其顺序可用图 1-1-9 所示的方法确定，图中的点代表需解决的问题，箭头表示其属性。在布置平面时可先从理想的分区出发，然后结合具体的条件定出分区（图 1-1-10）；也可从使用区着手，找出其间的逻辑关系，综合考虑后定出分区（图 1-1-11、图 1-1-12）。

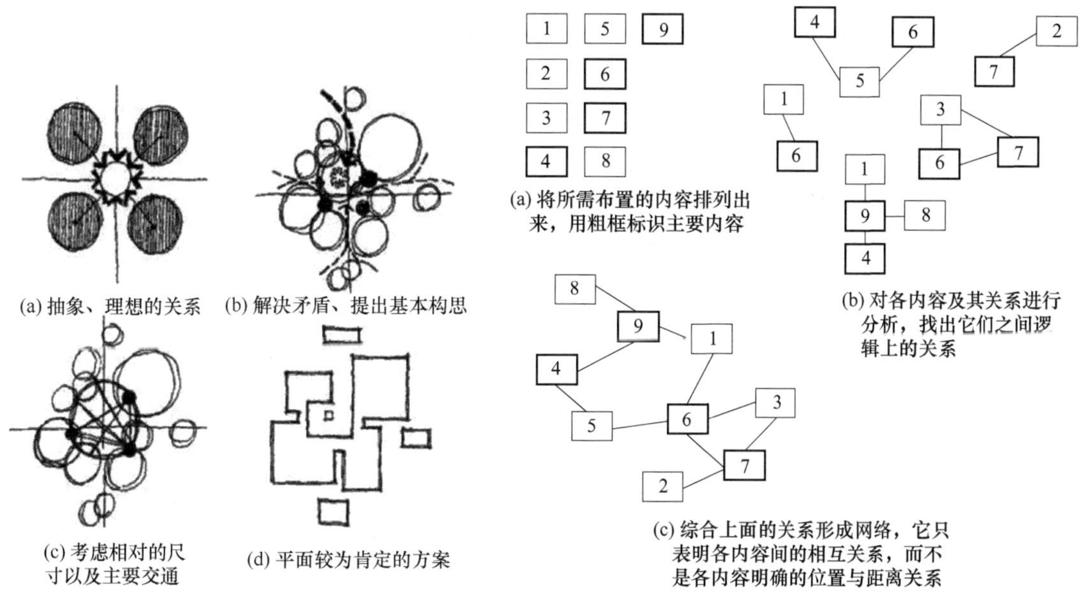

图 1-1-10　从理想关系着手进行功能分区图

图 1-1-11　从内容本身出发解决功能关系图

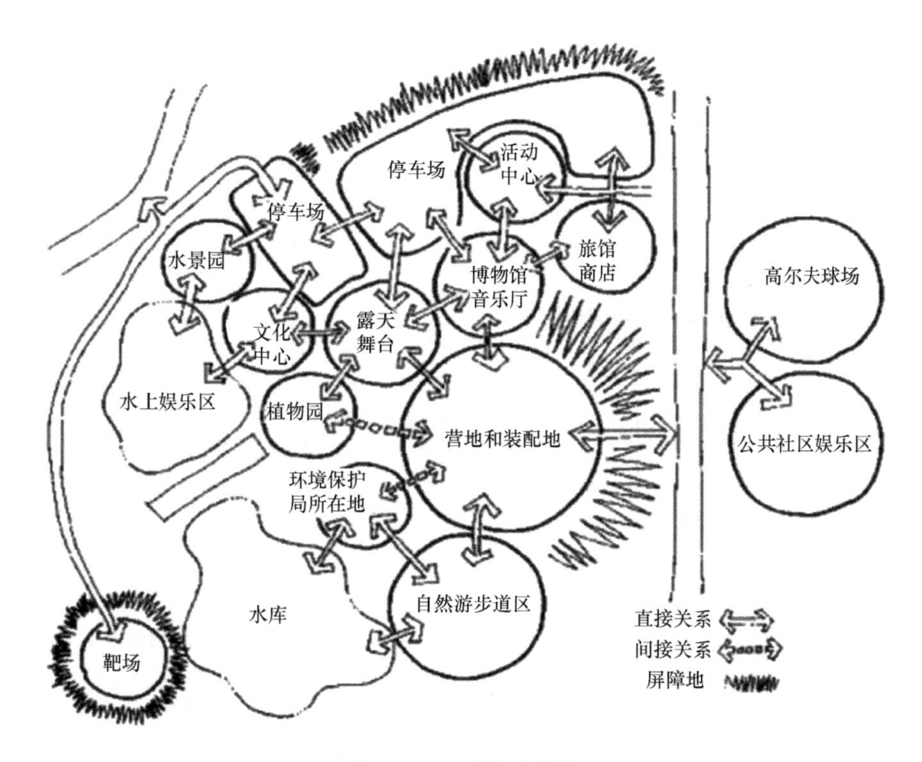

图 1-1-12　功能分析图

四、风景园林用地规划实例分析

下面结合公园用地规划的例子详细说明功能关系图解、基地条件分析和方案构思的方法及其过程。

（一）基地现状

拟建设公园基地北侧为城市道路，南临水面，东接自然保护区，西南为将来商业发展用地。整个基地地势南低北高，东北部为林地，西部为疏林，南面林木稀少，临水有一块沙地。

（二）任务书

现准备在该基地上建设公园，具体设置内容如下：

① 自然中心，包括游步道、停车场；

② 野餐区，包括室外活动区及其休息室、租赁区、停车场；

③ 游泳区，包括冲洗室、租赁区、停车场；

④ 划船区，包括租赁区、船只修理区、停车场；

⑤ 服务区和入口。

（三）功能关系图解

首先，将需设置的内容列成如图 1-1-13 所示的框图形式，这些内容之间有着一定的联系，会有很多种排列和组合的方式，在探寻其间理想的功能关系时，可先粗略地建立起一种关系，然后，检验它们之间有无冲突和矛盾，并做出评价。评价可采用累积分法和符号标记法，本例采用的是符号标记法，先将关系合理的标记“＋”号，不合理的标记“－”号，然后再加以调整。每次调整之后，负的关系应该越来越少，总的关系应该逐渐趋于理想化（图 1-1-14～图 1-1-16）。

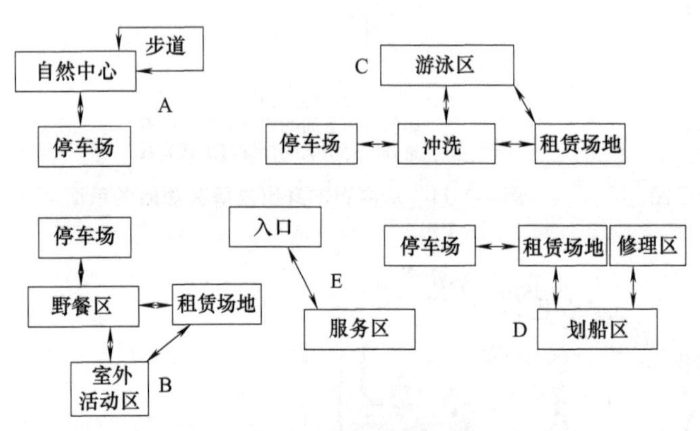

图 1-1-13　任务书内容图解

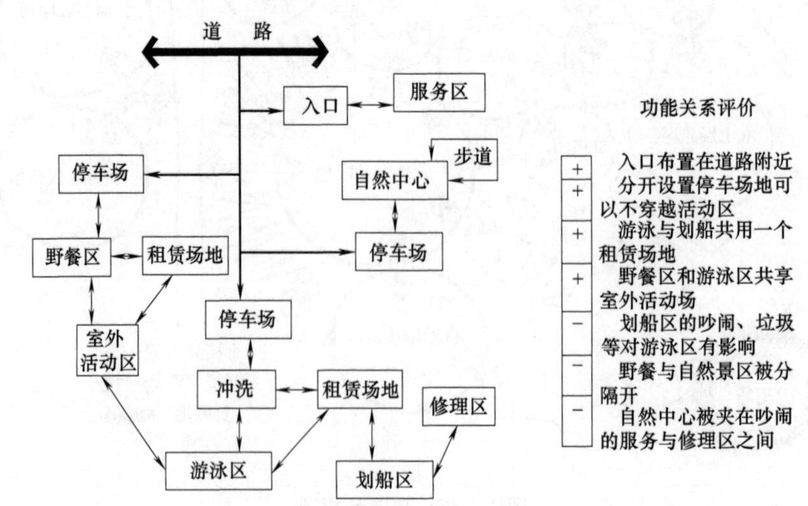

图 1-1-14　功能关系及评价（一）

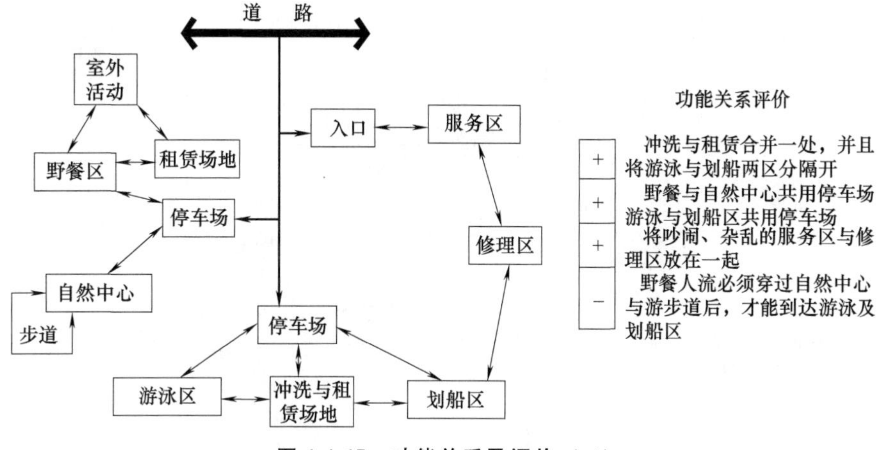

图 1-1-15　功能关系及评价（二）

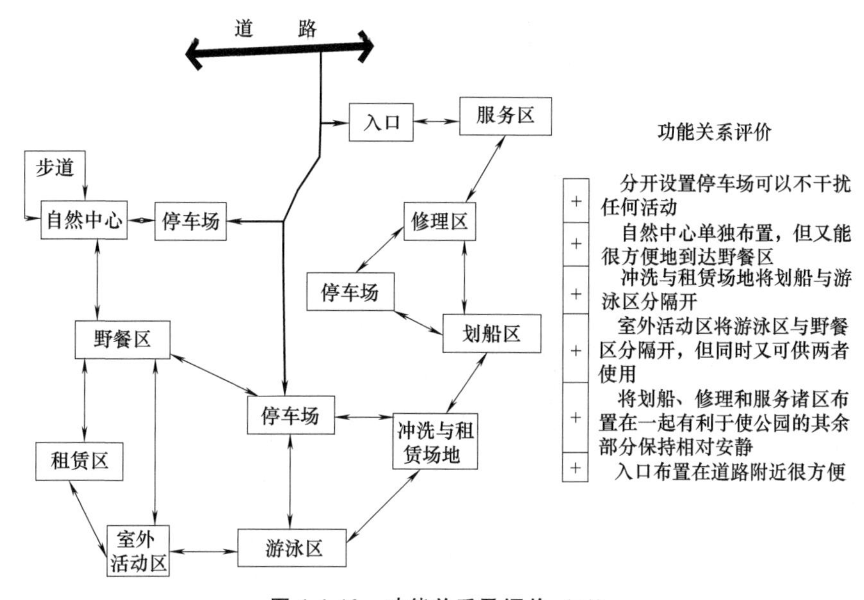

图 1-1-16　功能关系及评价（三）

但应注意，这种图解只注意相互之间理想的关系，而不涉及平面大小和确切位置，甚至未与基地现状相结合。

（四）基地分析

首先对基地进行调查，并将调查的基地资料（例如植被、水、土壤、气象等）记录到地形图上，然后对整个基地的条件加以分析，做出能反映基地潜力和限制的分析图。另外，在基地分析时可能会产生一些具体的设想。例如，基地中西北部的地形谷道就可选为入口的位置，东北部林地景色较佳、环境幽静，较为适合布置自然中心及游步道等，这些设想也应反映在基地分析图上（图 1-1-17）。

（五）方案构思

方案构思不是凭空产生的，是对任务书和基地条件综合了解的结果。功能关系图解和基地分析为全面了解任务书的要求和基地的条件奠定了基础，在此基础上为特定的内容安排相应的基地位置，在特定的基地条件上布置特定的内容（图 1-1-18）。

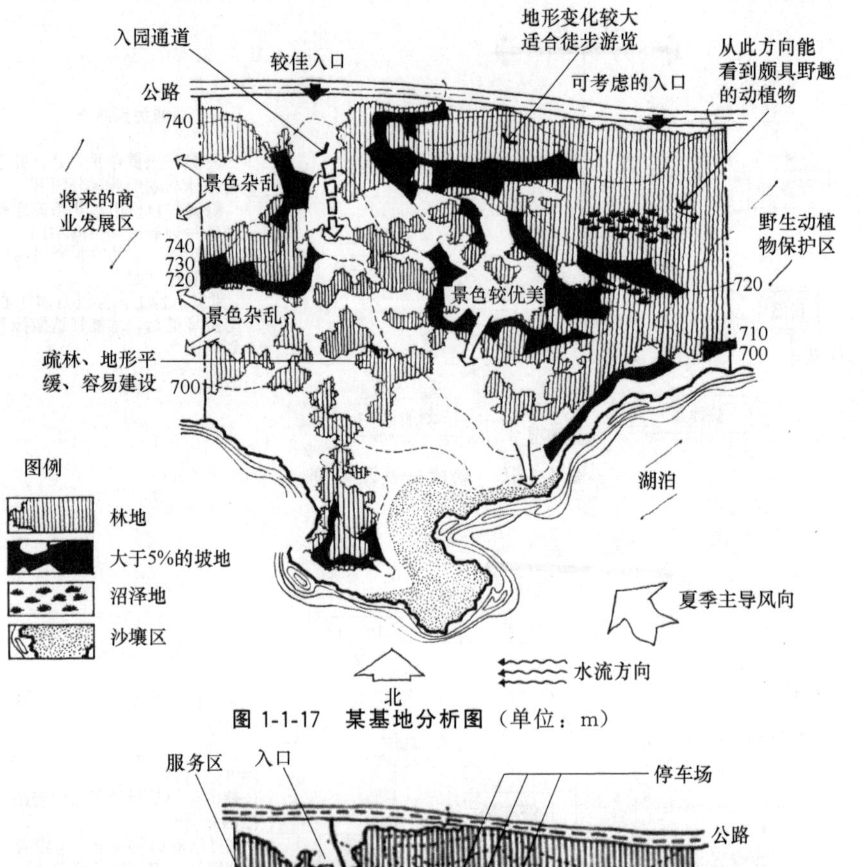

图 1-1-17　某基地分析图（单位：m）

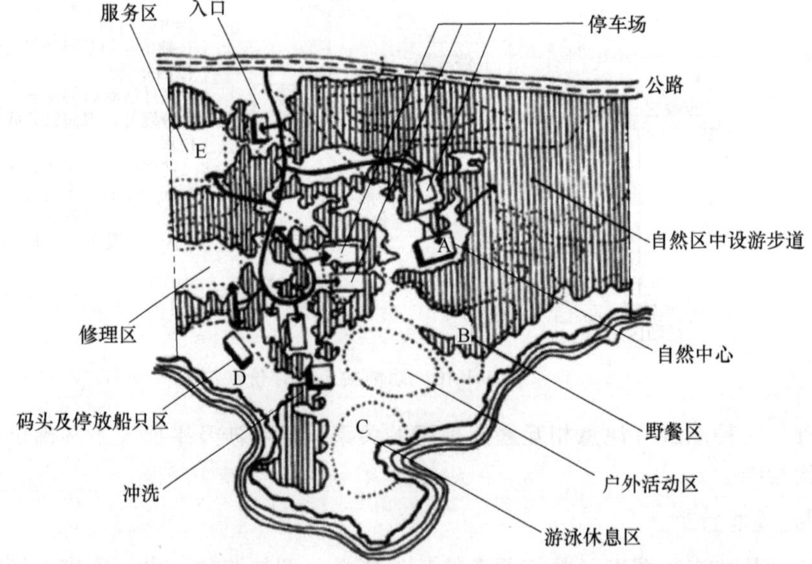

A—自然中心：有好的景色；靠近变化丰富的、野趣的自然林地；用地形隔开有干扰的交通和噪声；

B—野餐区：地形平坦；土壤稳定；有浓荫的树木；为了安全起见，用地形将其与湖面隔开；处于来自湖面的夏季主导风向上；与平坦的、没有树木的户外活动场地相连接；

C—游泳区：沙滩区；有内缩的湖湾；日照条件最佳；

D—划船区：有内缩的湖湾；靠近园外的商业区；地形平坦；土壤稳定；与船只修理区相邻、树木稀少；修理区占据周围景色较差的用地；

E—服务区、入口、道路和停车场地：服务区设于平坦的林中空地，不受外侧杂乱景色影响；土壤稳定；地形将服务区与道路分隔开；地形平坦，避免过多动用土方；疏林既可遮阳，又可满足道路的平面布置，避免破坏现有植被，利用现状地形谷道安排入口

图 1-1-18　某地的用地规划及方案布置图

然后进一步深化，确定平面形状、功能分区的具体位置和大小、建筑及设施的位置、道路基本线型、停车场地面积和位置等，做出用地规划总平面图（图 1-1-19）。

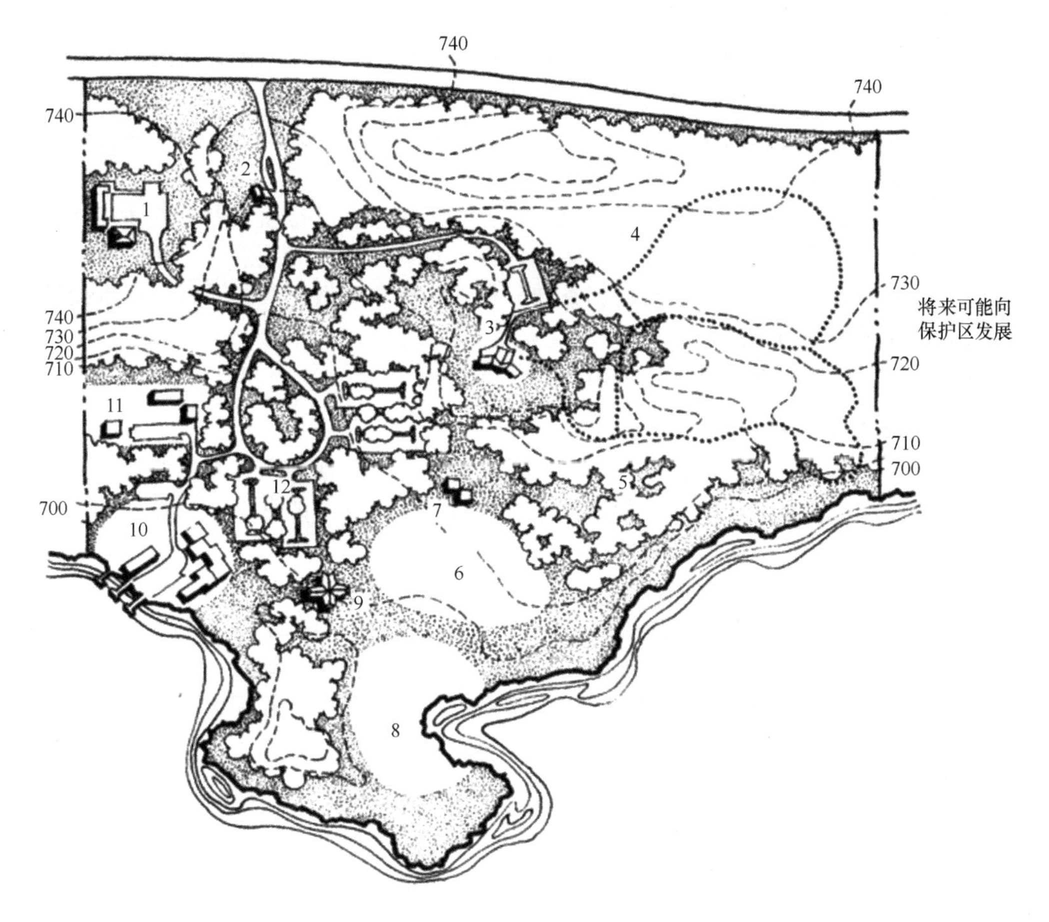

1—服务中心；2—主入口；3—庆典广场；4—林中漫步；5—户外营地；6—休闲草坪；
7—儿童天地；8—阳光沙滩；9—沐浴室；10—游船码头；11—后勤中心；12—停车场

图 1-1-19　某用地的总平面图　（单位：m）

第二节　风景园林规划设计程序

风景园林规划设计程序是指要建造一个公园、花园或绿地之前，设计者根据建设计划及场地的基址现状，把将要建造的绿地的想法，通过各种图纸及文字说明表达出来，以体现建成后的绿地景观效果，使施工人员根据这些图纸和说明，可以把这个绿地建造出来。这样的一系列规划设计工作的过程，我们称之为风景园林规划设计程序。

整个规划设计程序的复杂程度因绿地类型的不同而有所差异。一般附属绿地的规划设计程序较为简单，如居住区绿地、街道绿地等，根据其已完成的建筑、道路设计进行植物种植设计即可。一个独立的、多功能的公园绿地的规划设计程序则相对复杂。

风景园林规划设计程序主要包括承接任务阶段、基地调查和分析阶段、方案设计阶段、详细设计阶段、施工设计阶段五大过程。

一、承接任务阶段

在此阶段，应了解甲方或者业主对设计的具体内容要求和愿望（造价、时间期限等）等内容，与甲方共同起草并签订合同书。

合同书主要包括甲方或者业主应履行的责任和乙方应完成的任务两方面的内容。甲方应该提供与设计相关的基础资料。合同书中应对项目的性质、设计的深度、应完成的图纸及文本的内容和数量、设计费的数量及付款方式、完成的时间、违约处罚的方法等内容作出明确规定，乙方应如期完成。

乙方要了解整个项目的概况，包括建设规模、投资规模、可持续发展等方面，特别要了解业主对这个项目的总体框架方向和基本实施内容。这些内容往往是整个设计的根本依据，从中可以确定哪些值得进行深入细致的调查和分析，哪些只要做一般的了解。在承接任务阶段常用以文字说明为主的文件。

任务书是整个设计的根本依据，可确定设计重点。

二、基地调查和分析阶段

在完成合同签订之后，就应根据合同要求适时着手进行基地调查。基地调查和分析阶段主要包括三部分内容：一是基地实地踏勘，同时收集与基地有关的资料；二是补充并完善不完善的内容；三是对整个基地及环境状况进行综合分析。

设计前应进行全面、系统的调查和分析，为设计提供细致、可靠的依据，这也是风景园林景观设计的前提工作。收集来的资料和分析的结果应尽量用图面、表格或图解的方式表示，通常用基地资料图记录调查的内容，用基地分析图表示分析的结果。这些图常用徒手线条勾绘。图面应简洁、醒目、说明问题，图中常用各种标记符号，并配以简要的文字说明或解释。

（一）准备资料

1. 掌握自然条件、环境状况及历史沿革

在做景观规划设计时，必须首先搜集调查建设地区的自然条件、周围的环境和城市规划的有关资料，并对其进行深入的研究。内容包括：本范围的地形地貌、土壤地质、原有建筑设施、树木生长情况等；周围地区的建筑情况、居住密度、人流交通等；地上地下水流、管线以及其他公用设施；建设所需材料、资金、施工力量、施工条件等。

（1）内容与方法

收集与基地有关的技术资料（可从有关部门查询得到）：气象资料、地形及现状图、管线资料、城市规划资料等。实地踏查、测量的技术资料（从有关部门查询不到或现有资料不够或不完整或与现状有出入的）：基地及环境的视觉质量、基地小气候等。

① 基地现状调查内容

a. 基地自然条件：地形、水体、土壤、植被；

b. 气象资料：日照条件、温度、风、降雨、小气候；

c. 人工设施：建筑及构筑物、道路和广场、各种管线；

d. 视觉质量：基地现状景观、环境景观、视域；

e. 基地范围及环境因子：物质环境、知觉环境、小气候、城市规划法规等（图 1-2-1）。

现状调查并不需将所有的内容一个不漏地调查清楚，应根据基地的规模、内外环境和使用目的分清主次，主要的应深入详尽地调查，次要的可简要地了解。

② 基地分析。在客观调查和主观评价的基础上，对基地及其环境的各种因素作出综合性的分析与评价，使基地的潜力得到充分发挥。

a. 在地形资料的基础上进行坡级分析、排水类型分析；

b. 在土壤资料的基础上进行土壤承载分析；

c. 在气象资料的基础上进行日照分析、小气候分析等。

③ 资料表示。绘制基地底图（标有地形的现状图），它是基地调查、分析不可缺少的基本资料。

要求：

a. 在基地底图上表示出比例和朝向、各级道路网、现有主要建筑物及人工设施、等高线、大面积的林地和水域、基地用地范围；

b. 在要放缩的图纸中标线状比例尺，用地范围用双点划线表示；

c. 基地底图不要只限于表示基地范围之内的内容，最好也表示出一定范围的周围环境。

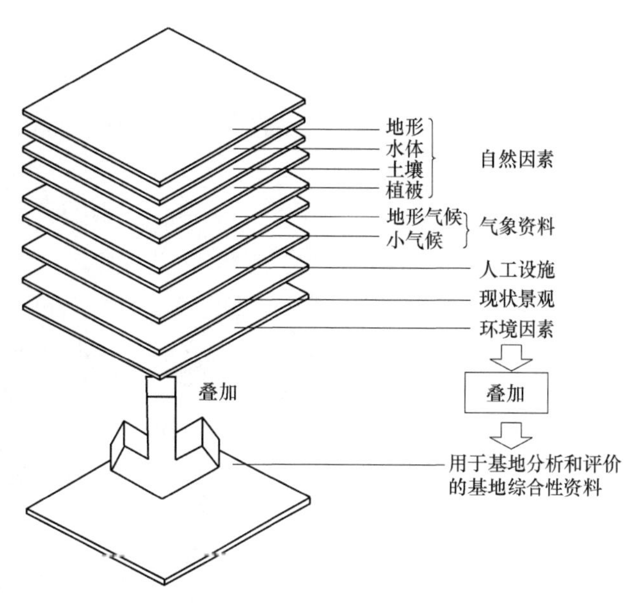

图 1-2-1　基地现状内容调查图

（2）基地自然条件

① 地形。地形陡坡程度的分析，即将地形按坡度大小用五种坡级（<1%，1%～5%，5%～15%，15%～30%，>30%）表示：

a. 最淡的表示坡度小于 1%，说明排水是主要问题；

b. 较淡的表示坡度为 1%～5%，表明几乎适合建设所有的项目而不需要大动土方；

c. 较深的表示坡度为 5%～15%，表明需要进行一定的地形改造才能利用；

d. 略深的表示坡度为 15%～30%，表明为防止水土流失必须尽量少动土方，减少土方填挖量，并使其与地形在视觉上保持和谐；

e. 最深的表示坡度大于 30%，表明不适合大规模用地，若用需进行较大的改造。

其作用，一是确定建筑物、道路、停车场地对不同坡度要求的活动内容是否适合；二是合理地安排用地，对分析植被、排水类型和土壤等内容都有一定作用（图 1-2-2、图 1-2-3）。

② 水体

a. 现有水面位置、范围、平均水深、常水位、最低和最高水位、洪涝水面的范围和水位；

b. 水面岸带情况，包括岸带形式、破坏程度、岸带边的植被、现有驳岸的稳定性；

c. 地下水位波动范围、地下常水位、地下水水质、污染源的位置及污染物的成分；

d. 现有水面与外水系的关系，包括流向与落差、水工设施的使用情况；

e. 结合地形划分出汇水区，标明汇水点或排水体、主要汇水线；地形中的脊线通常称为分水线，是划分汇水区的界限；山谷常称为汇水线，是地表水汇集线；

f. 地表径流的情况：位置、方向、强度、沿程的土壤和植被状况以及所产生的土壤侵蚀和沉积现象。

③ 土壤

a. 土壤的类型、结构；

b. 土壤的 pH 值、有机质；

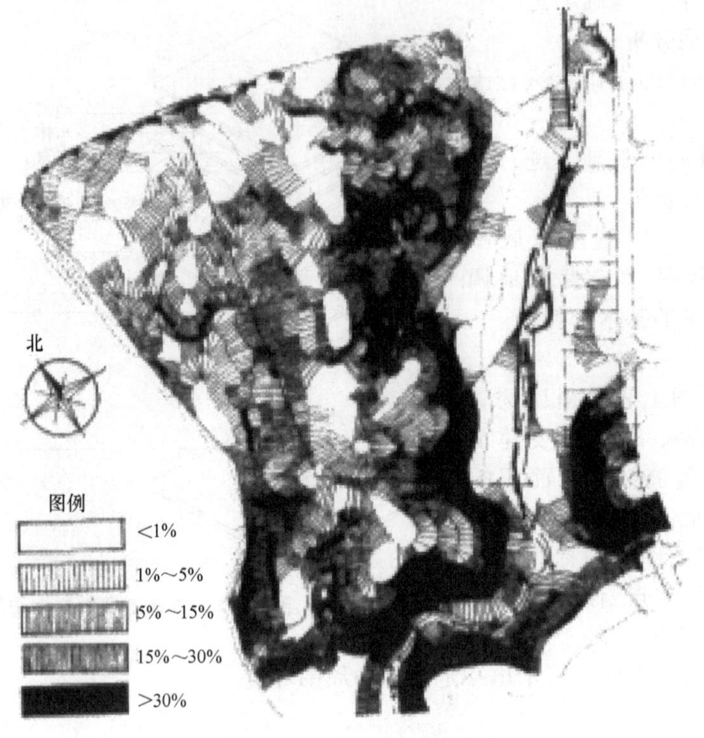

图 1-2-2　地形坡级分析图

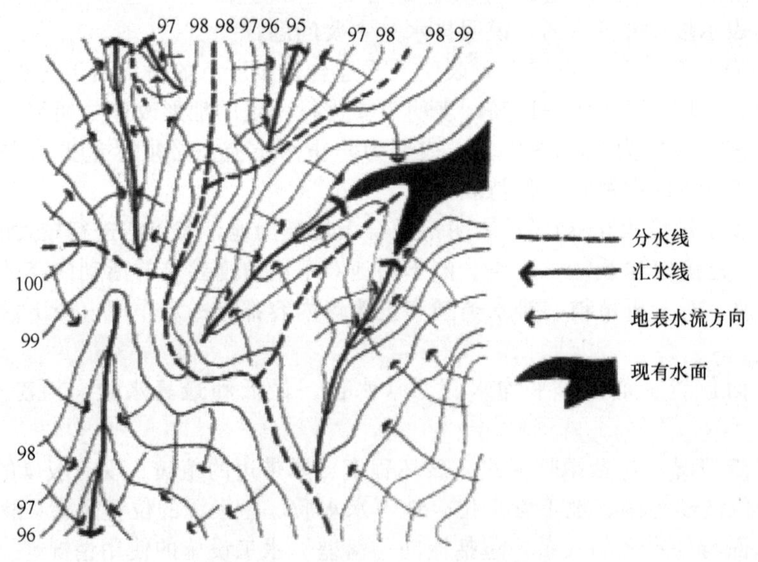

图 1-2-3　地形自然排水情况分析图

c. 土壤的含水量、透水性；

d. 土壤的承载力、抗剪切强度、安息角、滑动系数；

e. 土壤冻土层深度、冻土期的长短；

f. 土壤受侵蚀状况。

④ 植被

了解和掌握地区内原有植被的种类、数量、高度、生长势、生态群落构成、古树名木分布情况、观赏价值的高低及原有树木的年龄、观赏特点等。

（3）气象资料

① 日照条件

② 温度、风和降水

a. 年平均温度，一年中的最低和最高温度；

b. 持续低温或高温阶段的历时天数；

c. 月最低、最高温度和平均温度；

d. 夏季及冬季主导风向；

e. 年平均降水量、降水天数、阴晴天数；

f. 最大暴雨的强度、历时、重现期。

③ 小气候

④ 地形小气候

（4）人工设施、视觉质量、基地范围及环境因子

① 人工设施

a. 建筑和构筑物。园林建筑数量、分布、大小、用途、结构、材料、平面、立面、标高以及与道路的连接情况。

b. 道路和广场。了解道路的宽度和分级、道路面层材料、道路平曲面及主要点的标高、道路排水形式、道路边沟的尺寸和材料。了解广场的位置、大小、铺装、标高以及排水形式。

c. 各种管线。管线有地上和地下两部分，包括电线、电缆线、通信线、给水管、排水管、煤气管等各种管线。园内使用及过境的，要区别园中管线的种类，了解每种管线的位置、埋深、走向、管径、长度以及一些技术参数。如高压输电线的电压，园内或园外水管线的流向、水压、水量、排水的方式结构、电路的功率、杆线高度和闸门井的位置等。

② 视觉质量。可用速写、拍照片或记笔记的方式记录一些现场视觉印象。

a. 基地现状景观。对由植被、水体、山体和建筑等组成的景观可从形式、历史文化及特异性等方面去评价，分别标记在调查现状图上；标出主要观景点的平面位置、标高、视域范围。

b. 环境景观。也称介入景观，是指基地外的可视景观，根据它们自身的视觉特征可确定它们对将来基地景观形成所起的作用。

③ 基地范围及环境因子

a. 基地范围。应明确风景园林用地的界线及与周围用地界线或规划红线的关系。

b. 交通和用地。了解周围的交通，包括与主要道路的连接方式、距离，主要道路的交通量；周围工厂、商店或居住等不同性质的用地类型，根据规划用地规模了解服务半径内的人口量及其构成。

c. 知觉环境。了解基地环境的总体视觉质量，与基地视觉质量评价同时进行；了解噪声的位置和强度，噪声与主导风向的关系（顺风时，噪声趋向地面传播，而逆风时则正好相反）；了解该地段的能源情况，电源、水源以及排污排水；了解空气污染源的位置及其影响范围，是在基地的上风向还是下风向。

d. 小气候条件。了解基地外围植被、水体及地形对基地小气候的影响，主要可考虑基地的通风、冬季的挡风和空气温度几方面。处于城市高楼间的基地还要分析建筑物对基地日照的影响，划分出不同长短的日照区。

e. 城市发展规划。城市发展规划对城市各种用地的性质、范围和发展已做出明确的规定。因此，要使风景园林规划符合城市发展规划的要求，就必须了解基地所处地区的用地性质、发展方向、邻近用地发展，以及包括交通、管线、水系、植被等一系列专项规划的详细情况；在现状物中，需保留、改造和拆迁的要分别注明周围的环境情况以及今后发展状况等。

(5) 甲方对设计任务的要求及历史状况

(6) 建园所需主要材料的来源与施工情况（如苗木、山石、建材等情况）

(7) 甲方要求的风景园林规划设计标准及投资额度

2. 图纸资料

除了上述要求具备城市总体规划图以外，还要求甲方提供以下图纸资料。

(1) 地形图

根据面积大小，提供 1∶2000、1∶1000、1∶500 园址范围内总平面地形图。图纸应明确显示以下内容：设计范围（红线范围、坐标数字）；园址范围内的地形、标高及现状物（现有建筑物、构筑物、山体、水系、植物、道路、水井，还有水系的进、出口位置，电源等）的位置，现状物中，要求保留利用、改造和拆迁等情况要分别注明；四周环境情况，与市政交通联系的主要道路名称、宽度、标高点的数字和走向，以及道路、排水方向；周围机关、单位、居住区的名称、范围，以及今后发展状况。

(2) 局部放大图

1∶200 图纸主要提供为局部详细设计用。该图纸要满足建筑单位设计及其周围山体、水系、植被、园林小品及园路的详细布局。

(3) 区域鸟瞰图

要保留使用的主要建筑物的平面图、立面图、透视图。平面位置注明室内、外标高；立面图要标明建筑物的尺寸、颜色等内容。

(4) 现状树木分布图

现状树木分布位置图（1∶500、1∶200）主要标明要保留树木的位置，并注明品种、胸径、生长状况和观赏价值等。有较高观赏价值的树木最好附以彩色照片。

(5) 地下管线图

地下管线图（1∶200、1∶500）一般要求与施工图比例相同。图内应包括要保留的上水、雨水、污水、化粪池、电信、电力、暖气沟、煤气、热力等管线位置及井位等。除平面图外，还要有剖面图，并需要注明管径的大小，管底或管顶标高，压力和坡度，及雨水、污水的排放等。

(6) 功能分区图

依据规划原则和现状分析后确定绿地的空间划分，要求不同的空间反映不同的功能，使其既统一又可反映各功能区内部每个设计因素之间的关系。

（二）现场踏查

无论面积大小，设计项目的难易，设计者都必须认真到现场进行踏查。一方面，核对、补充所收集的图纸资料，如现状的建筑、树木等情况，水文、地质、地形等自然条件。另一方面，设计者到现场，可以根据周围环境条件，进入艺术构思阶段，“佳者收之，俗者屏之”，发现可利用、可借景的景物和不利或影响景观的物体，在规划过程中分别加以适当处理。根据情况，如面积较大，情况较复杂，有必要的时候，踏查工作要进行多次。

现场踏查的同时，要拍摄一定的环境现状照片，以供进行总体设计时参考。

（三）编制设计任务书

这是设计的前期阶段，根据确定的建设任务初步设想，提出建设任务的方案。任务书要说明建设的要求与目的，建设的内容项目，设计、施工技术的可能情况。设计任务书是确定建设项目和编制设计文件的主要依据。按规定，没有批准的设计任务书，设计单位不能进行设计。

设计者将所收集到的资料，经过分析、研究，定出总体设计原则和目标，编制出进行风景园林规划设计的要求和说明。主要包括以下内容：

① 风景园林在城市绿地系统中的关系；

② 风景园林所处地段的特征及四周环境；

③ 风景园林的面积和游人容量；

④ 风景园林总体设计的艺术特色和风格要求；

⑤ 风景园林地形设计，包括山体水系等要求；

⑥ 风景园林分期建设实施的程序；

⑦ 风景园林建设的投资匡算。

三、方案设计阶段

从方案的构思到方案设计不是凭空产生的，它是对任务书和基地条件综合了解的结果。方案设计阶段分为方案的构思、方案的选择与确定、方案的完成三部分。

方案设计的主要任务有两部分，一是进行功能分区；二是结合基地条件、空间及视觉构图确定各种使用区的平面位置（包括交通的布置和分级、广场和停车场地的安排、建筑及人口的确定等内容）。

根据领导批准或委托单位提出的设计任务书，进行风景园林景观的具体设计工作。方案设计工作包括图纸和文字材料两个方面。

（一）设计说明书

文字部分主要是说明建设方案的规划设计思想和建设规模，总体布置中有关设施的主要技术指标，建设征用土地范围、面积、数量、建设条件与日期。具体包括以下几个方面：

① 设计依据；

② 位置、现状、面积；

③ 工程性质、设计原则；

④ 功能分区；

⑤ 设计主要内容（山体地形、空间围合、湖池、堤岛水系网络、出入口、道路系统、建筑布局、种植规划、园林小品等）；

⑥ 各种技术指标（用地平衡、土石方概算、材料和能源消耗概算、总概算）；

⑦ 管线、电信规划说明；

⑧ 分期建设计划；

⑨ 管理机构。

（二）主要设计图纸内容

1. 地位图（位置图）

原有地形图或测量图，1∶5000 或 1∶10000，属于示意性图纸，表示该处在城市区域内的位置，要求简洁明了。

2. 现状图

根据已掌握的全部资料，经分析、整理、归纳后分成若干空间，用圆圈或抽象图形将其粗略地表示出来。如对绿地四周道路、环境进行分析后，划定出入口范围；某一方位入口居住密度高、人流多、交通四通八达，则可划为开放的、内容丰富多彩的活动区域。

3. 功能分区图

根据总体设计的原则和现状分析图确定该绿地分为几个空间，使不同的空间反映不同的功能，既要形成一个统一整体，又能反映各区内部设计因素的关系。

4. 总体规划设计图

根据总体设计原则、目标，总体设计方案图应包括以下方面内容：

第一，公园与周围环境的关系，如公园主要、次要、专用出入口与市政的关系，即面临街道的名称、宽度；周围主要单位名称，或居民区等；公园与周围园界是围墙或透空栏杆要明确表示。

第二，公园主要、次要、专用出入口的位置、面积、规划形式，主要出入口的内、外广场，停车场、大门等的布局。

第三，公园的地形总体规划，道路系统规划。

第四，全园建筑物、构筑物等布局情况，建筑平面要能反映总体设计意图。

第五，全园植物设计图，图上反映密林、疏林、树丛、草坪、花坛、专类花园、盆景园等植物景观。此外，总体设计图应准确标明指北针、比例尺、图例等内容。

总体设计图，面积 $100hm^2$ 以上时，比例尺多采用 1∶2000～1∶5000；面积在 10～$50hm^2$ 左右时，比例尺用 1∶1000；面积 $8hm^2$ 以下时，比例尺可用 1∶500。

5. 地形设计图（1∶200、 1∶500～1∶1000）

地形是全园的骨架，要求能反映出景观的地形结构。同时，地形还要表示出湖、池、潭、港、湾、涧、溪、滩、沟、渚以及堤、岛等水体造型，并要标明湖面的最高水位、常水位、最低水位线。此外，图上应标明入水口、排水口的位置（总排水方向、水源及雨水聚散地）等，也要确定主要园林建筑所在地的地坪标高、桥面标高、广场高程以及道路边坡点标高。

6. 道路、给水、排水、用电管线布置图

道路总体设计图：首先在图上确定公园的主要出入口、次要入口与专用入口，还有主要广场的位置及主要环路的位置，以及作为消防的通道。同时确定主干道、次干道等的位置以及各种路面的宽度、排水纵坡，并初步确定主要道路的路面材料、铺装形式等。图纸上用虚线画出等高线，再用不同的粗线、细线表示不同级别的道路及广场，并注明主要道路的控制标高。

根据总体规划要求，解决全园的上水水源的引进方式，水的总用量（消防、生活、造景、喷灌、浇灌、卫生等）及管网的大致分布、管径大小、水压高低等，以及雨水、污水的水量，排放方式，管网大体分布，管径大小及水的去处；解决总用电量、用电利用系数、分区供电设施、配电方式、电缆的敷设和各区各点的照明方式及广播、通信等的位置等问题。大规模的工程，建筑量大，北方冬天需要供暖，则要考虑供暖方式、负荷、锅炉房的位置等。

7. 全园鸟瞰图、园林建筑布局图、透视图

（1）鸟瞰图

设计者为更直观地表达公园设计的意图，更直观地表现公园设计中各景点、景物以及景区的景观形象，通过钢笔画、铅笔画、水彩画、水粉画、中国画或其他绘画形式表现的景观立体图。鸟瞰图制作要点如下。

① 无论采用一点透视、二点透视或多点透视、轴测画，都要求鸟瞰图在尺度、比例上

尽可能准确地反映景物的形象；

② 鸟瞰图除表现公园本身之外，还要画出周围环境，如公园周围的道路交通等市政关系，公园周围城市景观，公园周围的山体、水系等；

③ 鸟瞰图应注意“近大远小、近清楚远模糊、近写实远写意”的透视法原则，以达到鸟瞰图的空间感、层次感、真实感；

④ 一般情况，除了大型公共建筑外，城市公园内的树木应与园林建筑相适宜，树木不宜太小，宜以15～20年树龄树木的高度为画图的依据。

(2) 园林建筑布局图

要求在平面上，反映全园总体设计中建筑在全园的布局，主要、次要、专用出入口的售票房、管理处、造景等各类园林建筑的平面造型；大型主体建筑，如展览性、娱乐性、服务性等建筑平面位置及周围关系；还有游览性园林建筑，如亭、台、楼、阁、榭、桥、塔等类型建筑的平面安排。除平面布局外，还应画出主要建筑物的平面图、立面图、剖面图、效果图，以便检查建筑风格是否和谐统一，与景区环境是否协调。总体设计方案阶段，还要争取做到多方案的比较。

(3) 透视图

透视是绘画的一个术语，指的是在二维平面上再现三维物体的基本方法。透视图不仅有助于形成真实的想象，并能真实地再现设计意图，相对于鸟瞰图，其重点在于对局部景物的展示。

8. 种植规划设计图

根据总体设计图的布局、设计的原则以及苗木的情况确定全园的总构思。种植总体设计内容主要包括不同种植类型的安排，如密林、草坪、疏林、树群、树丛、孤立树、花坛、花境、园界树、园路树、湖岸树、园林种植小品等内容；还有以植物造景为主的专类园，如月季园、牡丹园、香花园、观叶观花园中园、盆景园、观赏或生产温室、爬蔓植物观赏园、水景园，公园内的花圃、小型苗圃等；同时，确定全园的基调树种、骨干造景树种，包括常绿、落叶的乔木、灌木、草花等。

种植设计图上，乔木树冠以中、壮年树冠的冠幅表示，一般以5～6m树冠为制图标准，灌木、花草以相应尺度来表示。

(三) 建设概算（工程总匡算）

在规划方案阶段，可按面积（hm^2、m^2），根据设计内容和工程复杂程度结合常规经验匡算，或按工程项目、工程量，分项估算再汇总。主要包括两部分内容：一是风景园林土建工程概算（工程名称、构造情况、造价、用料量）；二是风景园林绿化工程概算。

初步设计完成后，由建设单位报有关部门审核批准。

四、详细设计阶段

详细设计阶段需同委托方共同商议设计方案，依商讨结果对方案进行修改和调整。该阶段的主要任务是完成各局部详细的平、立、剖面图，详图，园景的透视图，表现整体设计的鸟瞰图等。

在上述总体方案设计阶段，有时甲方要求进行多方案的比较或征集方案投标。经甲方有关部门审定、认可并对方案提出新的意见和要求，有时总体设计方案还要做进一步的修改和补充。在总体设计方案最后确定以后进行局部详细设计工作。

详细设计是根据已批准的初步设计编制的，技术设计所需研究和决定的问题与方案设计相同，不过是更深入、更精确地进行规划设计。

（一）详细设计图纸

1. 绘制总平面图（1∶200～1∶1000）

首先，根据工程的不同分区，划分为若干局部，每个局部根据总体设计的要求，进行局部详细设计。一般比例尺为1∶500，等高线距离为0.5m，用不同等级粗细的线条，画出等高线、园路、广场、建筑、水池、湖面、驳岸、树林、草地、灌木丛、花坛、花卉、山石、雕塑等。

详细设计平面图要求标明建筑平面、标高及与周围环境的关系；道路的宽度、形式、标高；主要广场、地坪的形式、标高；花坛、水池面积大小和标高；驳岸的形式、宽度、标高。同时平面上标明雕塑、园林小品的造型。

2. 绘制纵横剖面图

为更好地表达设计意图，在局部艺术布局最重要的部分，或局部地形变化的部分，做出断面图，一般比例尺为1∶200～1∶500。根据设计内容和景观的需要定出制高点、山峰、丘陵起伏、缓坡平原、小溪河湖等；同时，确定总的排水坡向、水源以及雨水集散地等。初步确定风景园林绿地中建筑物所在地的控制高程及各景点、广场的高程，用不同粗细的等高线控制高度。

3. 给水、排水、用电管网设计图

在管线规划图的基础上，表现出上水（消防、生活、绿化用水）、下水（雨水、污水）、暖气、煤气等各种管网的位置、规格、埋深等。在电气规划图的基础上，将各种电器设备、绿化灯具位置及电缆走向位置表示清楚。在种植设计图的基础上，用粗黑线表示出各路电缆的走向、位置，各种灯的灯位、编号及电源接口位置等。注明各路用电量、电缆选型敷设、灯具选型及颜色要求等。

4. 建筑物的建筑设计图（1∶50～1∶200）

表现园林建筑的位置及建筑本身的组合、尺寸、式样、大小、高矮、颜色及做法等。以施工总图为基础画出建筑的平面位置、建筑底层平面、建筑各方向的剖面、屋顶平面、必要的大样图、建筑结构图及建筑庭院中活动设施工程、设备、装修设计。

5. 堆叠山石布置图

做出山石施工模型，便于施工掌握设计意图，参照施工总图及水体设计画出山石平面图、立面图、剖面图，注明高度及要求。

6. 各种建筑小品构件、灯、坐凳、栏杆、挡土墙等的设计图（1∶20～1∶100）

常用园林小品及配套设施的景观设计详图，主要包括石屏详图、景墙详图、挡土墙做法详图，每个详图内容需完整。

7. 种植设计图（名称、规格、数量）（1∶200～1∶500）

根据树木规划，在施工总图的基础上，用设计图例画出常绿树、阔叶落叶树、针叶落叶树、常绿灌木、开花灌木、绿篱、灌木篱、花卉、草地等的具体位置，以及品种、数量、种植方式、距离等。保留的现状树与新栽的树应区别表示。复层绿化时，可用细线画大乔木树冠，树冠尺寸大小以成年树为标准，树种名、数量可在树冠上注明，如果图纸比例小，不易注字，可用编号的形式，在图旁要附上编号树种名、数量对照表。成行树要注上每两株树距离，同种树可用直线相连。

8. 局部种植设计图

在总体设计方案确定后，着手进行局部景区、景点的详细设计的同时，要进行1∶500的种植设计工作。一般1∶500比例尺的图纸上，能较准确地反映乔木的种植点、栽植数量、树种。树种主要包括密林、疏林、树群、树丛、园路树、湖岸树的位置。其他种植类型，如花坛、花境、水生植物、灌木丛、草坪等的种植设计图可选用1∶300或1∶200比例尺。

（二）设计概算

设计概算包括用于初步设计和详细设计的技术经济评价的投资计算，内容包括从筹建到竣工验收过程中的全部费用。设计概算是初步设计文件的重要组成部分。它是由设计单位在初步设计阶段，根据初步设计图纸、有关工程概算定额（或概算指标）、各项费用定额（或取费标准）等有关资料，事先计算和确定工程费用的文件。其作用如下。

① 是编制建设工程计划的依据；

② 是控制工程建设投资的依据；

③ 是鉴别设计方案经济合理性、考核园林产品成本的依据；

④ 是控制工程建设拨款的依据；

⑤ 是进行建设投资包干的依据。

五、施工设计阶段

施工设计阶段是将设计与施工连接起来的环节。根据所设计的方案，结合各工种的要求分别绘制出能具体、准确地指导施工的各种图面。图面应能清楚、准确地表示出各项设计内容的尺寸、位置、形状、材料、种类、数量、色彩以及构造和结构。

该阶段的主要任务是完成施工平面图、地形设计图、种植平面图、园林建筑施工图等。

施工设计是对详细设计的补充。当某些较为复杂的局部难以在详细设计时给予充分说明时，为满足工程需要可用1∶100、1∶50、1∶20、1∶10等比例做施工详图，使园林小品、工程设施、公用设备都能完整无误地为施工单位所了解。种植设计图比例尺可大一些，取1∶100～1∶500之间均可，花卉种植图比例尺定在1∶10或1∶20，同时应有植物材料表以详细说明品种、规格、数量、种植时间。土方填挖的垂直设计也应完成并使两者基本平衡，制订每项工程的序号，明确工种、所需人数、工作时间、技术要求，以便于组织施工。

在完成局部详细设计的基础上，才能着手进行施工设计。

（一）施工设计图纸要求

1. 图纸规范

图纸要尽量符合《建筑制图标准》的规定。图纸尺寸如下：0号图841mm×1189mm，1号图594mm×841mm，2号图420mm×594mm，3号图297mm×420mm，4号图297mm×210mm。4号图不得加长，如果要加长图纸，只允许加长图纸的边；特殊情况，1～3号图纸可加大长度和宽度；0号图纸只能加长长边，加长部分的尺寸应为边长的1/8或其倍数。

2. 施工设计平面的坐标网及基点、基线

一般图纸均应明确画出设计项目范围，画出坐标网及基点、基线的位置，以便作为施工放线之依据。基点、基线的确定应以地形图上的坐标线或现状图上工地的坐标基点，或现状建筑屋角、墙面，或构筑物、道路等为依据，必须纵横垂直，一般坐标网依图面大小每10m、20m或50m的距离，从基点、基线向上、下、左、右延伸，形成坐标网，并标明纵横标的字母，一般用A、B、C、D……和对应的A′、B′、C′、D′……英文字母及阿拉伯数字1、2、3、4……和对应的1′、2′、3′、4′……表示，从基点（0，0′）坐标点开始，以确定每个方格网交点的纵横数字所确定的坐标，作为施工放线的依据。

3. 施工图纸要求内容

图纸要注明图头、图例、指北针、比例尺、标题栏及简要的图纸设计内容的说明。图纸要求字迹清楚、整齐，不得潦草；图面清晰、整洁，图线要求分清粗实线、中实线、细实线、点划线、折断线等线型，并准确表达对象。图纸上文字、阿拉伯数字最好用打印字剪贴复印。

4. 施工放线总图

主要表明各设计因素之间具体的平面关系和准确位置。图纸内容包括：保留利用的建筑物、构筑物、树木、地下管线等，还包括设计的地形等高线、标高点，水体、驳岸、山石、建筑物、构筑物的位置，道路、广场、桥梁、涵洞、树种设计的种植点、园灯、园椅、雕塑等全园设计内容。

5. 地形设计总图

地形设计主要内容有：平面图上应确定制高点、山峰、台地、丘陵、缓坡、平地、微地形、丘阜、坞、岛，湖、池、溪流等岸边、池底等的具体高程，以及入水口、出水口的标高。此外，还应确定各区的排水方向、雨水汇集点及各景区园林建筑、广场的具体高程。一般草地最小坡度为1%，最大不得超过33%，最适坡度在1.5%～10%，人工剪草机修剪的草坪坡度不应大于25%。一般绿地缓坡坡度在8%～12%。

地形设计平面图还应包括地形改造过程中的填方、挖方内容。在图纸上应写出全园的挖湖、填方数量，说明应进园土方或运出土方的数量及挖、填土之间土方调配的运送方向和数量。一般力求全园挖、填土方取得平衡。

除了平面图，还要求画出剖面图。主要部位山形、丘陵、坡地的轮廓线、高度及平面距离等。要注明剖面的起止点、编号，以便与平面图配套。

6. 水系设计

除了陆地上的地形设计，水系设计也是十分重要的组成部分。平面图应表明水体的平面位置、形状、大小、类型、深浅以及工程设计要求。

首先，应完成进水口、溢水口或泄水口的大样图。然后，从全园的总体设计对水系的要求考虑，画出主、次湖面，堤、岛、驳岸造型，溪流、泉水等及水体附属物的平面位置，以及水池循环管道的平面图。用细线画出坐标网，按水体形状画出各种水的驳岸线、水底线以及山石、汀步、小桥等的位置，并分段注明岸边及池底的设计高程。最后，用粗线将岸边曲线画成折线，作为湖岸的施工线，用粗线加深山石等。水池循环管道平面图，是在水池平面位置图的基础上，用粗线将循环管道走向、位置画出，并注明管径、每段长度、标高及潜水泵型号，并加简单说明，确定所选管材及防护措施。

水体平面及高程有变化的地方都要画出剖面图。通过这些图表示出水体驳岸、池底、山石、汀步、堤、岛等工程关系的处理。

7. 道路、广场设计

平面图要根据道路系统的总体设计，在施工总图的基础上，画出各种道路、广场、地坪、台阶、盘山道、山路、汀步、道桥等的位置，并注明每段的高程及纵坡、横坡的数字。一般园路分主路、支路和小路3级。园路最低宽度为0.9m，主路一般为5m，支路在2～3.5m。国际康复协会残疾人使用的坡道最大纵坡为8.33%，所以主路纵度上限为8%。山地公园主路纵坡应小于12%。支路和小路，日本规定园路最大纵坡15%，郊游路最大纵坡33.3%。综合各种坡度，《公园设计规范》规定，支路和小路纵坡宜小于18%，超过18%的纵坡，宜设台阶、梯道。并且规定，通行机动车的园路宽度应大于4m，转弯半径不得小于12m。一般室外台阶比较舒适的高度为12cm，宽度为30cm，纵坡为40%。编者长期风景园林实践数字：一般混凝土路面纵坡在0.3%～5%之间、横坡在1.5%～2.5%之间，园石或拳石路面纵坡在0.5%～9%之间、横坡在3%～4%之间，天然土路纵坡在0.5%～8%之间、横坡在3%～4%之间。

除了平面图，还要求用1∶20的比例绘出剖面图，主要表示各种路面、山路、台阶的宽度及其材料、道路的结构层（面层、垫层、基层等）厚度做法。注意每个剖面都要编号，并与平面配套。另外，还应作路口交接示意图，用细黑线画出坐标网，用粗线画出路边线，用中等线条画路面内铺装材料的拼接、摆放等。

8. 园林建筑设计

园林建筑设计图表现各景区园林建筑的位置、建筑本身的组合、选用的建材、尺寸、造型、高低、色彩及做法等。要求包括建筑的平面设计（反映建筑的平面位置、朝向、周围环境的关系）、建筑底层平面、建筑各方向的剖面、建筑节点详图、屋顶平面、必要的大样图、建筑结构图等。

9. 植物配置

种植设计图上应表现树木花草的种植位置、品种、种植类型、种植距离，以及水生植物等内容。应画出常绿乔木、落叶乔木、常绿灌木、开花灌木、绿篱、花篱、草地、花卉等的具体位置、品种、数量、种植方式等。

植物配置图的比例尺，一般采用1∶500、1∶300、1∶200，根据具体情况而定。对于重点树群、树丛、林缘、绿篱、花坛、花卉及专类园等，可附种植大样图，用1∶100的比例尺，要将群植和丛植的各种树木位置画准，注明种类数量，用细实线画出坐标网，注明树木间距。并做出立面图，以便施工参考。

10. 假山及园林小品

假山及园林小品，如园林雕塑等也是园林造景中的重要因素。一般最好做成山石施工模型或雕塑小样，便于施工过程中，能较理想地体现设计意图。在风景园林设计中，主要提出设计意图、高度、体量、造型构思、色彩等内容，以便于与其他行业相配合。

11. 管线及电信设计

在管线规划图的基础上，表现出的上水（造景、绿化、生活、卫生、消防等用水）、下水（雨水、污水）、暖气、煤气等，应按市政设计部门的具体规定和要求正规出图。

平面图是在建筑、道路竖向与种植设计图的基础上，注明每段管线的长度、管径、高程及如何接头，同时注明管线及各种井的具体的位置、坐标。原有干管用红线或黑的细线表示，新设计的管线及检查井则用不同符号的黑色粗线表示。剖面图中画出各号检查井，用黑粗实线表示井内管线及阀门等交接情况。同样，在电气规划图上将各种电气设备、（绿化）灯具位置、变电室及电缆走向位置等具体标明。

（二）施工图预算

施工图预算是指在施工图设计阶段，工程设计完成之后，工程项目开工之前，由施工单位根据已批准的施工图纸，在既定的施工方案前提下，按照国家颁布的各类工程预算定额、单位估价表及各项费用的取费标准等有关资料，预先计算和确定工程造价的文件。其作用如下。

① 是确定园林绿化工程造价的依据；

② 是办理工程招标、投标、签订施工合同的主要依据；

③ 是办理工程竣工结算的依据；

④ 是拨付工程款或贷款的依据；

⑤ 是施工企业考核工程成本的依据；

⑥ 是设计单位对设计方案进行技术经济分析比较的依据；

⑦ 是施工企业组织生产、编制计划、统计工作量和实物量指标的依据。

风景园林景观设计的工作范围可包括庭院、宅园、小游园、花园、公园，以及城市街区、机关、厂矿、校园、宾馆饭店等。公园设计内容比较全面，具有风景园林设计的典型性。

风景园林的观赏力求给人营造轻松的气氛，而风景园林的设计则必须一丝不苟、有条有理地进行。如果事先的准备不够充分将会造成极大的损失。

设计者应先进行基地调查，熟悉物质环境、社会文化环境和视觉环境，然后对所有与设计有关的内容进行概括和分析，最后拿出合理的方案，完成设计。

第二章

风景园林主题主景设计方法与案例解析

第一节　风景园林主题主景设计方法

一、风景园林主题设计基础

（一）主题设计概述

1. 主题概念

“主题”在《辞海》中被定义为文学、艺术作品中所表现的中心思想，也指事件活动的中心。我国古代对主题的称呼是“意”“主意”“立意”“旨”“主旨”等。

风景园林中的“主题”常用来指艺术创作活动中所表现出来的中心思想。主题是设计者通过对场地条件、历史文化、地域特征和时代特性等方面的综合分析而提炼出的设计中心思想，既是现实条件的客观反映，也是设计者对客观现实的主观认知和理解。

风景园林主题绿地与一般风景园林绿地的区别在于，前者除具备风景园林绿地的普遍功能之外，还会因主题定位不同而具备其他功能，主要包含有教育功能、体育运动功能、纪念功能以及人们对环境的更高品质要求——生态功能等。

2. 主题设计的含义

主题设计就是主题的选择和确定及立意和表达。主题的立意和表达不能停留在局部的设计表层，而应融入到整体的风景园林规划设计中。“造园之始，意在笔先”，根据不同的主题，可以设计出意境、景色各异的园林景观。主题设计是风景园林规划设计的核心和关键，因此应结合具体的场地条件将设计立意以形式语言的方式表达出来，展现独特的文化内涵，提升设计水平，不同的主题设计可以引发不同的情感共鸣。

3. 主题与意境的关系

意境是指作品中所呈现出的情景交融、虚实相生的诗意空间，其来源于艺术形象而又不同于艺术形象；就园林艺术而言，意境就是由物境（园景形象）和情境（审美感情、审美评价、审美理想）在含蓄的艺术表现中所形成的高度和谐的美的境界。园林意境是园景形象与它们所引起欣赏者相应的情感、思想相结合的境界。

中国传统园林从萌芽期开始一直都遵循“崇尚自然，师法自然”和“本于自然，高于自然”，重视寓情于景、情景交融，其主题风格是浑然天成、诗情画意的，使得园林景观意境深远且耐人寻味。

园林意境的构成是以景观空间为基础的，在同一个主题映射下的园林景观可能会创造出不同的意境。

意境的蕴意既深又广，表述的方式丰富多样，归纳起来，主要有以下 3 种不同的情况。

① 借助于人工的叠山理水，把广阔的大自然山水风景缩移模拟在咫尺之间，“一峰则太

华千寻，一勺则江湖万里”。

② 预先设定一个意境的主题，然后借助于山水花木、建筑所构成的物境把主题表述出来，从而传达给观赏者以意境的信息，如神话传说、历史典故等。

③ 意境并非预先设定，而是在景园建成之后再根据现成物境的特征做出文字的“点题”——景题、匾、联、刻石等，如杭州西湖的曲院风荷。

（二）主题类型

1. 主题分类

风景园林绿地除了由基本要素构成以外，还受到周围社会经济、政治、文化以及自然与人文景观资源等多方面因素的复合影响，所以风景园林主题分类的提炼总结应考虑到影响风景园林绿地的各个因素。

（1）从资源角度分类

风景园林主题从资源方面大体可以分为以自然景观资源为主、以人文景观资源为主和以自然人文景观复合资源为主的3大类。

① 以自然景观资源为主的主题：我国幅员辽阔，自然资源种类丰富，许多地区的自然地貌具有鲜明特征，如海滨城市优美的海岸线和沙滩，内陆平原城市的农田和草原，崎岖险峻的丘陵和山区。在对自然景观资源丰富而独特的地区进行风景园林规划设计时，主题应着重强调场地固有的独特自然景观。

② 以人文景观资源为主的主题：园林的基本构成要素为地形地貌、水体水系、园林植物、园林建筑，虽然不包括人文景观，但古典园林服务的对象大多是王权贵族和文人雅士等上层人士，因此他们往往选取寄托自己内心情怀和理想志向的主题来命名园林和园林景点以体现自己的风雅之志，如苏州拙政园、网师园及扬州个园等，逐渐形成了以人文景观为主的风景园林主题，中国古典园林中的文人园就是其中集大成者。而现代风景园林绿地服务于社会大众，是向社会大众展示地区形象的重要窗口，所以现代风景园林绿地也越来越注重对于当地人文景观的塑造。

③ 以自然人文景观复合资源为主的主题：实际应用中将自然景观与人文景观有机结合在一起形成风景园林主题的较多，其在规划设计出优美的风景园林景观的同时，又赋予风景园林景观更加丰富的文化内涵。

（2）从文化角度分类

文化作为一种历史现象和社会现象，是在人类社会发展的进程中逐渐形成的具有地域性的社会历史积淀物，其既可以依附于物质而存在，又不受物质束缚，是国家、民族以及人类个体互相交流形成的、可以为世人所传承的意识形态。将文化融入风景园林主题中，有利于人们更深入地了解历史文化。

① 以历史文化资源为主的主题：在风景园林规划设计中，以历史文化资源为主题，利用地域文化作为园林设计素材，将历史文化与人们的生活方式相结合，不仅可以提高园林景观文化内涵，还可以继承和发扬地域文化，实现历史文化应有的价值，提高人们对历史文化的认可度，使人们尊重历史、尊重传统及基本伦理。

风景园林主题设计用地及周围环境中蕴含着当地丰富的历史文化因素，使其具有独特的韵味。当地的历史文献、历史事件、历史人物及历史建筑等都是历史精神的良好载体。如宫殿、城门、城墙、寺庙、陵墓以及亭台楼阁等历史文化资源，具有历史文化的外在表现力，可以直观地向人们表达，更具感染力和吸引力，能够引起人们的情感共鸣。因此，历史文化资源是园林主题最直接的影响因素。

② 以民俗文化资源为主的主题：民俗文化是一个国家、民族及地区民间民众风俗生活

文化和生活习惯的统称。它既是社会意识形态之一，也是人类历史灿烂悠久的非物质文化遗产，产生于人们的日常生产生活过程中，是人们在不同的社会环境、文化环境和心理背景下产生的，并逐渐演变成不同民俗文化资源，成为国家、民族及地区精神的载体，也是民族文化的重要组成部分。

民俗文化有 3 个组成部分：a. 物质民俗文化。它主要以衣食住行和生产交换为主。b. 社会民俗文化。它以人际交往与生活礼仪为主。c. 精神民俗文化。它是城市文化软实力的代表，多以民间口头文学、民间艺术、游艺竞技、宗教信仰和伦理道德为主。

民俗文化作为风景园林规划主题设计的重点内容，是地域民俗风情和历史的沉淀物，表现了独具地方风格与特色的景观，不仅是民族文化的重要组成部分，更是国家民族精神的载体，承担着文化继承和发展的重任。

2. 主题设计类型

主题是风景园林绿地和各类主题公园的灵魂和精髓，指导风景园林形成鲜明特色和独特个性，为自身建立鲜明的公众形象，独特的主题已成为世界各国风景园林绿地，尤其是主题公园设计建设的立足点和出发点。主题是一个主题公园的核心和特色，其独特性是主题公园成功的基石，是其区别于其他主题公园、游乐场的关键所在。

按照主题内容与方式分类，主题的类型主要有以下 12 种。

(1) 风景名胜型

风景名胜型位于城市建设用地范围内，以优良的自然生态环境、优秀的历史文化积淀为主，具备游憩审美、教育科研、展示国土形象、生态保护、历史文化保护、带动地区发展等功能。如无锡寄畅园（彩图 1）、颐和园排云殿（图 2-1-1）。

图 2-1-1 颐和园排云殿图

(2) 自然风光型

自然风光型以自然山水为基础，利用丰富的自然景观与园林 4 大要素共同点缀，形成自然风光主题，如中国古典园林承德避暑山庄 72 景中的澄波叠翠（彩图 2）、西湖十景中的曲院风荷（彩图 3）等，大多数都是强调园林自然景观。

(3) 人文景观型

人文景观型以寄托内心情怀、理想抱负或弘扬人文精神为主题，以人文景观为主的主题设计是最直接和最有效的方式。如青岛五四广场（图 2-1-2）。

(4) 主题意境型

意境是中国美学对世界美学思想独特而卓越的贡献，中国古典美学的意境说，在园林艺术、园林美学中得到了独特的体现。中国园林的美，并不是孤立的园景之美，而是艺术意境之美。如苏州拙政园的松风水阁（图 2-1-3），又名“听松风处”，是结合楼阁周围种植的松树景观而命名的。松、竹、梅在中国传统文化中被称作“岁寒三友”，松树经寒不凋，四季常青，古人将之比喻为有高尚的道德情操者，将楼阁以松为主题，暗表主人品格如苍松一般高尚不屈。

(5) 历史写实型

历史写实型利用著名历史事件、人物及文化故事的经典情节为原型，模拟历史场景、再现历史形象，探索人类历史发展的进程。如以遵义会议为主题的群雕（图 2-1-4）。

图 2-1-2　以五四运动精神为主题的青岛五四广场图

图 2-1-3　以松柏比喻品格的拙政园松风水阁图

（6）生物生态型

生物生态型以自然界的生态环境、野生动物、鸟类、海洋生物、区域性植物及植物栽培艺术为风景园林主题。如生物生态主题立体花坛（图 2-1-5）。

图 2-1-4　遵义会议主题图

图 2-1-5　生物生态主题的立体花坛图

（7）模拟微缩型

模拟微缩型将世界各地或某一地区最具代表性的名胜景观微缩于一园之中，以“标本”的形式展出，向世人展现不同地域文化、民俗风情下的园林景观，让人们置身其中，仿佛真的感受到了异国他乡的风土人情。如济南花卉园艺博览会微缩的“最美济南”主题景观（彩图 4）。

（8）经典再现型

以古典名著、经典著作和卡通动画等为设计原型，设计师充分发挥设计能力和想象力，将其经典的人物形象和场景灵活地再次展现出来（图 2-1-6）。

（9）科技科幻型

科技科幻型以科学技术为风景园林主题，向人们展示科学技术的发展历程与发展现状，寓教于乐，具有重要的科普作用。如广东中山宇游科幻城（彩图 5）。

（10）民俗文化型

民俗文化型以“野外博物馆”的形式模拟民族风情和生活场景，风景园林主题景观形象生动，游客可以亲身体验到各民族的民族活动，有较高的教育性、参与性和体验性。如深圳的中国民俗文化村（图 2-1-7）、朝鲜族民俗村（图 2-1-8）。

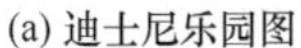
(a) 迪士尼乐园图

(b) 卡通形象主题图

图 2-1-6　经典再现型主题设计示意图

图 2-1-7　中国民俗文化村图

图 2-1-8　朝鲜族民俗村图

（11）农业观光型

农业观光型以农业观光的自然资源为基础，以农业文化和农村生活文化为核心，是通过吸引游客前来观赏、品尝、购物、习作、体验、休闲、度假的一种新型农业与旅游业相结合的生产经营形态，是能满足人们精神和物质享受而开辟的可吸引游客前来开展观（赏）、品（尝）、娱（乐）、劳（作）等活动的农业观光型风景园林主题。如农业丰收景象图（彩图 6）。

图 2-1-9　美国的环球影城图

(12) 影视文化型

影视文化作为一种题材成为风景园林主题向人们呈现，最早来源于美国的好莱坞影城，游人通过游览真实体验电影拍摄的场景来获得乐趣。游人的切身体会和视觉效果比较强，满足游人对电影拍摄的好奇心，达到拍摄与游览并重的效果。如美国的环球影城（图2-1-9）。

(三) 主题立意方法

1. 主题立意原则

(1) 功能性原则

功能性原则是风景园林主题设计要遵循的首要原则，要满足人们对物质和精神的双重需求。主题和风景园林规划设计内容密切相关，主题集中地、具体地表现出内容的思想性和功能上的特性，高度的思想性和服务于人民的功能特性是主题深刻动人的重要因素。

(2) 生态性原则

风景园林主题设计要对土地和空间进行规划，在此过程中要考虑自然的各种属性，对资源进行整合并合理利用，在考虑当地自然环境下创造有主题特色的环保的园林景观。因此，主题的立意要遵循生态性原则，以保护自然资源、节约和环保为前提进行立意，体现主题的生态性，为人们提供适宜的景观环境。

(3) 主题性原则

对主题的定位是风景园林主题设计的核心因素，要充分考虑当地的政治文化、社会经济及资源状况，并进行合理的论证分析与整合。对主题的定位是否准确是影响游人印象的重要因素。

(4) 地域性原则

地域性是一个地区自然景观和历史文脉的总称，包括气候条件、地形地貌、水体水系、动植物资源、历史文化脉络及风俗民情活动等。风景园林主题设计，应以地域性为原则，注重地域自然、文化与历史环境，并将其融入园林主题中。

(5) 系统性原则

风景园林绿地是一个开放的系统，由许多的子系统构成，如道路交通系统、景观环境系统等是其必不可少的组成部分，应严格考虑相互之间的关系与逻辑结构，从而进行合理的主题定位。

(6) 动态性原则

风景园林主题设计要遵循自然规律，维护生态环境，促进人与自然的和谐发展。风景园林主题的设计发展应具备一种通过自身改革不断保持和完善组织机制的能力，文化景观的动态发展过程，是使文化景观所要传递与表达的文化内涵与符号能够代代相传、持续传承和发展的动态过程。

(7) 多元性原则

风景园林主题设计应全方位展示当地的特色产业，将旅游业与地域文化结合，不仅可以展示地方特色文化，还可以为旅游业带来丰富的文化内涵。不同的地域文化的差异性可带来多元化的竞争，同时也是特色旅游业不断蓬勃发展的源泉与动力。

(8) 艺术性原则

风景园林主题设计，在充分利用中国深厚文化底蕴进行园林艺术创作的基础上，应有所突破，运用当前先进的艺术思想与园林主题设计相结合，既不局限于传统的造园手法，又能与时俱进。

（9）创新性原则

风景园林主题设计应紧跟时代发展的潮流，不仅要在材料设施方面创新，更要追求科学技术与文化精神的创新，使游人在游玩的同时，体验到新时代的科学技术与文化精神气息。

2. 主题立意方法

（1）从功能出发立意

风景园林主题设计最基本的要求就是要实现园林的基本功能。从功能出发进行主题立意，首先要根据风景园林绿地性质，分析功能的主次关系，合理布局功能分区；其次主题立意应从风景园林功能分区展开设计。

（2）从生态角度立意

生态城市和生态园林是近年来一直为人们所提倡的，从生态角度进行主题立意，顺应时代发展趋势，依据生态学原理，从节能、环保、可持续发展等方面出发，创造生态良性循环的人类环境，形成自我调节的共生系统。

（3）从诗情画意出发立意

诗情画意是中国传统造园手法的精髓所在，集文化特色与民族精神于一体。将诗情画意运用到风景园林中，利用托物言志、借景生情、以物比德的手法表达风景园林主题，不仅展现了中国造园手法的精湛艺术手法，又达到了“虽由人作，宛自天开”的造园境界。

（4）从地方风情出发立意

从地方风情出发进行主题立意，要充分考虑当地的文化内涵与精神，风景园林的主题立意应反映地方特色，发扬地域文化。不同的地方风情既有浓郁的民族文化特征，又有时代特色。

（5）从历史文化出发立意

从历史文化出发立意，利用历史文化的地域性与教育性等特征，对历史文化采用“取其精华、去其糟粕”的方式进行继承与创新，同时结合当地的社会经济、政治文化以及人们的生活需求和生活方式进行主题立意。

（6）从设计理念或生活出发立意

设计理念是设计过程中的主导思想，在风景园林主题设计时，“以人为本”是第一设计理念，要充分考虑人的游乐休憩需求，将人们的生活理念融入到园林绿地设计的造景与布局之中，同时也要注重功能与美观相结合。

（7）从模仿类似设计项目角度立意

在风景园林主题设计中，可将外界的相似事物应用到风景园林设计中，模仿相似作品的构图方式或形式，在其基础上进行归纳总结，充实和提炼自己的观念和见解，进而形成主题立意新颖的好作品。

（8）从技术、材料等角度出发立意

技术与材料是园林设计所必需的前提与保障，新技术、新材料可以在工艺上有所创新。风景园林主题设计从技术与材料的角度出发进行主题立意，不仅可以丰富风景园林主题设计形式，还可以打造风景园林新形象，向人们展示科学技术的高速发展。

（四）主题设计手法

风景园林绿地可以通过展示各种园林要素，运用一定的设计手法将主题这一抽象概念具体表达成可见景观，即将抽象的设计语言转化为具象的景观元素，进一步落实在具象的设计之中，它是景观表达的起点和终点。景观主题的设计需利用多种途径和手段，通过艺术手法完成设计语言的转化，最大限度诠释景观主题的内涵，并将主题文化的精髓加以提炼和升华。现将主题设计归纳为如下 10 种手法。

（1）精巧因借

借景就是将园内视线所及的园外景色有意识地组织到园内来进行欣赏，使其成为园景的一部分。借景要达到“精”和“巧”的要求，使借来的景色同本园空间的气氛环境巧妙地结合起来，让园内、园外相互呼应汇成一片。风景园林主题设计手法，扩大了园林景观的观赏范围，使游人除了观赏游览外，还能够对景观空间产生丰富的想象，引起游人对景观的感触或感想。如东南面借锡山顶上龙光塔，西面又将惠山山景引揽入园的无锡寄畅园（图 2-1-10）；房屋、植物的倒影——借影（图 2-1-11）。

图 2-1-10　寄畅园的远景图

图 2-1-11　房屋、植物的倒影——借影图

（2）夸张烘托

夸张的风景园林主题设计手法，不仅可以突出景观的特点，还可以强化在景观空间中所表达的情感及思想，从而烘托气氛。对风景园林主题设计运用夸张的尺度与色彩以及体量的对比等设计形式，不仅可以凸显出主题造型的特点、渲染主题所创造的意境，而且能够充分表达主题特殊的艺术性和传染性，既可引起游人的注意，也可给人强烈的视觉冲击感。如羽毛球造型的小品（图 2-1-12）；插在地面上的三根巨型铅笔（图 2-1-13）；由波士顿蕨和向日葵组合成的菠萝造型的小品（图 2-1-14）；用不同花色的蝴蝶兰组成的孔雀尾巴，向游人展现孔雀开屏美丽瞬间（图 2-1-15）。

图 2-1-12　羽毛球造型的小品图

图 2-1-13　铅笔造型小品图

图 2-1-14 菠萝造型小品图

图 2-1-15 孔雀开屏图

(3) 抽象联想

抽象联想是一种含蓄的风景园林主题设计手法，是建立在深刻分析场地的基础上，深入了解认识景观形态与景观主题的联系，使人们不仅能接受表面的意境审美，更能通过联想、想象引发更深层次内涵的意境审美，对风景园林主题产生共鸣。典型案例如位于苏格兰爱丁堡的细胞雕像公园设计，不仅整个公园都在表现细胞的生长、增殖以及分裂增生等，而且用各种各样的细胞雕塑展示了整个细胞的生活过程，其抽象转化手法运用得极为巧妙，是一个主要用于雕塑展览的主题公园（图 2-1-16）；青岛五四广场的主题雕塑“五月的风”，以火红色螺旋上升的风的造型体现了“五四运动”反帝、反封建的爱国主义基调和旋风般的民族力量（图 2-1-17）；上海后滩公园中的雕塑“2010——上海”则对建筑元素进行了抽象，表现了上海当地老建筑拆、建的过程（图 2-1-18）。

图 2-1-16 细胞雕像公园图

图 2-1-17 “五月的风”主题雕塑图

图 2-1-18 “2010——上海”雕塑图

(4) 对景呼应

在风景园林景观轴线及风景视线端点设置的景物叫对景（图 2-1-19）。对景常置于游览线的前方，给人直接明了的感受。为了观赏对景，要选择最佳的位置作为观赏场地，供游人休息或逗留，或设置一些小景等与主景相对呼应。

(5) 写实再现

① 直接写实　直接写实是指未运用任何造园手法修饰而直接准确地表达主题的设计手

(a) 景观轴线对景图

(b) 视线端点对景图

图 2-1-19 对景图

法。它通常以文字或图案的形式，利用石刻或雕刻、原有景观保留、民间活动再现等形式叙述历史事件、民间习俗及传统文化等，使游人更直接地了解景点历史文化及民俗风情，具有清晰准确、突出场所特质的优点。如济南芙蓉街中的系列人形雕像，反映了老济南街区的居民活动（图 2-1-20）；北京天安门广场上的人民英雄纪念碑上雕刻了二十余位人民英雄的形象，并用浮雕的形式记录了一系列中国人民反帝反封建反侵略活动的场景（图 2-1-21）；把绿篱修剪成人的造型，展现人民敲锣打鼓庆丰收的场景（图 2-1-22）。

图 2-1-20 芙蓉街人形雕像图

图 2-1-21 人民英雄纪念碑图

图 2-1-22 人民敲锣打鼓庆丰收图

② 间接写实　间接写实是利用情景雕塑、镂刻、主题标识等形式，将风景园林主题信息渗透到具有参与意义的景观中。如济南泉城广场的泉标，泉标取自古汉字“泉”字的意象

造型，重点突出济南泉城文化，是济南泉城广场的点睛之笔（图 2-1-23）；晋中体育公园内的主题雕塑通过骑行等体育运动的情景突出了体育公园的主题（图 2-1-24）。

图 2-1-23　济南泉城广场泉标图

图 2-1-24　晋中体育公园主题雕塑图

（6）仿生模拟

模拟主要是对事物外形的模拟，可直观地表现原事物，如建造出与实物同等大小或同比例缩放的风景园林主题。对景观元素的主题模拟仿生，一般会出现在较大型的风景园林绿地景观中，对文化产物的模拟是常用的贴合主题的手法，也可以通过模拟记忆中的场景，联系各种与之有关的线索，引发相关的联想，以恢复记忆中的景观场景，展现出具有特殊含义的主题。如表现古代劳动人民如何制盐的雕塑（图 2-1-25）；展现赛车维修场景的立体花坛（图 2-1-26）；展现古代人民在水边洗衣服的雕塑（图 2-1-27）；展现古代中医如何对病人望闻问切的情景雕塑（图 2-1-28）。

图 2-1-25　古代劳动人民制盐雕塑图

图 2-1-26　修车场景立体花坛图

图 2-1-27　古代人民在水边洗衣服雕塑图

图 2-1-28　中医为病人把脉雕塑图

(7) 利用重组

历史记忆承载着岁月的沉淀，是风景园林绿地独特而珍贵的历史印记。在主题设计中，应该尊重风景园林绿地本身就有的特殊记忆和符号，合理利用并适当重组原有自然或人文环境资源。因为场地中所遗存下来的具有特殊意义的物件，不仅可以继续保留住场地的记忆，更能凸显风景园林绿地的景观主题。通过对原有场地资源选择性地利用和重组，用现代设计手法表达风景园林主题的景观要素，可突出场所的地域性及文化特色，使场地焕发出新的艺术生机与活力。如重庆重钢型钢厂旧址上重新改建的重庆工业遗址公园与广东中山市粤中造船厂旧址上重新改建的岐江公园，都是工业旧址再利用和重组的成功典范（图 2-1-29、图 2-1-30）。

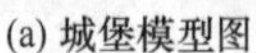

(a) 城堡模型图

(b) 小狗模型图

图 2-1-29 重庆工业遗址公园图

图 2-1-30 岐江公园的骨骼水塔图

(8) 象征隐喻

象征是借助于具体事物的外部特征对景观主题最深入、最具艺术效果的表达方式；隐喻是根据类推用某种景观表现形式来代替另一景观元素，隐喻其相似之处。在风景园林规划设计中，常以雕塑、景墙、构筑物等景观小品形式来隐喻主题，创造具有一定情感和主题的景观空间，以达到隐喻象征的目的。例如坐落于侵华日军南京大屠杀遇难同胞纪念馆和平公园内的和平雕塑（图 2-1-31），通体为汉白玉制作，其形象为年轻的母亲怀里抱着婴儿，手中托着展翅欲飞的白鸽，雕塑高 30m，寓意纪念南京大屠杀中遇难的 30 万同胞，正面有 9 级台阶拾级而上，象征人类走向持久的世界和平；图 2-1-32 是野口勇在“加州剧本”中设计的由大块原石雕凿垒筑的雕塑，取名“利马豆精神”，象征了早期开拓者的勇气与坚韧；新旧动能转换图中的绿色星球，运用不锈钢、铁艺拼接出形式新颖的球体结构，象征大气臭氧层，中间球体上种植近百种蕨类植物形成完美的地球生态系统，选用康乃馨为主的鲜花花材，模拟摩比斯环的形态，以此为主要元素，融合智造、绿色等关键词，描绘济南新旧动能转换的先进技术（图 2-1-33）。

(9) 传承创新

传统文化经过长期的演变和沉淀形成了传统文化的多样性，蕴含了丰厚的文化价值。传承与创新是在风景园林主题设计中有选择性地再现历史，意味着往历史的风景园林景观中注入新的血液，赋予风景园林主题设计新的内涵和形式，使风景园林景观历史的记忆得以延

图 2-1-31　和平雕塑图

图 2-1-32　“利马豆精神”图

图 2-1-33　新旧动能转换图

续，进而烘托风景园林景观主题的真正内涵。如以“中而新、苏而新”为设计思想的苏州博物馆，是一件传统与现代和谐融合的艺术作品，博物馆的建筑是用色泽均匀的深灰色石材做屋面和墙体边饰，既与白墙搭配清新脱俗，又与苏州的传统建筑风格和谐统一（图 2-1-34）；扬州有源远流长的赏花文化，瘦西湖的“四相簪花”亭就是依据历史存留下的信息，在其植物配置和空间组合的处理手法上，保留利用其花文化和配置方式，并结合传统造园手法复建而成，凸显出了扬州的地方文化特色（图 2-1-35）。

图 2-1-34　苏州博物馆片石假山图

图 2-1-35　扬州瘦西湖“四相簪花”亭图

（10）以景抒情

以景抒情又称寓情于景，是把所要抒发的感情、表达的思想寄托于对主题主景的设计中，借景的形象含蓄地抒发自己的感情。其特点是“景生情，情生景”，情景相互交融，浑然一体，以美好的感情烘托主题，以达到美的意境。要运用以景抒情的方法，关键是找准使自己产生感情和引起共鸣的景的特点与表现形式，使景与感情相统一，使感情有所依托。如“与谁同坐轩”取自苏轼《点绛唇·闲倚胡床》词，原词反映了苏轼对整体人生的空幻、悔悟、淡漠感，故孤芳自赏，只与明月清风为伍，表现出孤高的气质（图 2-1-36）；阿波罗泉池（图 2-1-37）是表现了在古希腊神话中作为光明、预言、音乐和消灾解难之神的阿波罗骑士。

图 2-1-36 “与谁同坐轩”图

图 2-1-37 阿波罗泉池图

二、风景园林主景设计基础

（一）主景设计概述

1. 主景概念

“景”无论大小均有主景与配景之分，在风景园林绿地中能起到控制作用的景叫“主景”。主景是风景园林绿地的核心和重点，呈现其最主要的主题和使用功能，是全园视线控制的焦点。风景园林主景按其所处园林空间的差异包含两个方面：整个风景园林绿地的主景和被园林要素分割的局部空间主景。颐和园全园的主景是万寿山前山由佛香阁、排云殿等组成的一组建筑群（彩图 7）。配景对主景起到绿叶扶红花的衬托作用，同一空间范围可观赏主景的位置和角度有很多，空间范围内一切配景又成为处在主景中观赏的对景，主景与配景相得益彰，在不同景区、景点和空间中应有主有次，重点突出。

2. 主景特点

（1）特色性

风景园林景观应具有丰富的景观层次，即应设置主景和与之相对应的配景。主景作为一定区域景观的核心，其外形应相对于配景具有特色性，即具有明显的辨识度，其本身能够突出于周边配景，成为区域风景园林的核心，与配景形成对比鲜明、景观层次分明的园林景观。

（2）焦点性

主景作为风景园林的主要观赏景观，应设计在交通便利、可达性好的出入口和主要道路等优势地理位置区域或视觉可达性好的地势较高区域附近，最大化地吸引游客视线，使主景成为风景园林的焦点中心。

（3）寓意性

风景园林主景的设计不仅要追求外形的优美和独特，还应兼具丰富的寓意性。主景所蕴含的寓意性是其在本质上与配景区别的关键。主景设计不仅要具有主题特色性，还应从风景园林的地理人文条件、风俗等方面表现出主景的设计意向和其本身蕴含的情感与文化内涵，体现主景乃至整个园林绿地的区域历史文化以及时代性、地方性的和谐统一。

（4）美观性

主景作为游客在风景园林中的主要观赏对象应具备美观性，使游客获得良好的游览观赏体验，这是风景园林作为观赏游憩场所最基本的功能。

3. 主景设计原则

（1）突出主题原则

主题是风景园林规划设计的目标及“灵魂”，统领风景园林规划设计的方方面面，主景设计应集中体现其规划设计的主题。突出主题的方法主要是通过对主题的分析和剖析，提取主题元素用于主景设计。例如济南市泉城广场的设计，它通过对“泉城”主题的分析，提取了最能表现济南泉城主题的“泉”和“荷花”元素，将二者结合声、光、电等相关技术，设计荷花音乐喷泉作为广场的主景，准确地突出了济南泉城的主题（彩图8）。

（2）整体性原则

整体性原则，就是把主景看作由各个景观要素形成的有机整体，从整体与部分相互依赖、相互制约的关系中揭示主景的特征、规律和性质。主景与配景在其总体布局形式上应具有一定的相似性，以给人整体统一的感觉。在风景园林中，全园环境与各功能分区、各园区及组成等都是整体与局部之间相互依赖、相互制约的关系，既各有自己的特色特点，又在风景园林主题主景设计的统率下，形成统一的整体。

（3）个性化原则

过分一致的整体性会使游览者感觉呆板、沉闷和单调。个性化原则就是要体现风景园林主景的个性，在统一之中求变化，即在整体性原则的基础上求变化。其协调、对比、韵律、节奏、联系、分隔、开朗和封闭等园林美的特点需要依靠变化来体现。风景园林景观有主景和配景之分，园林造景应处理好其中的宾主关系，主景一般置于游人密集区域，在位置、形体和色彩等方面较为显著。

（4）生态性原则

生态性原则是指在尊重自然、保护自然和恢复自然的基础上，运用生态学的观点和策略进行风景园林主景设计。城市风景园林绿地作为城市生态系统与人类生存发展关系最为密切的绿色空间，具有很强的净化功能，在美化城市景观、改善城市生态环境等方面受到人们的广泛重视，有不可替代的重要地位。

风景园林主景设计，尤其是喷泉等需要消耗能源的主景，应采用清洁能源，并且运用相关技术实现资源节约和循环利用。风景园林主景设计应采用绿色环保材料，园林植物在吸污抗污、吸碳放氧等方面具有得天独厚的优势，所以在设计主景与配景时应着重考虑选用植物材料造景。在生态原则和植物群落多样化的指导下，以乡土树种为主，色彩、形态、季相变化等方面有特色的树种为辅，使主景设计与生态环境融为一体且反映生态主题，构建相对稳定的乔、灌、草、藤复层植物群落。

（二）主景设计方法

1. 主景设计空间构图

风景园林主景设计要求在园林绿地性质、地形地貌、功能、主题等的基础上构建合理的主景空间构图，使其在构图层面上布局合理。其主要空间构图形式有线性空间构图、半开敞型构图和开敞型构图。

(1) 线性空间构图

主景设计的线性空间构图多用于狭长形场地，由于有通畅的纵向观赏视线，主景一般设置在线性构图空间场地的尽头或中心位置，引导观察者步入其中，强化空间的深远感，突出主景（图 2-1-38）。

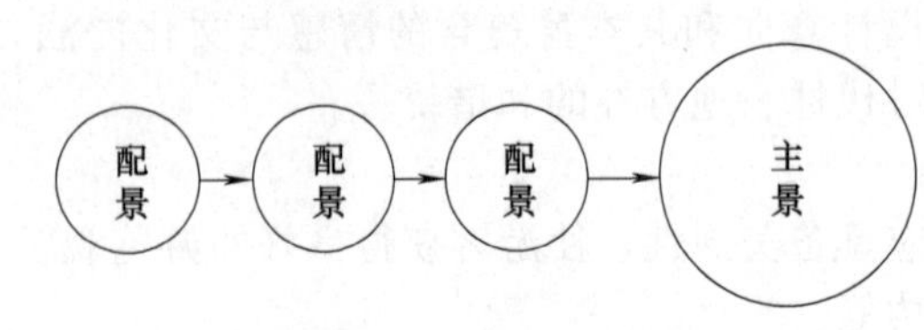

图 2-1-38 线性空间构图

线性空间构图需要对主景进行引导性处理，即需通过配景的指示性强调游览线路，引导人们从配景逐步过渡到主景空间。

引导性处理后主景与配景大多属于线性连接，可以是一条也可以根据场地实际条件有多条。通过配景的烘托，引导游览者探索主景，并利用游览者的好奇心理，逐步引起游览者对主景的兴趣，最终在主景部分达到游览高潮。南京中山陵中碑亭与祭堂之间的空间处理手法就是典型的线性空间构图，在通往主景的祭堂前是长长的爬山台阶，两侧配置松柏，烘托庄严的祭奠氛围，而向上的长台阶使游览者对于祭堂产生敬畏之情（图 2-1-39）。

(2) 半开敞型构图

图 2-1-39 采用线性构图的南京中山陵图

半开敞型空间构图是指场地一侧是面积广阔的平地、湖面等大型开敞空间，在另一侧设置主景与配景，朝向开敞边（图 2-1-40）。主景位于区域内视线交汇点，达到突出主景的目的。半开敞型构图需要着重对边界进行处理，即需要利用配景限定出半封闭空间，使得游览者视线聚焦在主景上。配景或者边界的处理不应太过于丰富以免喧宾夺主。

(3) 开敞型构图

开敞型空间构图的主景一般位于风景园林人流量大且交叉的位置，一般处于园林绿地的中心位置，是风景园林的核心景观（图 2-1-41）。开敞型主景四周应具有良好视野，主景特点显著，可吸引游览者从四面八方汇聚到开敞型主景。

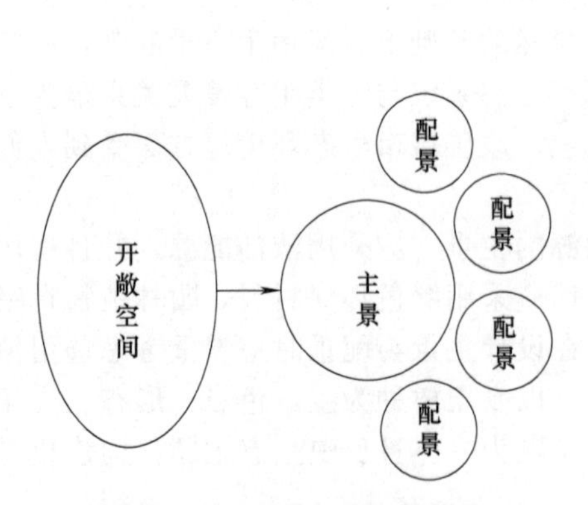

图 2-1-40 半开敞型空间构图

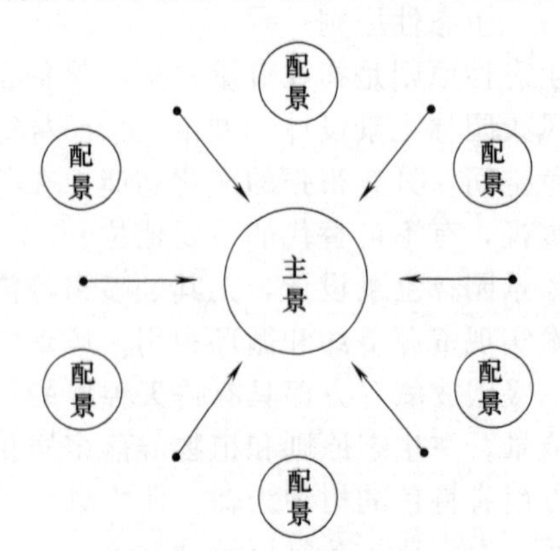

图 2-1-41 开敞型空间构图

开敞型构图的主景需要对游览者具有一定吸引力，需要主景造型与周围配景有对比，并且在尺度方面与周围空间相协调，或稍微夸张，以增强主景在视觉上的吸引力。

2. 突出主景的方法

从视觉理论上来看，主景需突出才容易被人发现和记忆，使物象在一般基调之中有所突破和变化，从而构成视觉的聚集力，使之突出重点以统率全局。常见的突出主景的方法有以下几种。

（1）主体升高

将风景园林主景主体升高，视点会相对降低，仰视取简洁明朗的蓝天远山为背景来观赏主景，可使主体的造型、轮廓鲜明突出且不受其他因素影响。如唐山大地震纪念碑（图 2-1-42）、天坛祈年殿（图 2-1-43）、西湖十景之一——雷峰夕照（彩图 9）。

图 2-1-42　唐山大地震纪念碑图

图 2-1-43　天坛祈年殿图

（2）面阳朝向

我国地处北半球，南向的屋宇条件优越，山石、花木向南有良好的光照和生长条件，各处景物显得光亮、富有生气，屋宇建筑的朝向以南为好。如天坛祈年殿（图 2-1-43）、颐和园谐趣园中的建筑。

（3）运用轴线和风景视线的焦点

主景前方两侧常常进行景观配置以强调陪衬主景，主景常布置在对称形成的中轴线终点、园林纵横轴线的相交点、放射轴线或风景透视线的焦点上。如意大利台地园代表——埃斯特庄园（图 2-1-44）、法国凡尔赛宫拉托娜泉池（图 2-1-45）。

图 2-1-44　埃斯特庄园位于中轴线上的主景雕塑图

图 2-1-45　法国凡尔赛宫中心轴线上的拉托娜泉池图

（4）动势向心

水面、广场、庭院等四面环抱的空间，其周围次要的景色具有动势并趋向于视线焦点。如意大利威尼斯的圣马可广场，其主景就是布置在焦点上（图 2-1-46）。我国杭州西湖周围的建筑向湖心布置，孤山便成为其风景点的动势中心，也是“众望所归”的构图中心。因此力感作用在视觉上会出现对控制全局均衡稳定起决定作用的平衡中心，容易突出重点。

图 2-1-46　位于构图动势中心的圣马可广场图

（5）空间构图的重心

风景园林主景一般布置在园林绿地空间构图的重心位置，如西方古典代表性园林内的喷泉主景常居于规则式园林的构图几何中心（彩图 10），而中国传统假山园的主峰常有所偏，切忌居中，布置在其自然重心上并与四周景物相配合。

（6）渐变法

渐变法是指在园林景物的布局上，采取渐变的方法，从低到高，逐步升级，由次景到主景，级级引人入胜。布置在渐层和级进的顶点，将主景步步引向高潮，是强调主景和提高主景艺术感染力的重要处理手法。此外，空间的一重更进一重，所谓“园中有园，湖中有湖”的层层引人入胜，也是渐进的手法。如杭州的三潭印月，即为“湖中有湖，岛中有岛”（图 2-1-47）；颐和园的谐趣园为园中有园等（图 2-1-48）。

图 2-1-47　西湖的湖中湖——三潭印月

图 2-1-48　颐和园的园中园——谐趣园

为达到强调主景对象的目的，应在其体量、形状、色彩、质地及位置上尤为突出，用以小衬大、以低衬高的手法突出主景。长白山天池是特殊条件下低景在高处的主景，将主景设置在意境序列的终点，给人以必然升华之感（图 2-1-49）。

（7）对比衬托法

对比衬托法是一种趋向于表现对立冲突的艺术美的表现手法，不仅可以加强风景园林主题的表现力度，还可增添主题意味和主题表现的层次和深度。风景园林以配景之粗衬主景之精，借彼显此，互比互衬，如南京灵谷寺景区（图 2-1-50）。风景园林中凉亭、观景台等景观设施大都采用简单素雅的天然材料，避免出现因富丽堂皇而产生喧宾夺主的情况。

图 2-1-49 位于群山怀抱的长白山天池图

图 2-1-50 南京灵谷寺景区

(8) 增大体量

增大体量是利用超大尺度衬托风景园林主景的主导地位。如置于层层台阶之上的南京灵谷塔（图 2-1-51），高高地突出于南京灵谷寺景区的山岭和树林之上，在远处即可看见高约 20m 的灵谷塔的主景气势；位于圣马可广场的钟楼下半部是由边长 12m、高 50m 的砖块构成的巨大柱状建筑，上方则为拱形钟楼和方形建筑，虽构造简单，但高 98.6m，为威尼斯的主要地标之一（图 2-1-52）。

图 2-1-51 南京灵谷塔

图 2-1-52 圣马可广场钟楼

3. 主景设计方法

风景园林主景设计就是人为地创造一种将园林景观各组成要素与所处的自然地理环境相结合的美的意境，下面总结并归纳了风景园林规划设计的 5 大主景设计方法。

(1) 分宾主

风景园林景观有主副之分，因此要处理好其间的宾主关系，重视主景的安排。附属性质的景观应从形状、色彩、组织、装饰、分布和疏密等方面充分发挥其衬托和陪衬的作用，以衬托主景。北京颐和园和南京玄武湖公园的假山造景中，以中间最高大的假山为主，其余低矮的假山为宾，其体积、高度均未超过主山，构成宾主关系（图 2-1-53、图 2-1-54）。

(2) 布虚实

从风景园林全局着眼，配合各项风景园林艺术布局法则的运用，处理好主景设计的虚实关系，对增加景观美感度、提高园林情趣与魅力起着重要的作用（图 2-1-55）。有显有隐、

图 2-1-53　北京颐和园假山造景图

图 2-1-54　南京玄武湖公园假山造景图

时显时隐的风景园林景观配合景象和色彩或迷离或鲜明的变化，可达到更具感受与联想的虚中有实、实中有虚的境界。路径、流水在山林间的显隐在大面积的园林景观开发布置中运用广泛，虚实情趣可供欣赏。

（3）做呼应

做呼应的主景设计方法旨在以自然环境的变化规律为基础，表现园区景物或景观本身各组成部分之间存在的呼应联系。其呼应方式有规则式和自然式两种：规则式呼应布局，如北京天安门广场的花坛造景，中央的喷水池和周边圆形花坛表现出密切联系（图 2-1-56）；自然式呼应布局，如花境中株形、高矮、色彩不同的植物之间的呼应和不同景观的姿态、位置之间的呼应（图 2-1-57）。在风景园林主景设计的呼应中存在一种景观分布趋向性的“势”

图 2-1-55　苏州狮子林虚实对比图

图 2-1-56　北京天安门广场前景图

图 2-1-57　花境实景图

的关系，如置石在坡地上的排布应参考地质构造变化规律和适应地形地貌变化，有隐有显的岩石搭配在显隐中表现出自然生动的呼应。

（4）排层次

排层次的主景设计方法旨在表现出园林景观前后远近次序的立体感，这种三维空间存在的真实立体不同于平面图画的透视法则。山水、植物、建筑的层次感可按其形体大小、清晰度、色彩变化、虚实对比进行调节。在风景园林主景设计的应用中，排层次法是利用景观之间的距离和位置强化其立体层次感，如植物的布置可在基调树种中插入异种树，前景位置栽植灌木或花卉，使整个植物群落更加丰满（图 2-1-58）。

（5）求曲折

求曲折的主景设计方法旨在寻求景物蕴藏在曲折中的外在形状变化，多运用在自然式园林布局造景中，规则式布局中的花坛、喷水池等轮廓所采用的曲线受几何关系的制约较为明显。我国自然式园林景观布置可根据堆叠假山的高低起伏，峰峦沟壑的凹凸变化，曲桥、曲廊等建筑物曲折形式，园路的安排等配合隔景而作曲折的布置，是小中见大的重要安排。温岭县楚门镇风景桥的起、终点均靠河北岸，桥身似纸扇形向河面张开，是一种典型的曲桥（图 2-1-59）；万里长城是以城墙为主体，曲折绵延，同大量的城、障、亭、标相结合的防御体系（图 2-1-60）。曲折在风景园林主景布局中具有重要的意义，但故作曲折并不可取。

图 2-1-58　趵突泉植物景观微缩图

图 2-1-59　温岭县楚门镇风景桥

图 2-1-60　万里长城

4. 主景设计的程序

主景设计可概括为主题内容、表达方式、空间形态和环境氛围的设计。通过在总结已有研究结果和借鉴实践经验的基础上，遵循风景园林规划设计中多样性和变异性、高度人情化、围绕特色与强化特征、生态环境和园林艺术结合、因地制宜地重视绿地建设等原则，构建以自然景观为主体的主景设计程序。一般由绿地类型确定和特色评价、确立园林主景主题、确定主景设计空间层次、确定主景建设手段和表达主景设计方案 5 个步骤组成。

（1）绿地类型确定和特色评价

风景园林绿地类型确定和绿地特色评价是分析和确定主景设计的主要依据。根据不同的园林绿地资源特点，绿地可划分为多种风景园林绿地类型，不同类型对其主景设计的要求也不相同。绿地特色评价主要包括地貌景观、水景、动植物景观、天景、名胜古迹、风俗民情、神话传说等内容，应从风景园林绿地所在城市的地位和性质、历史与风土人情、城市特有文化、人们的游赏要求和参与性内容出发，分析归纳出园林绿地最突出、最具代表性的景观、景象特征及文化寓意和内涵，准确把握园林绿地的景观资源特色，确定风景园林绿地类型，指导风景园林绿地的主题确立和主景设计。

(2) 确立园林主景主题

在主景设计之前先确定其主题思想。主题思想是风景园林规划设计的关键，根据不同的主题可以设计出不同特色的风景园林主景。首先，根据我国现行的绿地系统规划对风景园林绿地的宏观控制，从历史资料、特色资源和现有资源三方面搜集和发掘城市资源，分析、评价、对比并甄选其资源优势，提炼出园林绿地的景观主导元素；其次，主题确定是景观开发的立意，是风景园林主景设计的原则性内容，应根据景观主导元素、园林绿地类型和绿地特色确立符合其景观特色立意指导的景观主题，保证所开发主景的充分典型性。

(3) 确定主景设计空间层次

主景区要有一定的统率力，从空间规模、景观构成、游览组织上起到主景的作用。根据主题意境及要求有针对性地选择主景，并与周边环境相呼应，必须具备两个条件：一是其本身具有可赏的内容；二是所在的位置要便于被人观察。其可能是反映主题意境和特色的一系列景观，也可能是单一景点。风景园林主景就空间设计层次而言有近景、中景、全景与远景。近景是近视范围较小的单独风景；中景是目视所及范围的景致，宜于安放主景；全景是相当于一定区域范围的总景色；远景是辽阔空间伸向远处的景致，相当于一个较大范围的景色。远景可以作为风景园林开阔处瞭望的景色，也可以作为登高处鸟瞰全景的背景。运用框景、夹景、漏景和添景等处理手法合理地安排主景，加深景的画面，使其富有层次感，使人获得深远的感受。

(4) 确定主景建设手段

为充分表现选定风景园林主景的主题意境，应运用审美分析和视觉评价等方法对主景点各景观要素的景观形象和环境氛围中引人入胜及不佳的部分进行详细分析研究，以科学技术、社会需要、功能要求和经济条件为依据，遵循“适用、经济、美观”的原则及生态性原则和以人为本原则，运用声、色、光、电等现代元素与地形、水体、花木、建筑等相配合，塑造鲜明的艺术形象，充分利用植物的季相变化和观花、观叶、观干树种的协调搭配增加主景色彩和时空的变幻，在保持风景园林绿地现状、修饰强化、突破新建等手段中，选择适宜的主景建设手段和技术方法。

(5) 表达主景设计方案

主景设计的规划与布局对整个风景园林绿地起战略性作用，其布局合理与否影响全局，因此应运用艺术手法对主景设计的开发对象及建设手段进行分析研究。首先，在掌握其自然条件、环境状况及历史沿革的基础上勘查现场、编制设计任务书，以文字和草图的形式提出主景开发的基本方法，并提供多个设计方案；其次，当风景园林主景设计方案得到相关权威专家评议认可后，即可对主景进行详细设计，并以平面图、断面分析图、立面图、效果图和文字方案构思说明等形式予以表达；最后，施工是实践设计意图的开端，养护管理是实践设计意图的完成，由于构成主景的各种素材有大小之分，形态各异，无一类同，在设计中很难详尽表示，必须通过施工人员创造性地去完成，通过后期严格的养护管理，其主景设计的艺术效果才能逐渐充实和完善。

（三）主景在不同层面上的处理方法

1. 主景在主题特色层面上的处理

所谓“意在笔先”，主题特色是主景设计的原则内容，承载着风景园林绿地的灵魂。随着当今全球化进程的发展，主景设计只有具有鲜明内涵、独特风格和充分的典型性，才能彰显出规划的地域性、时代性、文化性，保证城市、风景园林规划的与众不同。主题设计承载着风景园林的精神内核，通过一个时代、一个社会、一个民族的人文环境状况和自然环境状况凝聚内化而成，通过其自身形象的语言表述外化出来，体现着当时当地历史文化、风土人情、风格特征等特质。

（1）主景主题特色的挖掘

主题特色的定位属于风景园林主景处理中对城市、场地资源等原始信息的整理、分析并进行评价、概括等阶段。这个阶段首先对该景点所处的城市、场地的历史和现状进行调研、分析，明确该场地风景园林规划的总体特色趋向，提出场地内景点内涵的总体控制原则，最后为主景主题特色的确定提出概括性的总结。

（2）主景主题特色的表达

风景园林主景主题特色的形成是在历史发展中城市、场地的自然资源、人文资源的不断变化和完善中逐渐形成的产物，因此往往受到地理区位、气候条件、政治经济、文化历史、民族宗教等多种因素的影响。风景园林设计师在具体实践中，需要积极挖掘城市场地内的自然、人文资源，通过对这些原始信息进行分析的基础上加以提炼和升华，通过风景园林主景特有的处理手法和表达语言进行诠释，创造出独具特色的风景园林主景景观。

2. 主景在空间构图层面上的处理

在风景园林绿地总体风格的统一和主景主题特色突出的基础上，从空间构图层面上研究主景在空间中的设立以及主景、配景在空间内的组织和布局来达到突出主景的目的。游览颐和园时，我们能够随时随地感受到佛香阁对园区的统摄力量，但又觉不出建筑形体对风景的压力，这就是通过合理的处理手法达到营造一个主次分明的景观空间的目的。

空间构图与主景不仅仅是一个在三维空间里简单的容纳与被容纳关系，要营建符合特定要求的功能空间，在满足人们的心理需求和审美需求的基础上，在空间构图中突出主景的统摄力。把主景纳入到空间构图层面来考虑，强调了主景在宏观规划领域内统一对比的关系，符合主景设计的根本原则，扩展了主景研究的内容，丰富了主景的处理手法，便于主景在细节设计层面上处理的开展。

（1）主景在空间构图层面上的分析

主景能否直接引起人们的注意决定了整个空间构图的风景品质，但是为了达到突出主景的目的，设计出来的主景往往尺度过大、不融于环境、配景设计过于突出、缺少层次，这些问题都是缺少了对空间、构图、规划的前期分析和总体把握，对风景园林设计原则、人的需求考虑不足造成的。因此需要对空间特点、空间构图与风景园林主景关系、人的生理心理感觉进行分析。

（2）主景在空间构图层面上的处理

主景在空间构图层面的处理属于风景园林规划设计的组成部分，是一种立体空间艺术。多样统一规律是一切艺术领域中最概括、本质的构图艺术，主景在空间构图中也不例外，其设计要求做到联系配景、周围环境使其协调。

3. 主景在具体设计层面上的处理

风景园林主景在主题、空间得到确立与表达后，需要落实到细节层面进行具体化的设计操作阶段，诸如对园林建筑、小品、植物、雕塑等主景进行细节的分析和规定设计时，通过解构、组合、搭配、调整、延伸、变化的方法对主景的具体形态、色彩、材质进行设计和做出控制方案，进而表现出形态、色彩、材质对功能的实现和意境的表达。主景在具体设计层面的处理是进行主景处理环节的一个至关重要的阶段，直接体现主景的设计品位和表现力度，从个体上达到表现层次分明之效果的目的。

(1) 主景在形态上的处理

形态是指物体所呈现的态势，概括来说即物体在形体结构上所呈现的面貌，包括物体在空间中的体量关系、形体关系等。形态是重要的造型要素，通过线、面、体的变化构成物体的主要特征，其他造型要素如色彩、质感等均依附于它，所以通过对主景形态的处理，能够直接有效地做到主次分明。主景形态的呈现首先在于我们对形态的生理感知上，其形体要素通过视觉形成特殊的印象，通过研究形态的感知，为研究关于主景在形态上的处理方法提供依据。在解构形态基本要素的基础上，分析形态的比例、尺度、态势等内容，得出风景园林主景在形态上的处理方法。

(2) 主景在色彩上的处理

色彩是光刺激眼睛再传到大脑的视觉中枢而产生的一种感觉。在风景园林规划设计中，色彩作为重要的造型要素之一，能够丰富物体的形象，表达特殊内涵，最容易被人所感受，具有视觉第一特性。

色彩根据来源不同分为光源色与物体色。光源色是指由光源发出的光，因其光波的长短、强弱、比例性质的不同所形成的不同的色光。物体色是指物体本身不发光，而是由光源色经物体的吸收、反射，反映到视觉中的光色感觉。风景园林色彩构图主要指的是物体色，包括天空、水面、自然山石的色彩，建筑物、道路、广场、雕塑以及人工山石的色彩，风景园林植物的色彩。

风景园林主景要想在周围环境中先声夺人，脱颖而出，在色彩的处理上首先要做到整个色彩构图的美观和谐，进而利用色彩中的色相、色度、色温关系形成强弱、轻重、明暗、冷暖等对比突出主景，并借助色彩的心理联想，加深人们的印象，提升主景质量。主景的色彩处理基于人的生理感知和心理感知，借助现代色彩学理论，通过色彩变化、色彩组合研究如何使构图和谐，使主景突出的色彩搭配方法并总结归纳其规律。

① 材料的装饰性　颜色是对光的反射效果，不同的颜色能够产生不同的效果。

色泽是材料方向性反射光线的性质，光泽度的不同会产生物体表面明暗的差别，营造虚实对比的效果。镜面特征就是材料定向性反射光线产生的效果。

透明性是光透过材料的性质，分为透明体、半透明体、不透明体，透明度的不同可以使物体产生透明朦胧的光学效果。

花纹、图案、形状、尺寸是加工材料时形成的装饰图案效果。

质感与肌理是人们通过视觉和触觉感知对材料上述性质——颜色、色泽、透明性、花纹、图案等产生的诸如软硬、轻重、冷暖、粗犷、细腻的综合感觉，通过材料质感与肌理的合理组合能够形成整个景观的材料装饰美感。

② 材料的统一性与对比性处理　主景与配景在材料选用上的“对应”关系，既包括共同之相似，“彼此身气相通”；也包括差异之对比，为了“一呼一应”而突出主景的目的。材料的呼应就是指主配景材料彼此之间取得这样的联系与对应。景点选用材料以普遍的相似与普遍的对比为构图的基础，借助对比和相似，从相同中找出不同点或从不同中抓住相同点，建立一种主配景之间的对应关系。

主景的功能含义体现标志的特征，在设计中，主景具有起到吸引人们视线、提供外部参照点、体现地域文化特性的作用，即标志性。景观形式要满足它的功能需求并体现出来，这是所有景观的基本要求之一。作为主景，其形式更加多样化，这种多样化的建筑形式，应该建立在满足景观功能的基础上。

③ 主景在意象上的处理　风景园林主景的意象作为一个重要因素，正如凡·爱克所说："正是这些识别物——可以称其为意象，不仅在视觉上有连续图像，而且还形成了人与人之间、城市与社区之间的联系框架，它们是一切联系框架的见证人，持久地留在人们的记忆中……"。

主景在营造空间时，会在所统摄的空间中不由自主地表达一种氛围，而这种氛围一定要和空间的性质相契合，这样建筑与环境就可以相互烘托。只有达到景观与空间的和谐统一，才能建立一个有主题的空间。

三、风景园林主题主景设计的功能与影响因素

（一）主题主景设计的功能

1. 教育功能

"寓教于乐"是主题风景园林与一般园林的区别之一，教育主题已不再是学校等教育场所绿地的专属，而越来越多地出现在广场、街头绿地、社区公园等开放性的风景园林中，内容涉及自然科学、社会科学、人文科学的各个方面，使游客在游览过程中了解、学习主题所代表的文化内涵，具有较强的教育意义。

2. 体育运动功能

体育运动是现代园林常见的主题之一，内容包括"足球""武术""太极"等方面，常以体育项目、体育精神为主题，如"健康""奥运"等。风景园林主景设计与运动精神相结合，强调运动休闲的健康主题。

3. 纪念功能

以纪念为主题的风景园林具有传承历史、保存记忆的重要意义，其内容主要有对英雄人物、重大会议、战役等历史事件的感怀和凭吊，相对于其他功能而言，纪念功能对主题意义的表现力强，其主景更能引发游览者的情感共鸣。

4. 生态功能

生态是当代风景园林建设的主要任务之一，更是今后人居环境和风景园林发展的主旋律，生态问题是风景园林绿化发展的核心问题。主题作为风景园林规划设计的统率，主景设计兼具生态性才能满足当今生态园林的发展趋势。同时，生态主题也是随着时代发展而产生的新兴的主题。

（二）主题主景设计的影响因素

1. 风景园林绿地类型

风景园林绿地类型的不同决定了其功能、作用和主要服务人群的不同，进而决定了其主题主景的风格、设计手法的不同。如在纪念性园林绿地中，主题主景设计应根据其纪念对象的特点营造风景园林景观，并营造肃穆的氛围，使游人在游赏的同时了解相关历史，达到纪念性园林的修建目的（图2-1-61）。

图 2-1-61　南京大屠杀纪念馆主景图

2. 风景园林绿地功能

在风景园林主题主景设计过程中，应首

先考虑风景园林绿地的使用功能，采用与之相适应的设计手法，营造适合游人游憩的休闲空间。在满足使用者使用需求的基础上，充分研究基地使用人群的行为特点，确定整个风景园林绿地的功能定位和主景主题所在的功能分区，根据场地特点营造不同意境，增加场地吸引力，丰富游览体验，如儿童公园就要充分考虑儿童的心理和行为特点来塑造主题主景，尽量增加主题主景的参与度和对儿童的吸引力，丰富景观色彩（彩图 11）。

3. 风景园林主题

风景园林的主题是统领整个规划设计的指导思想。当全园的主题确定后，园中园和各景点的主题设计都要受到全园主题的控制。而风景园林主景是表达主题最直接、最重要的方式，必须根据主题来进行主景设计，通常方法有两种表达方式：①直接表达，利用花坛和景观小品等直接点明主题，使游览者迅速融入风景园林的主题氛围（彩图 12）；②间接表达，利用看似与主题不相关的雕塑、小品等元素，通过巧妙地排序与文字或者声光电等各种引导，使游览者逐步明晰主景设计意图，增加游览的趣味性，令游客印象深刻。

4. 自然环境因素

综合考虑风景园林的区位环境因素，可以在主题主景设计中做到因地制宜。可根据场地的地理环境特点进行主题设计，或结合当地的风景名胜、景观特色来确立主题。主景方面，在水资源丰富的环境中可选择喷泉、跌水等水景作为主景形式，如济南的趵突泉就是在城市原有的泉水基础上规划而成的园林景观（图 2-1-62）；在地形起伏较大的绿地内，可以在高处设置雕塑、亭阁作为主景，也可以在悬崖岩壁等设计摩崖雕刻等主景形式。

图 2-1-62 趵突泉图

5. 人文因素

历史文化、神话传说、民间习俗等人文因素最能体现风景园林的独特性，在风景园林主题主景设计中综合考虑人文因素，有利于设计出独具当地特色的主题意境和主景景观，使当地居民具有亲切感的同时吸引外来游览者，传递当地的历史、文化、民俗信息，延续场地记忆。如沈阳的 9·18 历史博物馆以 9·18 事件为主题进行了主题主景设计，整个主景建筑是纪念碑与陈列馆的结合，表达了人类对和平的美好期盼和铭记历史的决心（图 2-1-63）。

6. 社会因素

现代风景园林设计是适应社会发展而不断拓展的，反映着当代人的精神与物质文化需求。不同的社会环境下，时代特点和艺术思潮都在不断变换、发展，进而影响着风景园林主题主景设计向不同的风格和形式发展，如大地艺术的兴起引入了雕塑主题化和自然造景元素等新的主题主景设计方法（图 2-1-64）。

7. 经济技术因素

风景园林的主题主景设计需要工程技术和经济基础的支持，所以在设计风景园林主题主景时，还应考虑现实经济技术可行性。经济技术可行性主要体现在工程技术的可靠性和经济性。可靠性是指工程技术是否能持续稳定地支撑主题主景的形态，以及主题主景是否会对自然环境有破坏；工程技术的可行性还需考虑经济性，即应在风景园林规划设计预算内选择最佳的工程技术手段。

图 2-1-63　沈阳 9·18 历史博物馆主景建筑图

图 2-1-64　大地艺术景观主景图

8. 科学因素

在风景园林主题主景设计的全过程中都必须以科学原理为依据。设计者需充分地了解场地的水文、地质、地貌、土壤状况等，为因地制宜地进行地形改造、水体设计等提供理论支撑，园林建筑的建造、园林植物的选择、工程施工等方面也都需要科学理论的指导，防止工程事故的发生，保证景观的可持续性。

9. 设计者

景观设计者自身的思想、个性、教育背景以及审美观念都会对主景主题设计产生影响。设计者对外在环境的认识在经过艺术处理后形成的设计风格则更多地取决于其自身的主观创造能力，相同的环境在不同的人眼中可能形成不同的感受，主题的选取和主景的设计也会因此不同。

四、风景园林主题主景设计的定位与作用

（一）主题主景设计的定位

风景园林学科承担着建设和发展自然与人工环境、提高人类生活质量、传承和弘扬中华民族优秀传统文化、维系人类生态系统的重大使命，科学合理的风景园林绿地规划是提高园林绿地生态效能、改善人居环境质量、营造高品质空间景观的主要手段和基本保障。主题是风景园林规划设计的中心思想，主景是突出主题，控制风景园林空间层次、空间结构和景观序列的关键。主题主景不仅是风景园林规划设计的灵魂与精髓，更是营造意境、彰显特色、体现文化内涵、提高园林艺术水平的核心与统率。

风景园林主题主景设计的目标是要在园林绿地中形成最优的景观结构，增强景观的可辨识性，深化风景园林意境，提升风景园林的品位、景观价值及对游人的吸引力，使风景园林设计过程能始终根据项目定位，综合考虑社会、人文、地域等各种因素进行最佳的空间布局和平面布局，围绕主题形成一个有机的整体。

（二）主题主景设计的作用

现代风景园林主题主景设计在继承传统园林设计精髓的同时，融合了生态保护、资源节约、可持续发展等具有时代特色的理念和现代的工程技术手段，具有以下八大作用。

1. 凸显风景园林特色

风景园林主题的确立受当地自然条件、社会条件及文化背景的影响，主要承担体现城市特色、延续城市文脉的作用，因此风景园林主题主景设计应具有地方性和独特性，塑造准确恰当的风景园林主题主景有利于凸显景观的特色，展现独到的思想与艺术内涵，有利于游客感知风景园林的独特之美。哈尔滨群力金河公园通过水景和一系列的雕塑主景表现了金源文

化“春水大典”“夏日牧歌”“秋山狩猎”“白山黑水”四大主题，展现了金代松花江流域女真族人民的政治活动与生活场景，显示出其独特的风景园林景观特色（图 2-1-65）。

(a)“春水大典”主题景观图

(b)“夏日牧歌”主题景观图

(c)“秋山狩猎”主题景观图

(d)“白山黑水”主题景观图

图 2-1-65 哈尔滨群力金河公园主题主景图

2. 科学指导风景园林绿地规划设计

在风景园林景观规划设计的最初就确立规划主题，可以指导设计者综合考虑区域内的本土特色、社会环境和人文内涵，从而控制全园的景观特色。而主景则在表现主题的基础上，控制全园的空间布局和空间序列的展开方式（图 2-1-66）。风景园林主题主景设计可以有效防止总体规划设计中出现表达方式和设计成果风格混乱、风景园林整体效果平淡、全园缺乏主次关系等问题，有效防止在设计中过于注重设计技巧而缺少功能性和内涵的问题，创造出具有景观美和意境美的、和谐统一的风景园林景观。

3. 构建风景园林景观的完整性

主题主景的确立有助于在风景园林规划设计中系统地统筹安排景观序列，构建完整的景

图 2-1-66 主景控制景观序列图

图 2-1-67 波士顿“翡翠项链”图

观体系，甚至在更大的区域范围内形成彼此联系的、井然有序的景观规划布局，使整个城市的绿地景观与城市历史文脉紧密结合，构建和谐、统一的园林城市，如波士顿“翡翠项链”将各大城市公园联系在了一起，形成了一条以人文主义和自然主义为主题的整体的城市绿色景观廊道（图 2-1-67）。

4. 深化风景园林意境

风景园林主题主景设计可以通过隐喻、叙述、抽象、模拟等多种手法，加深使用者对风景园林空间的文化认知，激发其与场所精神之间的共鸣，通过联想引发视觉美之外的、更深层次的意境美，满足当代人的精神审美需要，丰富和提升风景园林的意境。如图 2-1-68 所示的景观小品通过三株形态各异的胡杨和前方的介绍性文字突出了坚毅、坚守的主题，深化了风景园林意境；北京奥林匹克公园下沉广场的“响鼓铜箫”，通过将民族传统乐器鼓和带有典型东方特色的红色与现代的钢结构相结合形成一面鼓墙，鼓内藏灯，突出了中国独有的民族特色，深化了风景园林的意境（图 2-1-69）。

图 2-1-68　胡杨小品图

图 2-1-69　北京奥林匹克公园“响鼓铜箫”主题主景图

5. 丰富风景园林景观的体验性

随着人们对城市景观审美要求的不断提高，传统的绿地设计思路和方法已不能满足大众多样化的功能需要，风景园林除了承担休闲、游憩以及生态等基本功能之外，还要满足人们精神层面上的需求，要具备求知、求乐、求趣的功能，由观光型的静态游览向全方位、多样化、可参与性的休闲游憩转化，增强游人对风景园林功能空间的体验性，如在乡村景观中塑造可以增加景观参与度的主题主景，使游览者可以充分参与到景观环境中，提高景观体验度（图 2-1-70）。

6. 传承文脉、传递优势信息

在城市风景园林建设中，主题主景是一个区域内文化的集中体现，将现代人对自然和文

图 2-1-70　乡村景观小品图

图 2-1-71　奥林匹克公园广场景观图

化的理解和记忆融入景观中，通过主景主题设计将不同的场所精神和地域文化特征提炼出来，通过景观要素对其进行表达和升华，使复杂、多样的具有典型性的历史文脉或自然特点以更生动、直观的方式在场所中再生，巩固传承城市文脉、提炼城市优势资源及信息，传递基地所在区域的优势信息，最终对风景园林产生积极的正反馈，在城市居民享受自然和生活的同时，深化其与城市文脉之间的联系，如北京奥林匹克公园中多处采用中国风、宫墙等元素，突出了北京作为古都的历史文化价值（图 2-1-71）。

7. 提升风景园林及城市景观的知名度

风景园林作为场地周边甚至一个城市的地标性公共设施，是地区对外展示城市形象的窗口，准确的风景园林主题主景设计也是对城市形象的塑造。独特的景观主题主景是城市品牌运作的基础，能有效地吸引外来游客，提高城市景观的知名度，向游览者展示城市历史文化，带动整个城市及区域旅游业的发展，推动当地经济发展。

如常州中华恐龙园独特的景观主题和较高的参与度吸引了大量的游客，不仅提升了城市的知名度，也带动了区域经济的发展（图 2-1-72）；济南泉城广场的泉标也成为了济南市的地标性景观（图 2-1-73）。

图 2-1-72　常州中华恐龙园图

图 2-1-73　济南泉城广场的泉标图

8. 促进风景园林景观建设的深入研究

除了延续古典园林常用的主题主景外，风景园林主题主景设计随着经济社会的发展逐渐丰富，拓展创新出了新的设计形式和手法，使得现代风景园林的主题主景设计更加趋向多元化，提升了风景园林的价值和品位，同时也指明了风景园林规划设计的发展趋势。主题主景是在当代人物质和精神文化需求的基础上进行设计的，从而为未来风景园林的发展趋势、功能需求指明方向，为城市风景园林规划设计提供新的设计思路与设计依据，使景观设计能够更具针对性和逻辑性，促进风景园林景观规划设计向更广、更深的领域探索。

随着人们生活水平不断提高，当代人对自身所处环境有了更高的要求，科学合理的风景园林主题主景设计能够充分结合场地的地域环境、历史文化、社会背景和时代特色，将抽象的概念具体化，形成具有地域特色的园林意境，塑造对游客具有吸引力的风景园林景观。现阶段对风景园林主题主景设计的研究仍然没有形成科学的体系，关于风景园林主景的设计方法、设计程序、空间构图等以及风景园林主题的选取方式、分类和设计手法等理论仍需要进一步的研究，从而为科学合理的风景园林主题主景设计提供理论基础。

第二节　主题主景设计案例解析

一、以“爱”为主题的主景设计

（1）设计案例 1

本案例设计见图 2-2-1，其设计构思为：①设计是一个以“爱”为主题的休闲广场，其中心位置是红色的英文单词“LOVE”造型雕塑；②“LOVE”四个字母上下结构，把抽象的含义具体化，广场前半部分为疏林草地，后半部分为休憩用的景观小品；③红色的雕塑造型充满活力，既象征爱情，又象征相恋之人可以通过语言沟通交流，其开敞的景观空间更是象征了人与人之间的“大仁博爱”，倡导人们关心身边的人，消除冷漠与猜忌，诚心待人，实现人与人和谐相处。

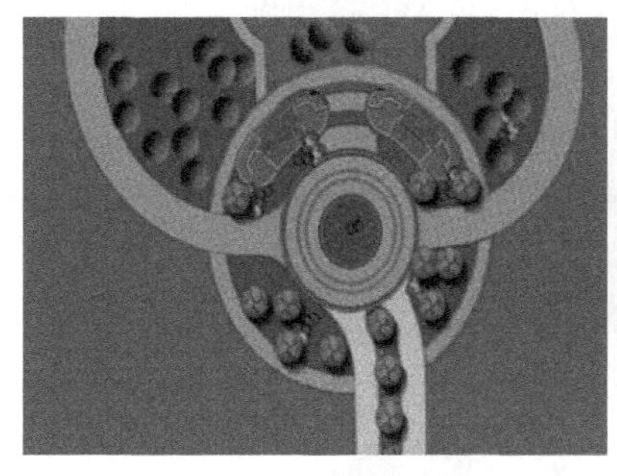

(a) 平面图

(b) 效果图

(c) 立面图

图 2-2-1 案例 1“爱”的主景设计图

（2）设计案例 2

本案例设计见图 2-2-2，其设计构思为：①爱是一种包括关爱、忠诚及善意等心理状态的强烈情感，是包容、理解，更是一种责任；②天鹅是忠诚与善良的象征，一生坚持一夫一妻，一方死亡，另一方则不食不眠，一意殉情，因此常被人用来比喻忠贞不渝的爱情；③设计为一个水景小品设计，在一个静谧的圆形水池中，两只天鹅（雕塑）相互依偎，相互靠近的脖子组成一个“心”形，代表浓浓的爱意。

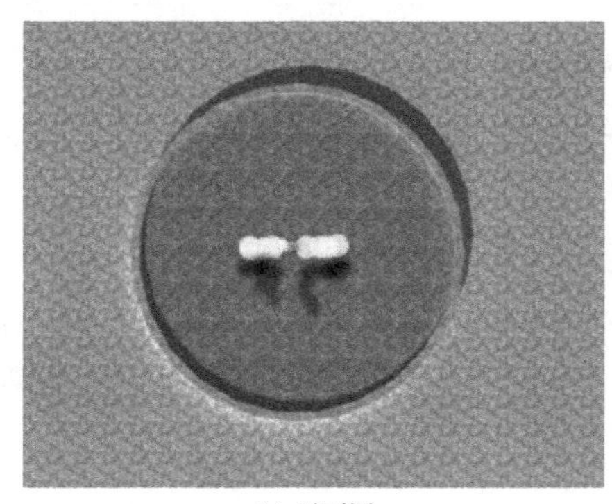

(a) 平面图

(b) 效果图

图 2-2-2 案例 2“爱”的主景设计图

（3）设计案例 3

本案例设计见图 2-2-3，其设计构思为：①中心雕塑选用红色材料扭曲围合成爱心状，整体设计是一个抽象的心形，具有强烈的空间感和透视感；②爱心具有关怀、爱护、奉献等象征意义，体现出世间处处充满爱的思想，呼应爱的主题。

(a) 效果图

(b) 三视图

图 2-2-3 案例 3“爱”的主景设计图

（4）设计案例 4

本案例设计见图 2-2-4，其设计构思为：①爱，即人类主动给予的幸福感，是指一个人主动地、尽自己所能、无条件地尊重、支持、保护、满足他人靠自己无法实现之人性需要的思想意识状态及言行；②爱的基础是尊重，即无条件承认和接受被爱者拥有的一切，不挑剔不评判，其本质是无条件地给予和关怀；③设计主景的概念来源是两只手呵护一颗心，两只手是由象征和平的橄榄枝构成，正如一部经典的电影里所说的：真正的大爱是和平，是摒弃战争。

(a) 平面图

(b) 效果图

(c) 立面图

图 2-2-4 案例 4“爱”的主景设计图

（5）设计案例 5

本案例设计见图 2-2-5，其设计构思为：①爱有一双隐形的翅膀，有时会像花儿一样幸福地绽放，有时又如同一片茫茫汪洋；②设计小品由心和翅膀的形状组合而成，象征爱的翅膀；③爱不是物质，可以随意交换礼让，爱是心与心的交织碰撞。

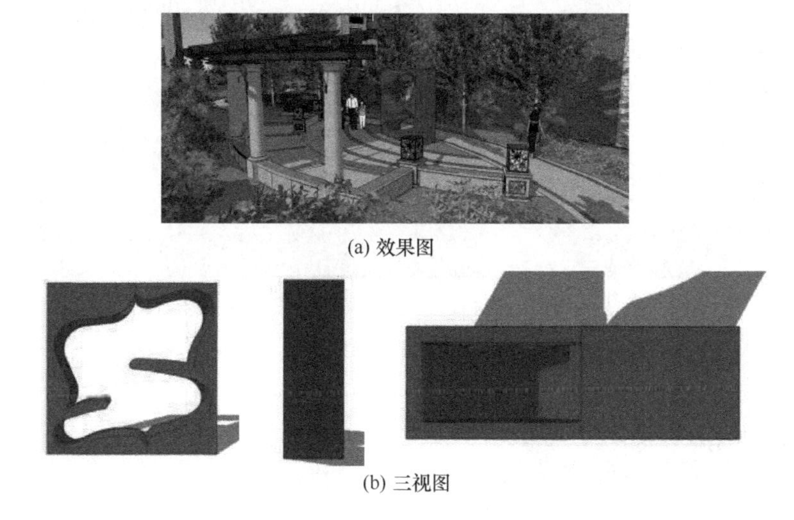

(a) 效果图

(b) 三视图

图 2-2-5　案例 5“爱”的主景设计图

二、以“辉煌”为主题的主景设计

（1）设计案例 1

本案例设计见图 2-2-6，其设计构思为：①将树的形象与地灯、射灯等灯光相结合，寓意一切努力都可像树一样扎根大地，闪耀出耀眼的光芒；②树型小雕塑与主题形成呼应，象征个人与国家的成长与辉煌。

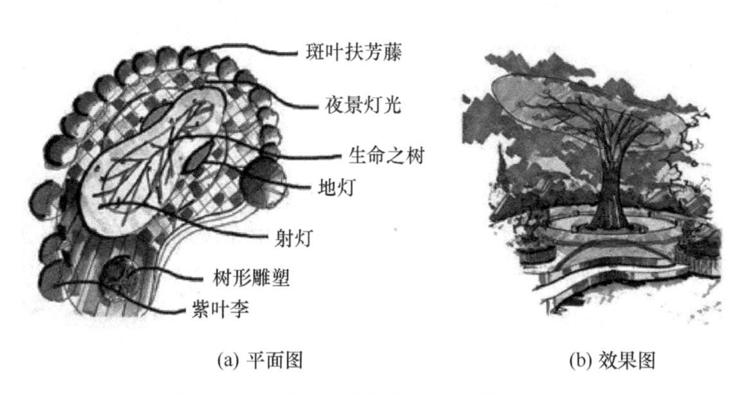

(a) 平面图　　(b) 效果图

图 2-2-6　案例 1“辉煌”的主景设计图

（2）设计案例 2

本案例设计见图 2-2-7，其设计构思为：①设计为一雕塑喷泉，坐落于广场的中心位置，雕塑通体呈金色，水池围绕着小喷泉和鲜花；②雕塑以花瓣为原型寓意璀璨，仿照跑步者姿势寓意不断前进，外侧的银杏大道入秋时节满地金黄更体现出了辉煌主题。

（3）设计案例 3

本案例设计见图 2-2-8，其设计构思为：①整个模纹花坛建在一个草坡上，各色花卉和花灌木相搭配，以乔灌木为配景，高低错落，各植物花期为 9～10 月，适合国庆时使用；②

圆形的模纹花坛以古代用作祈求风调雨顺的天坛形象为基础，吉祥的红色为主色调，在象征中华民族繁荣昌盛的同时表达了对未来的美好期许；③设计结合辉煌主题，中间由灿烂的黄色菊花组成一道龙纹，象征民族之腾飞，祖国之辉煌。

(a) 平面图

(b) 效果图

图 2-2-7　案例 2“辉煌”的主景设计图

(a) 平面图

(b) 效果图

图 2-2-8　案例 3“辉煌”的主景设计图

（4）设计案例 4

本案例设计见图 2-2-9，其设计构思为：①设计为一个标志性雕塑景观小品，雕塑造型取凤凰的吉祥含义，以其概念形式打造一座红色金属雕像；②雕像坐落在一片草地上，华丽的外表，加上植物的对比映衬，更显辉煌无比。

(a) 效果图

(b) 立面图

图 2-2-9　案例 4“辉煌”的主景设计图

（5）设计案例 5

本案例设计见图 2-2-10，其设计构思为：①玉璧是一种中央有穿孔的扁平状圆形玉器，为我国传统的玉礼器之一，也是“六瑞”之一；②选用璧形雕塑作为其主景雕塑，璧上刻有中国传统图案式样，象征着中华文明的辉煌，体现出崇高的民族自豪感。

(a) 效果图

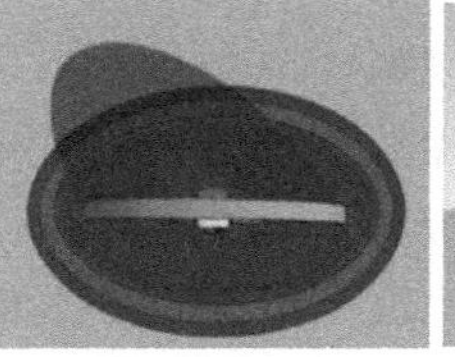

(b) 三视图

图 2-2-10　案例 5“辉煌”的主景设计图

三、以“未来”为主题的主景设计

（1）设计案例 1

本案例设计见图 2-2-11，其设计构思为：①设计提取两个抽象的人形元素，相互交错组成蝴蝶状雕塑，象征着携手与共，创造美好未来的景象；②每一个人都不是孤立存在的，我们的未来需要老师、同学、亲人以及朋友们的帮助与支持；③美好未来需要所有人共同创造，历经各种艰难险阻，就像蝴蝶经历过种种磨难才能化蝶一样，我们只有齐心协力，经过种种苦难，才能创造一个光明、美好的未来。

(a) 平面图

(b) 效果图

图 2-2-11　案例 1“未来”的主景设计图

（2）设计案例 2

本案例设计见图 2-2-12，其设计构思为：①设计设置在儿童活动区，入口处为一望远镜

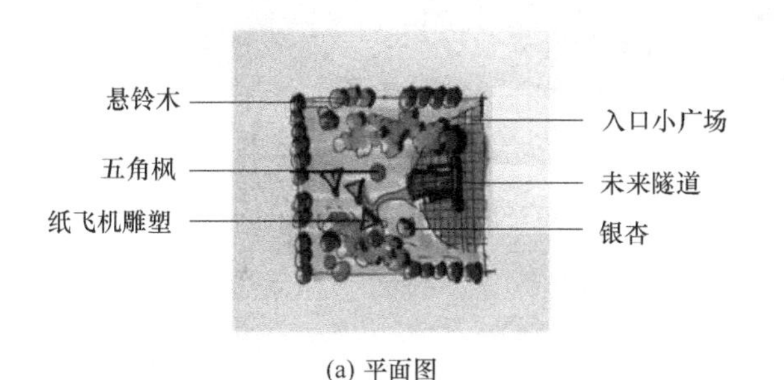

(a) 平面图

(b) 效果图

图 2-2-12　案例 2“未来”的主景设计图

形状的景观雕塑，雕塑中部为儿童穿梭的通道，将中心景观框入其中，达到框景效果；②穿过入口景观小品，展现在眼前的是游憩草坪，草坪中心为纸飞机样式的景观雕塑，雕塑呈向上起飞状，寓意儿童放飞梦想，奔向美好未来；③一系列的游览过程就好像穿越现实，来到一片未来的天空，随风飞向远方，给孩子们提供一个自由发挥的场所，让他们享受童年，拥有一个美好的未来。

（3）设计案例3

本案例设计见图2-2-13，其设计构思为：①设计为步行道中心的雕塑小品，人们在道路上行走时，两旁的车轮仿佛在同时向前滚动，寓意我们在人生的道路上不断前进；②道路中间铺设条形钢化反光材料如同镜面，在上面行走可映射出人们的身影。“以铜为镜，可以正衣冠；以古为镜，可以知兴替；以人为镜，可以明得失。”寓示着人生道路上只有充分认识自我，不断完善、鞭策自我，才能创造更光明的未来。

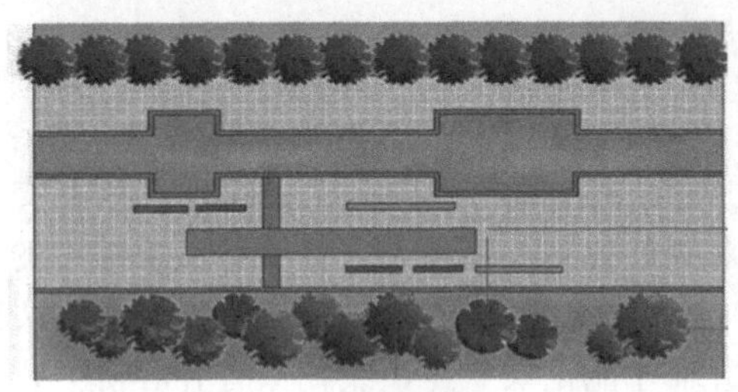

(a) 平面图　　(b) 效果图

图2-2-13　案例3“未来”的主景设计图

（4）设计案例4

本案例设计见图2-2-14，其设计构思为：①“未来”是一个未知的、奇幻的世界，充满活力与希望；②抽象的物体总能给人以无限遐想，设计以抽象雕塑为主体，仿若舞动的曲线，代表未来的无限可能性，环形球体则像是初升的太阳，代表美好的明天；③雕塑的颜色选用白色，寓意未来就像是一张白纸，需要我们用热情书写，在未来的路上能够始终保持一颗初心，努力前行。

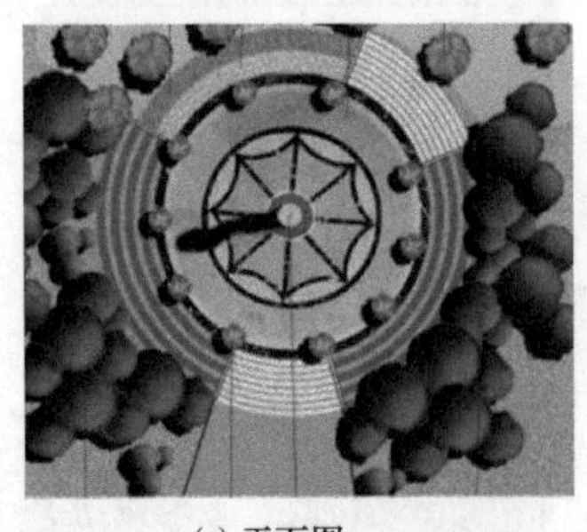

(a) 平面图

(b) 效果图

图2-2-14　案例4“未来”的主景设计图

（5）设计案例5

本案例设计见图2-2-15，其设计构思为：①设计以立体绿化来诠释“双手比框”的动作，旨在以有形的形状框出无形的变化来表达未来；②这双手像两只自由的翅膀，是飞向未来的美好象征；③将此立体绿化置于道路上，又有“门”的作用，寓意着“未来之门”。

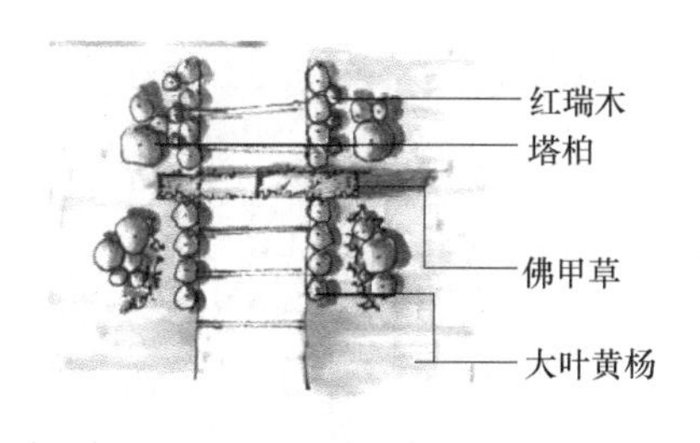

(a) 平面图

(b) 效果图

图 2-2-15 案例 5“未来”的主景设计图

四、以“希望”为主题的主景设计

（1）设计案例 1

本案例设计见图 2-2-16，其设计构思为：①设计为双手托举的景观雕塑，寓意双手托起希望的种子；②生命无时无刻不在散发着青春的光辉，让我们用希望照亮前行的路，用希望炼成一颗青春的心，在希望中拼搏，用希望铸就成功。

(a) 效果图

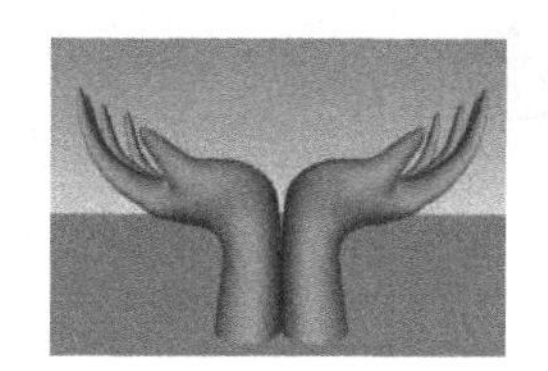
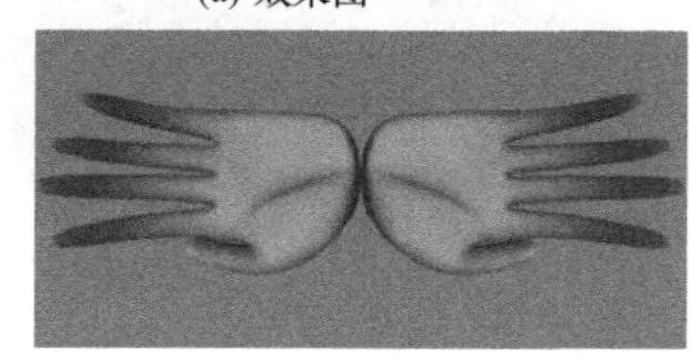
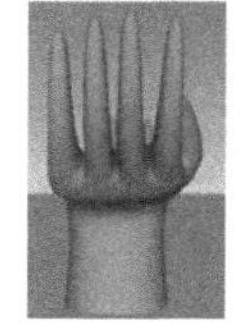

(b) 三视图

图 2-2-16 案例 1“希望”的主景设计图

（2）设计案例 2

本案例设计见图 2-2-17，其设计构思为：①主景的平面为同心圆形状的水池，像一朵盛开的花，花心花蕊随着水的流动产生动态效果，使这朵“明日之花”产生动态的美感；②水流从雕塑顶部向四周喷洒出来，形成小型瀑布，落水到其晶格体上之后，顺着螺旋逐层向下洒落，水流流经晶格产生撞击、溅射，形成变化多端的水晶特色，并且与光线相互影响形成独特的光影效果；③希望是一种积极向上的心态，不断向上进取的趋势，是乐观的人生观念的集合，晶格之美——象征晶莹剔透光明美好的明天，既有科技的时代特征，又有一种极简主义结构，让人产生不断的联想。

（3）设计案例 3

本案例设计见图 2-2-18，其设计构思为：①设计为抽象的景观雕塑，造型上呈放射状，让人联想到温暖的阳光；②希望就如同耀眼之光，仰头望向太阳，那灿烂的阳光向四周扩散，形成放射的模样；③呈放射状的雕塑景观寓意着希望的光芒洒满大地，驱散所有痛苦与不甘，引领我们不断奋进，奔向充满希望的远方。

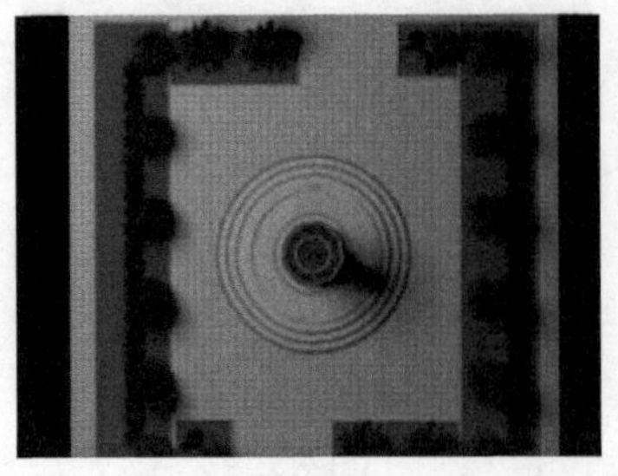

(a) 平面图

(b) 效果图

(c) 立面图

图 2-2-17 案例 2“希望”的主景设计图

(a) 平面图

(b) 效果图

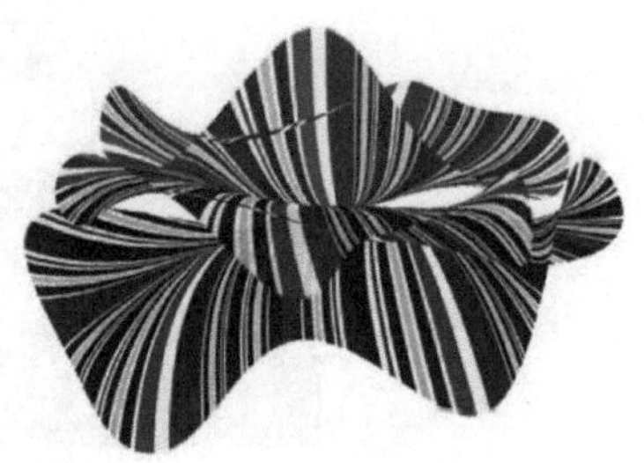

(c) 立面图

图 2-2-18 案例 3“希望”的主景设计图

五、以“幸福”为主题的主景设计

(1) 设计案例 1

本案例设计见图 2-2-19，其设计构思为：①设计是由三个人形立体雕塑组成的小品，小品采用红色的景观材料，展现出一家人幸福模样；②三个人形立体雕塑分别象征爸爸、妈妈与孩子，三个人手拉手围成一圈，手中高举着美丽的花环，仿佛在舞蹈一般，给人十足的幸福感；③家是幸福的港湾，是最平淡、最难以割舍的幸福。

(2) 设计案例 2

本案例设计见图 2-2-20，其设计构思为：①设计是以“幸福”为主题的景观小品设计，主要取幸福中的“福”字，借鉴传统文化中“福”的吉祥符号，展现吉祥如意的寓意；②以立体金属雕塑和规则式的植物配置来体现幸福稳定的寓意。

(3) 设计案例 3

本案例设计见图 2-2-21，其设计构思为：①设计主景是一个石头水帘横纹理的方形石屏风，象征幸福的厚重和踏实感，其上细细流淌的水帘则象征幸福的欢乐和灵动；②水柔软的

(a) 效果图

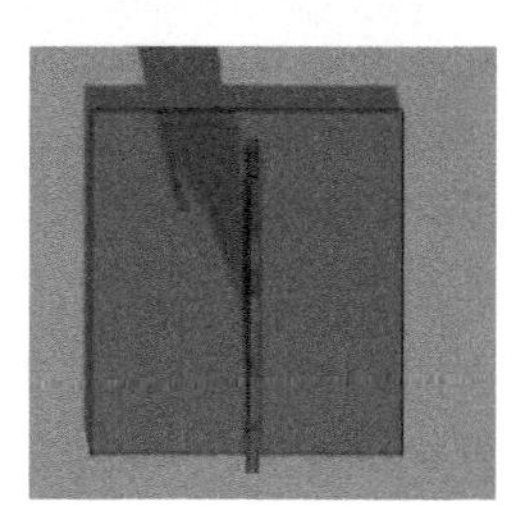

(b) 三视图

图 2-2-19　案例 1“幸福”的主景设计图

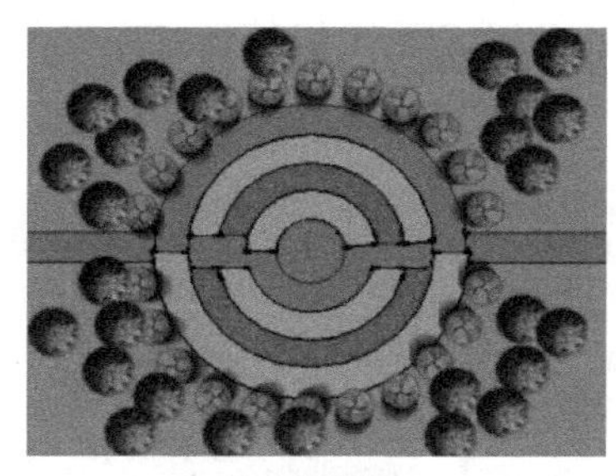

(a) 平面图

(b) 效果图

(c) 立面图

图 2-2-20　案例 2“幸福”的主景设计图

质感和石头粗糙坚硬的质感形成强烈的对比，而水流的声音更是为这组景观增添吸引力；③石头的体量并不是很大，但在这里显得尤为突出，体现了幸福并不是量的满足，而是质的享受；④水从石头上流下来，落到小水池中，经木栈道过滤回收再利用，满足了人们亲水的天性；⑤景观主要设计在四周，中央提供游人用于各种活动的场地，幸福不是状态本身，而是状态的改进，幸福划分为快乐、投入、意义三个维度，幸福并没有明确的统一定义，也就是说幸福没有中心，而人的情感才是最重要的。

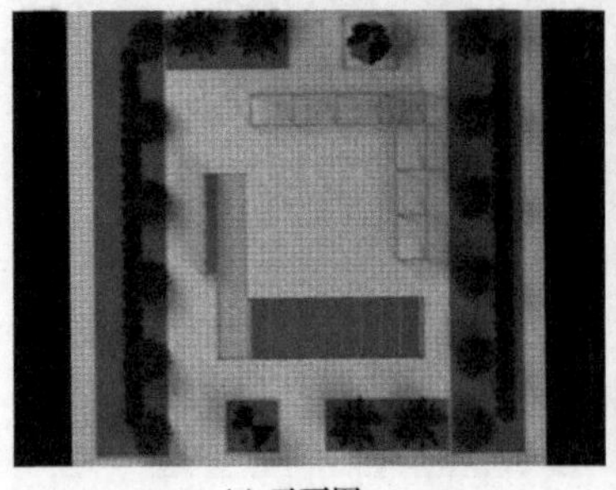

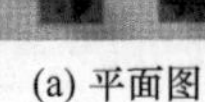

(a) 平面图

(b) 效果图

图 2-2-21　案例 3“幸福”的主景设计图

六、以“和谐”为主题的主景设计

本案例设计见图 2-2-22，其设计构思为：①和谐是对立事物之间在一定的条件下相对、辩证的统一，是不同事物之间相辅相成、互助合作、互利互惠、互促互补、共同发展的关系；②和谐是一种生活态度，也是一种人生观念，更是一种社会形态，和谐并不是没有矛盾，而是将矛盾统一起来；③和谐，如同京剧中的脸谱，不管是形状、线条还是色彩，都是关于人物特性的刻画，而这种刻画在一定程度上会把各种不同的、甚至相反的人物性格“写”在脸上，这便是一种统一和谐，是祖先留给我们的一笔财富；⑤脸谱是一门学问，这种理论对社会和谐建设也会有很大的借鉴作用，脸谱的颜色让人们的思维不受限制自由发散，象征百家争鸣、海纳百川的气魄。

(a) 平面图

(b) 效果图

(c) 立面图

图 2-2-22　案例“和谐”的主景设计图

七、以“智慧”为主题的主景设计

本案例设计见图 2-2-23，其设计构思为：①道家推崇神仙思想，传说东海有“蓬莱、方丈、瀛洲”三座神山，并有仙人居之，仙人有长生不老之药，食之可长生不老，与自然共生；②中国古典园林中的“一池三山”与道教文化有着极其深刻的联系；③道家的自然观对中国古典园林的创作影响，便是崇尚自然，师法自然，追求自然仙境，这正是一池三山的道家思想在园林中的智慧体现；④设计的主要部分是一个方形的水池，水池的中心有三座假山，象征“一池三山”，体现道家的智慧思想；水池的四角有四个方形树池，里面种植高大乔木。

八、以“乡愁”为主题的主景设计

本案例设计见图 2-2-24，其设计构思为：①台湾诗人余光中在其诗歌作品里这样形容乡愁：“长大后，乡愁是一张窄窄的船票，我在这头，新娘在那头。而现在，乡愁是一湾浅浅

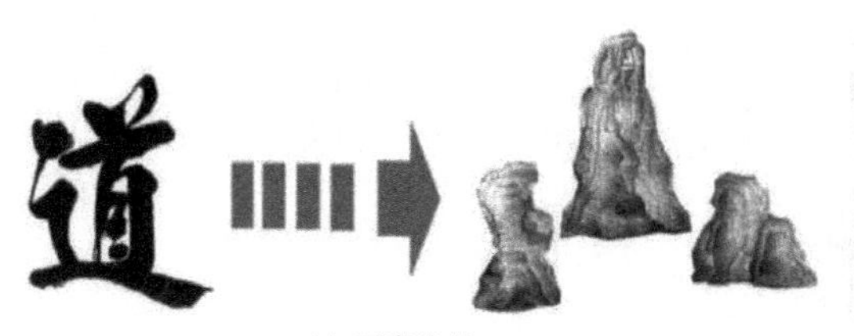

(a) 要素提炼

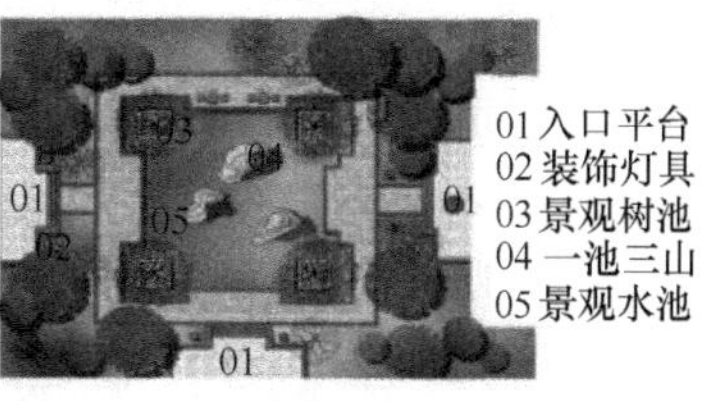

(b) 平面图

(c) 立面图

图 2-2-23　案例“智慧”的主景设计图

的海峡，我在这头，大陆在那头。”②虽然倾诉的是乡愁，但都与桥有关，比如船票，再比如海峡，如果有了桥梁的架通，乡愁就不会那么惆怅；③设计为一组孔桥，桥的两边是两座亭子，代表的是通过桥梁连接自己与家乡，以解乡愁。

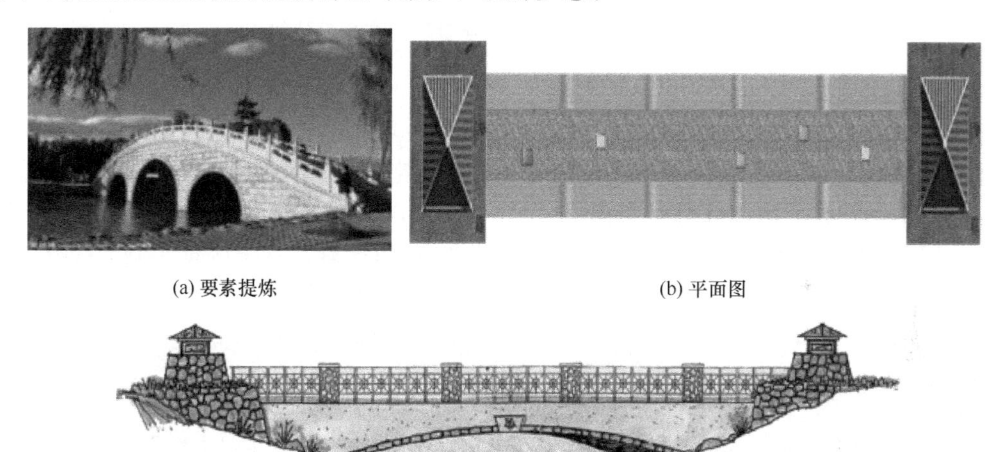

(a) 要素提炼　　(b) 平面图

(c) 立面图

图 2-2-24　案例“乡愁”的主景设计图

九、以“建筑大学梦”为主题的主景设计

(1) 设计案例 1

本案例设计见图 2-2-25，其设计构思为：①主景分为两个部分，分别代表建筑大学的历史与未来；②象征历史的小广场在俯瞰时为指南针的造型，指向未来的部分，代表着建筑大学给我们指引未来方向；③小品利用三角形的稳定性给人安稳感，使用堆叠的形式，象征每一个建筑大学的学子以及各学科之间的相互影响；④小品旁种植桃树，背后建造四面校史墙，雕刻建筑大学的校训“厚德博学　筑基建业”，代表随着时间推移，建筑大学桃李满天下；⑤中心雕塑由三个“廴”的变形组成，成托举状，象征未来部分，其寓意为各学科之间综合成一体相互扶持，带领建筑大学早日实现梦想。

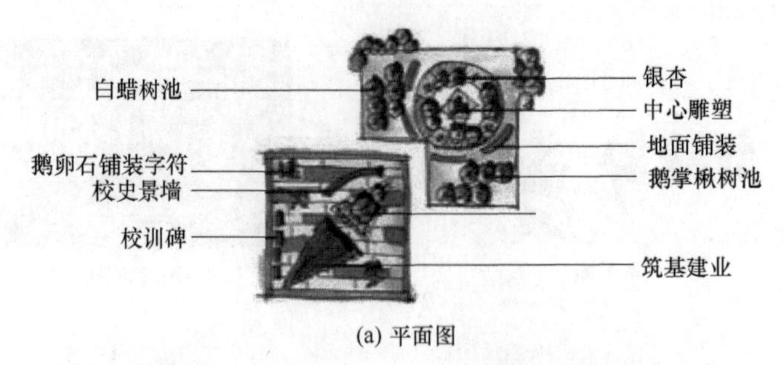

(a) 平面图

(b) 效果图

图 2-2-25　案例 1“建筑大学梦”的主景设计图

（2）设计案例 2

本案例设计见图 2-2-26，其设计构思为：①通过在场地中心设置建筑大学校标，以凸显主题中的“建筑大学梦”；②为展现场地文化，在休闲空间外围设置建筑大学历史文化景墙，景墙颜色选取与校标一致的红色，并在其上记录 60 年以来的建筑大学足迹；③围绕校标周围种植 12 株银杏树，银杏一直被誉为“金色活化石”，历经数百万年却经久不衰，即十年育树，百年育人，可将银杏文化视为建筑大学建校所蕴含的人文精神。

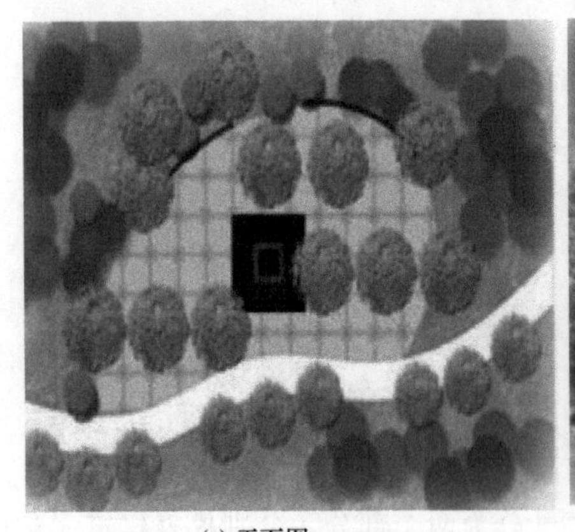

(a) 平面图

(b) 效果图

图 2-2-26　案例 2“建筑大学梦”的主景设计图

（3）设计案例 3

本案例设计见图 2-2-27，其设计构思为：①“建筑大学梦”解读为两部分，一是作为大学的梦，大学的目的是不断造就全面发展的人才，桃李满天下；二是作为以建筑为特色的院校，“建筑大学梦”旨在为人们提供舒适的生活环境，改善人们的居住环境，为实现人类物质和精神的追求而努力奋斗；②设计提取斗拱榫卯的元素，用方形拼接石块代表建筑大学，并且雕塑设计为砖红色，象征着热情、活力、意志力，代表了建筑大学教书育人的热情，学生的青春活力以及毕业学生在工作岗位的意志与坚持；③以石喻人，教导学生要脚踏实地，坚守初心，也代表建筑大学人的如石头一样沉稳、坚韧的品格与精神。

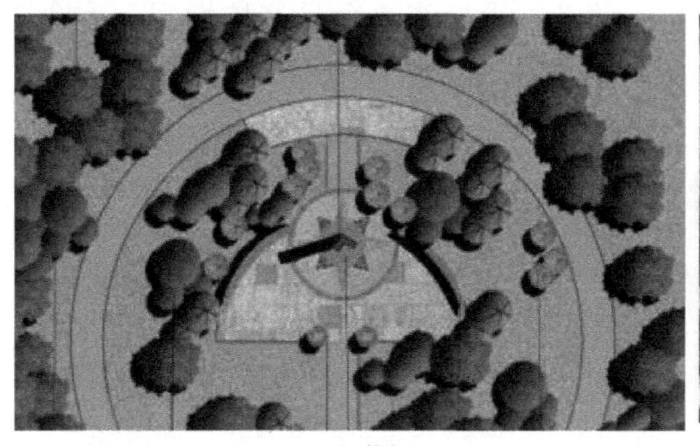

(a) 平面图

(b) 效果图

图 2-2-27　案例 3“建筑大学梦”的主景设计图

（4）设计案例 4

本案例设计见图 2-2-28，其设计构思为：①山东建筑大学的校训为“厚德博学 筑基建业”，取意“地势坤，君子以厚德载物”；②“厚德博学”就是“筑基”，有了“厚德博学”才可能“建业”；③以“屏风”做装饰，带有中国的元素，寓意“窥探新世界的大门”，以石头象征基础，以植物象征建业，根基稳固才能建成大业。

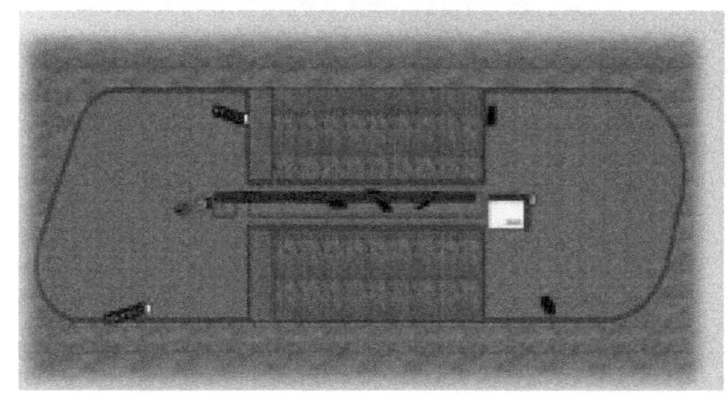

(a) 平面图

(b) 效果图

(c) 立面图

图 2-2-28　案例 4“建筑大学梦”的主景设计图

(5) 设计案例5

本案例设计见图2-2-29，其设计构思为：①中国梦是对伟大祖国繁荣复兴的美好期盼，而对于建筑大学来说，“建筑大学梦”是对学校能够持续发展、为国家输送越来越多的优秀力量的期待；②小品将建筑大学有代表性的“学士帽”办公楼简化为雕塑作为主体，以野花组合为前景，配以桃树、李树来表达“桃李满天下”的象征意义；③野花组合具有抗性强、生命力强、适应力强的特点，整个野花组合象征建筑大学学子生生不息，适应力强，前途似锦。

(a) 平面图

(b) 效果图

图2-2-29 案例5“建筑大学梦”的主景设计图

十、以“泉城之魂”为主题的主景设计

(1) 设计案例1

本案例设计见图2-2-30，其设计构思为：①用三个大小不同而相切的圆组成水池的形状，场地铺装设计为荷花花瓣的形状与色彩，水池两侧相切的圆，设置为相呼应的花坛与涌泉，池畔栽种柳树，周围以灌木围合，并在主景后设置弧形喷泉作为背景；②柳树与荷花是济南的市树市花，组合在一起珠联璧合，构成济南一道亮丽的风景线；③水池中由金属材质的荷叶形态与拟人化的雕塑组成，将这些带有济南特色的元素浓缩在一个小的景观节点之

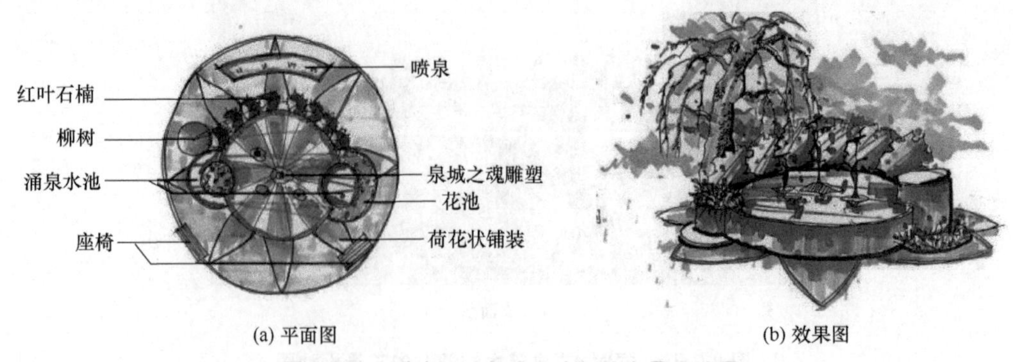

(a) 平面图　　(b) 效果图

图2-2-30 案例1“泉城之魂”的主景设计图

中，以小见大，自由发挥，象征济南精神，体现出济南的泉城之魂。

（2）设计案例 2

本案例设计见图 2-2-31，其设计构思为：①泉城最著名的便是泉，同时，济南的荷花也颇负盛名；②此雕塑以泉水向上喷涌的姿态为主体，象征着旺盛的生命力，底部为两片花瓣，使雕塑又像是一朵盛开的荷花，“泉城之魂”因此而得名。

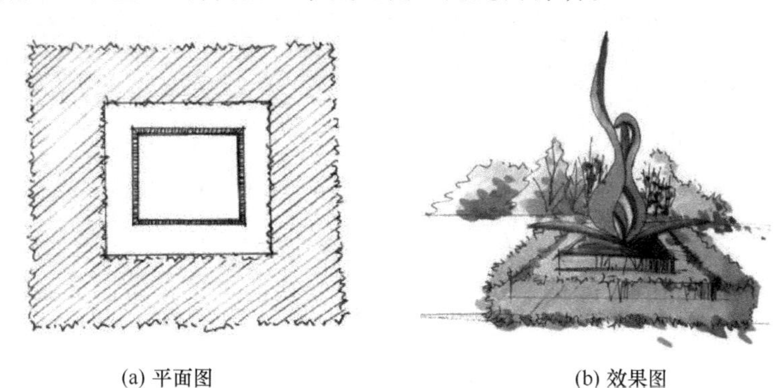

(a) 平面图　　(b) 效果图

图 2-2-31　案例 2“泉城之魂”的主景设计图

（3）设计案例 3

本案例设计见图 2-2-32，其设计构思为：①泉城济南素以“四面荷花三面柳，一城山色半城湖”而闻名，其中柳树和荷花是济南的市树市花，而对于泉城而言，其灵魂精髓便是它的泉眼，泉眼象征着济南的生命文化；②场地以模拟泉眼的水池为中心，水池上设置了荷花形状的雕塑，水池背后有以树干为背景的景墙，景墙周围种植三棵垂柳；③场地将泉城之魂中的荷花、泉眼以及柳树以一种人工化的状态展现出来，也是一种对泉城景观的体现。

(a) 平面图

(b) 效果图

图 2-2-32　案例 3“泉城之魂”的主景设计图

（4）设计案例 4

本案例设计见图 2-2-33，其设计构思为：①泉城，因“家家泉水，户户垂柳，有天下第一泉”而闻名；②“泉城之魂”，顾名思义泉水是魂，设计以雕塑为主景，通过提取泉、柳、荷的元素设计而成，其中以蓝色为主调，形如喷射而出的泉水，也如同荷花的花蕊，黄色部分既是一滴水，也是一片柳叶、一朵荷花，这样设计既体现了泉水的重要地位，也突出了济南的市花市树——荷花和柳树，同时用灵动的曲线表达济南对远方来客的欢迎；③雕塑周围设置喷泉水景，突出泉城特色，广场周围配置垂柳、旱柳、银杏、大叶女贞、紫叶李、紫薇、荷花等植物，使游客四季来访都有景可观。

（5）设计案例 5

本案例设计见图 2-2-34，其设计构思为：①济南的别称为泉城，素以泉水众多、风景秀

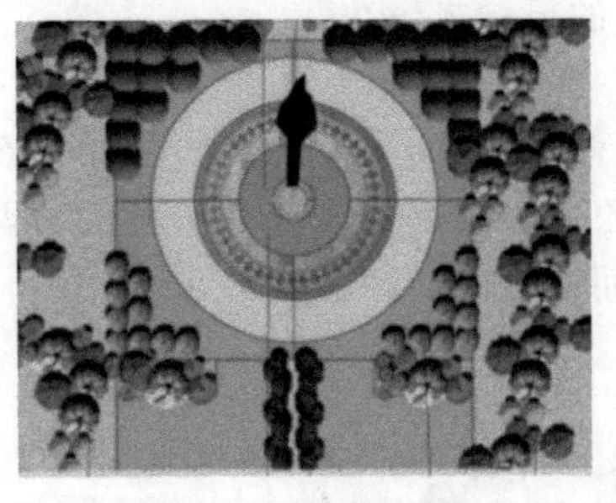

(a) 平面图

(b) 效果图

图 2-2-33　案例 4“泉城之魂”的主景设计图

丽而闻名天下；②此处雕塑运用水的代表色——蓝色为主色调，由蓝色的条状钢结构塑造而成，模仿喷泉喷发时的景象，刚柔相济，既体现了泉水的柔软特质，又歌颂了泉城精神的不朽。

(a) 效果图

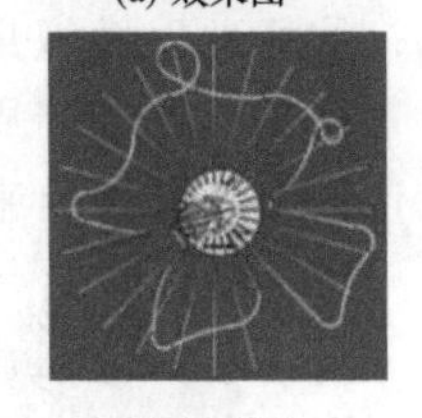

(b) 三视图

图 2-2-34　案例 5“泉城之魂”的主景设计图

十一、以“锦绣中华”为主题的主景设计

（1）设计案例 1

本案例设计见图 2-2-35，其设计构思为：①将中国结的形象简化为四根立柱，中心设计的水景，包含多种水的形态，如跌水、静水、喷泉等，使场地充满生气，四根立柱的外壁刻有祥云与雕花等浮雕，并在最高的立柱外雕刻龙图腾，象征中华民族的精神；②作为广场中心景点，将整体抬高，并在铺装上预留种植花灌木的树池，种植紫薇，而立柱下的花池，种植各类菊花，使得现实中的花与浮雕相呼应，虚实相生；③在场地中采用一些带有中华印记

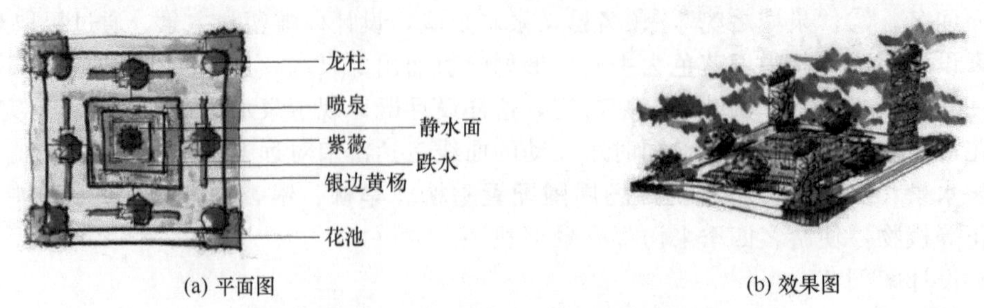

(a) 平面图　　(b) 效果图

图 2-2-35　案例 1“锦绣中华”的主景设计图

的图案，从另一方面来表达锦绣中华的含义。

（2）设计案例 2

本案例设计见图 2-2-36，其设计构思为：①场地整体为一个圆形广场，广场整体铺装成花瓣形状，场地中心由大叶黄杨与宿根花卉形成花坛景观，通过绚丽花卉的颜色代表 56 个民族；②在场地中心位置设置红色雕塑来象征中华民族，场地外围设置了休息座椅，周围种植五角枫和紫玉兰，玉兰有爱国、贞洁之意，以此寓意华夏繁荣昌盛。

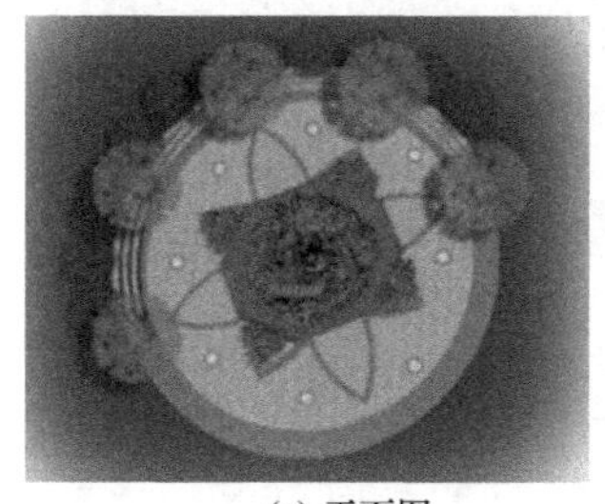

(a) 平面图

(b) 效果图

图 2-2-36　案例 2“锦绣中华”的主景设计图

（3）设计案例 3

本案例设计见图 2-2-37，其设计构思为：①中华民族是一个拥有 5000 多年悠久历史的民族，在一代又一代炎黄子孙的不懈努力下，铸就了如今的锦绣中华；②设计以五十六个民族为背景，用丰富的色彩搭配，寓意各族不同的传统与文化；③大型花坛形式表现中华大家庭，以多个心形花坛展现华夏子孙团结一致、万众一心。

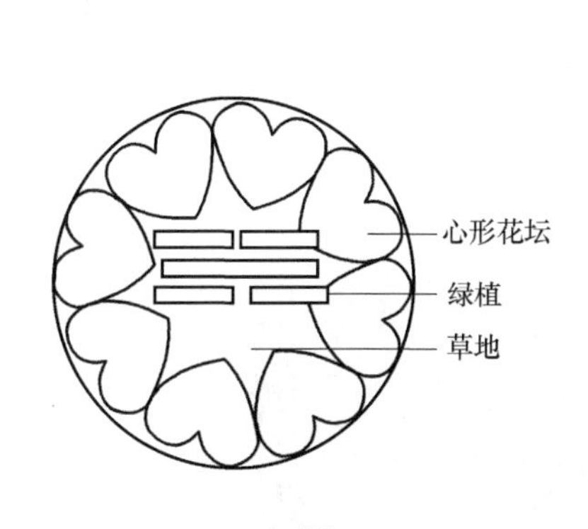

(a) 平面图

(b) 效果图

图 2-2-37　案例 3“锦绣中华”的主景设计图

（4）设计案例 4

本案例设计见图 2-2-38，其设计构思为：①鼎是中华文化的代表，在古代被视为立国重器，是国家和权力的象征，直到现在，中国人仍然有一种对鼎的崇拜意识；②主景处设置一座红色基调的鼎状钢铁质雕塑，并在上面镂雕祥云图，以展现中华民族的锦绣盛世。

（5）设计案例 5

本案例设计见图 2-2-39，其设计构思为：①设计的灵感来源于中国结，中国结是中国人的文化图腾和精神皈依，代表着喜庆、热闹与祥和；②中国红氤氲着古色古香的秦汉气息，延续着盛世气派的唐宋遗风，沿袭着灿烂辉煌的魏晋脉络，流传着独领风骚的元明清神韵；③设计以中心的雕塑体现主题，以中国红为主色调，将钢结构盘成一个错综复杂的中国结，代表中华民族丰富的文化积淀。

(a) 效果图

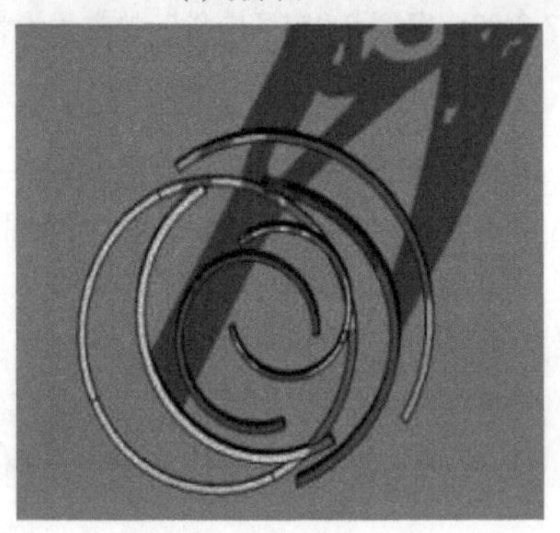

(b) 三视图

图 2-2-38　案例 4“锦绣中华”的主景设计图

(a) 效果图

(b) 三视图

图 2-2-39　案例 5“锦绣中华”的主景设计图

十二、以“枫红蟹黄”为主题的主景设计

（1）设计案例1

本案例设计见图2-2-40，其设计构思为：①“枫红蟹黄园”的设计主要为了营造秋景，把秋色叶树种作为园区主要树种，如元宝枫、鸡爪槭、南天竹等；②园区以水景为主，水中有鱼蟹游动，并设计凉亭等一系列建筑物；③园区丰富的季相变化与水中鱼蟹嬉戏的画面相映成趣，形成一幅诗情画意的场面。

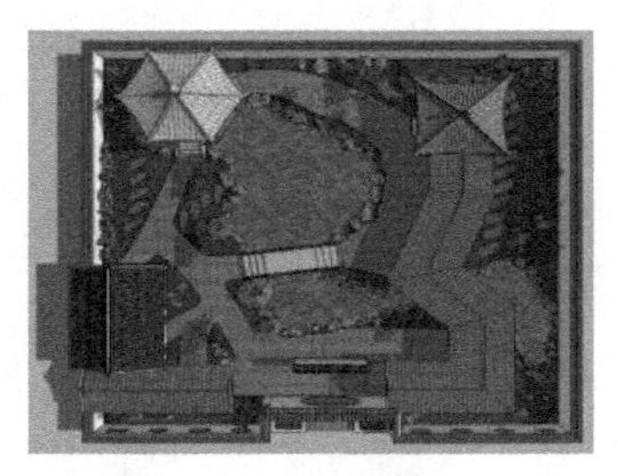

(a) 平面图

(b) 效果图

(c) 鸟瞰图

图2-2-40 案例1“枫红蟹黄”的主景设计图

（2）设计案例2

本案例设计见图2-2-41，其设计构思为：①园内水中鱼蟹相游，水岸边主要种植枫树、黄栌、银杏等秋色叶植物来凸显枫红这一美景；②人们置身其中能够体会秋天的美景和鱼蟹肥美之感。

(a) 平面图

(b) 效果图

图2-2-41 案例2“枫红蟹黄”的主景设计图

十三、以“生命之源”为主题的主景设计

(1) 设计案例1

本案例设计见图2-2-42，其设计构思为：①雕塑的造型像一个蛋的形状，蛋是一些陆生动物的卵，是生命的延续，是生命的开始，即生命之源；②蛋壳是卵的守护神，对生命的孵化成长起保护作用。

(a) 效果图

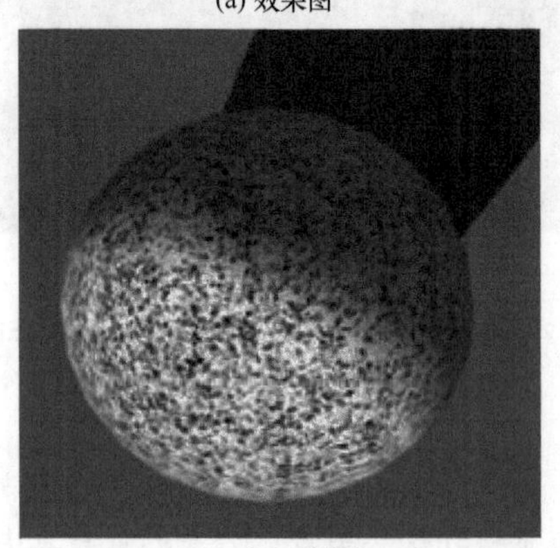

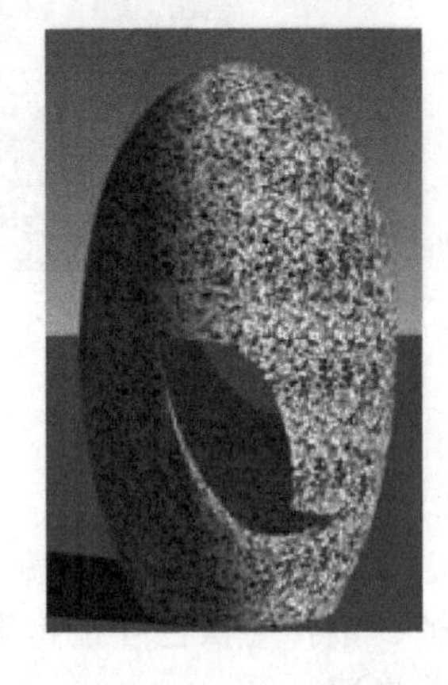

(b) 三视图

图2-2-42　案例1“生命之源”的主景设计图

(2) 设计案例2

本案例设计见图2-2-43，其设计构思为：①雕塑上方由空心圆环组成，圆环开口一大一小相互串联，有循环之意，下方打造圆形水池与上面圆环共同构成水的循环；②水是生命的源泉，是人类赖以生存发展的宝贵资源，雕塑在表达水是生命之源的同时，通过水循环的设计，呼吁人们节约用水，保护生命的源泉。

十四、以“科技之光”为主题的主景设计

(1) 设计案例1

本案例设计见图2-2-44，其设计构思为：①雕塑由金色圆球和红色圆环穿插而成，金色为华丽辉煌的金属材料，具有强烈的科技感，而圆环代表的是光环的寓意；②圆球和圆环组合在一起形似宇宙和星球，体现了高速发展的科技推动了人类对宇宙的探索，因此为科技之光。

(a) 效果图

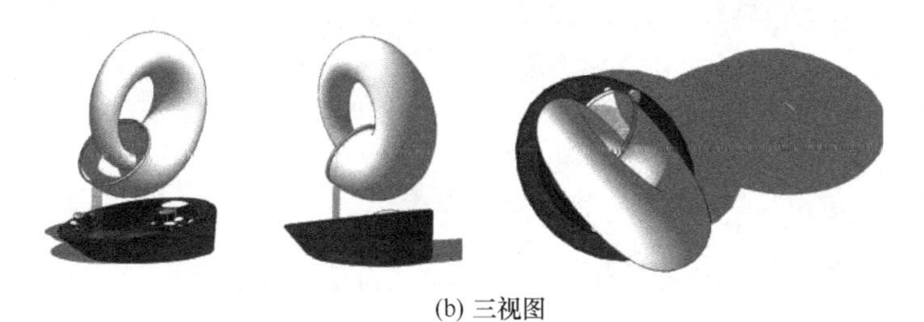

(b) 三视图

图 2-2-43　案例 2“生命之源”的主景设计图

(a) 效果图

(b) 三视图

图 2-2-44　案例 1“科技之光”的主景设计图

（2）设计案例 2

本案例设计见图 2-2-45，其设计构思为：①景观小品由交叉叠层的木材组成，一系列旋转的圆盘从场地东边开始，组成一系列巨大的木质底座，逐渐上升，一直延伸到场地西边；②设计引导人们围绕小品自由活动，小品由二维变为三维，人们不仅可以水平活动，更可以进行竖向活动，其不仅丰富了景观游览体验，还彰显了科技迅猛发达的力量；③小品为居民提供了一个可以聚集和交谈的地方，无论是从物质上还是精神上，科学技术的高速发展都极大地提高了居民的生活质量。

图 2-2-45 案例 2“科技之光”的主景设计图

十五、以“四君子园”为主题的主景设计

(1) 设计案例 1

本案例设计见图 2-2-46，其设计构思为：①设计以“四君子”为主题，整体布局较小，植物配置结合“四君子”的主题；②梅、兰、竹、菊分别种植在景园的不同区域内，兰花、菊花种植在入口部分，竹子与廊架结合，围绕廊架栽植，梅花点缀于景园各个角落；③主要景观是中心的木质平台和小型水池，水池中设置汀步，增加游人的水上互动。

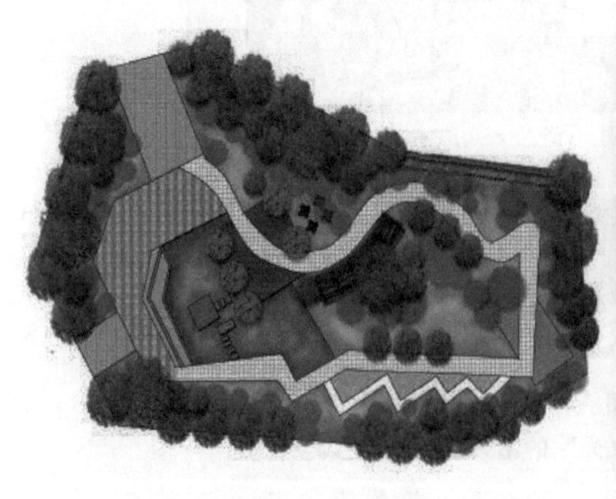

(a) 平面图

(b) 效果图

图 2-2-46 案例 1“四君子园”的主景设计图

(2) 设计案例 2

本案例设计见图 2-2-47，其设计构思为：①“四君子”是中国传统文化的题材，分别指梅花、兰花、翠竹、菊花，其品质分别是傲、幽、澹、逸，园内大量种植梅花、兰花、翠

竹、菊花四种植物，主要选取这四种植物的文化寓意来彰显园主人品格；②园子中间用景墙分割，划分出不同的功能分区，景墙中间为不同形状大小的漏窗，梅、兰、竹、菊四种植物透过漏窗形成了层次更为丰富的景观；③景园既歌颂了四君子崇高的思想品格，也为游人带来美好的游览体验。

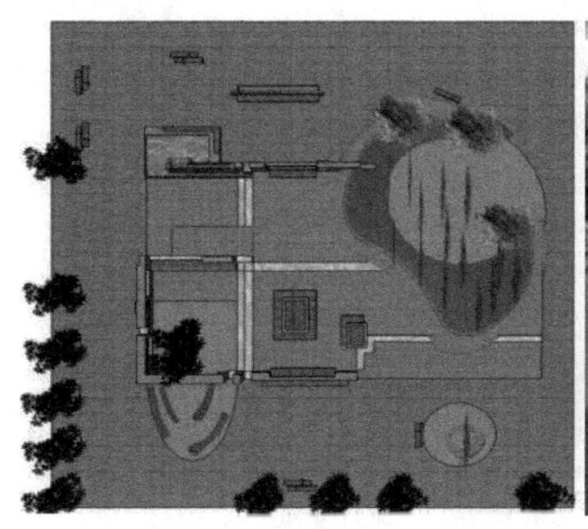

(a) 平面图

(b) 效果图

图 2-2-47 案例 2“四君子园”的主景设计图

十六、以“柳浪蛙鸣”为主题的主景设计

(1) 设计案例 1

本案例设计见图 2-2-48，其设计构思为：①“柳浪蛙鸣”的设计主要是为了营造夏日景

(a) 平面图

(b) 效果图

(c) 效果图

图 2-2-48 案例 1“柳浪蛙鸣”的主景设计图

观，园区设计充分体现出“柳”和“蛙”两种元素；②以柳树作为园区主要树种，将柳树种植在自然式水景周围，以蜿蜒曲折的树群来形成“柳浪”景观；③园区内选用蛙型雕塑，以此展现出“听取蛙声一片”的动态景观效果，营造一幅柳浪蛙鸣的景致。

（2）设计案例2

本案例设计见图2-2-49，其设计构思为：①“柳浪蛙鸣”小游园作为人们休闲、观赏的活动空间，主要体现以人为本的设计理念，以植物造景为手段，与水景相结合；②主景部分以环绕式为主要结构，中心部分开辟小型水面，水面中心设置木制圆台，整体构图形似青蛙的眼睛，契合“蛙鸣”的主题；③水中栽植水生植物，如睡莲、荷花等，水中养殖青蛙，蛙声阵阵，重扣“蛙鸣”的主题；④植物配置以柳树为主，其他乡土树种为辅，微风吹来，柳枝荡漾、蛙声阵阵。

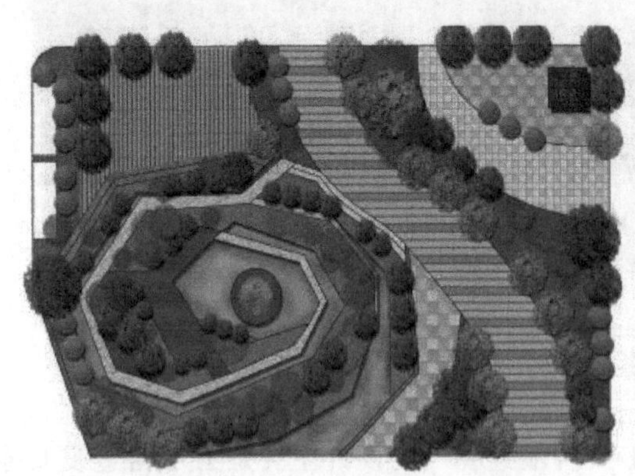

(a) 平面图　　(b) 效果图

图2-2-49　案例2“柳浪蛙鸣”的主景设计图

十七、以“扬帆起航”为主题的主景设计

（1）设计案例1

本案例设计见图2-2-50，其设计构思为：①雕塑是由条形钢拼搭组成的帆船造型，条形弧线层层相叠营造出浪花的质感；②帆船造型寓意乘风破浪，一帆风顺，既能表达人们直面挫折、勇往直前的品质，又表达了对一帆风顺的美好期盼。

（2）设计案例2

本案例设计见图2-2-51，其设计构思为：①以“扬帆起航”为主题，主景是一个形似帆船的雕塑，置于水中，雕塑下方为红色的平台，吸引游人视线；②水边设置的花池配置了灌木、小乔木等，可以吸引游人在此停留，从而欣赏水中雕塑。

十八、以“岁寒三友园”为主题的主景设计

（1）设计案例1

本案例设计见图2-2-52，其设计构思为：①“岁寒三友”即松、竹、梅，为体现此主题，在植物配置上，分区域种植三种植物，入口部分栽植松树，亭廊附近种植梅花、竹子，各区域乔灌木合理配置，对整体空间进行合理划分；②大片的水面构成较为开阔的空间，入口处右侧通过树木和草坪遮挡，形成较为私密的空间。

（2）设计案例2

本案例设计见图2-2-53，其设计构思为：①松、竹、梅经冬不衰，傲骨迎风，挺霜而立，坚韧不拔，因此有“岁寒三友”之称，此园主要种植象征常青不老的松、象征君子之道

(a) 效果图

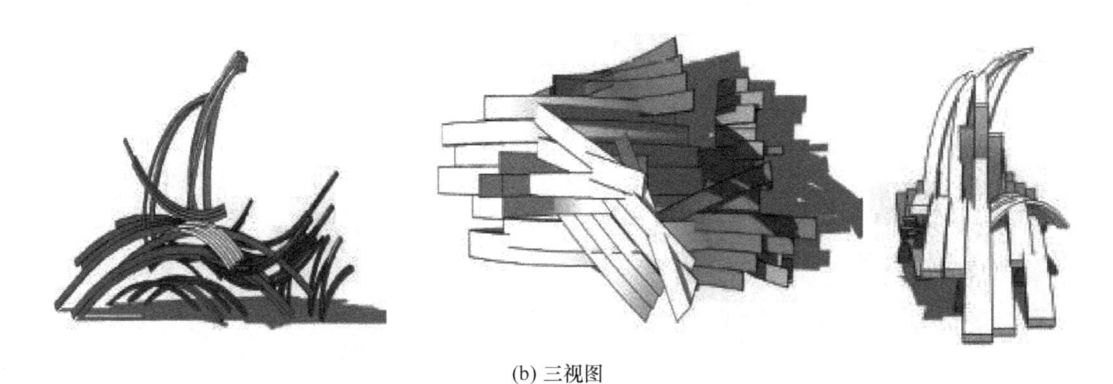

(b) 三视图

图 2-2-50　案例 1“扬帆起航”的主景设计图

图 2-2-51　案例 2“扬帆起航”的主景设计图

的竹、象征冰清玉洁的梅三种植物，突出冬季景观；②“岁寒三友园”主要由三部分组成，中间为阶梯状圆形广场，广场左侧为鱼鳞式树池，树池中主要种植三种乔木，搭配灌木、草本形成乔灌草复层结构，广场右侧为入口广场景观，点植梅树提升冬季景观观赏性，突出

(a) 平面图

(b) 效果图

图 2-2-52　案例 1“岁寒三友园”的主景设计图

“岁寒三友园”的主题；③中间设置圆形广场，使整个园区相互呼应，形成对景、借景等景观效果，提升景观层次。

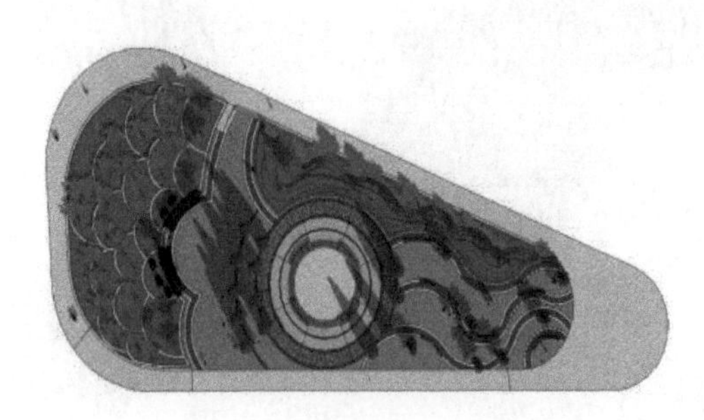

(a) 平面图

(b) 效果图

图 2-2-53　案例 2“岁寒三友园”的主景设计图

（3）设计案例 3

本案例设计见图 2-2-54，其设计构思为：①“岁寒三友园”主要是一个小游园设计，小游园以冬景为特色，冬天是主要观赏游园的季节；②园内主要以雪松、黑松、淡竹、阔叶箬

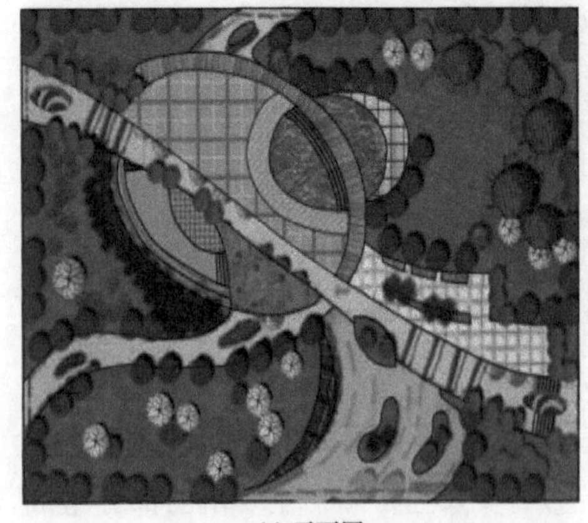

(a) 平面图

(b) 效果图

图 2-2-54　案例 3“岁寒三友园”的主景设计图

竹、南天竹、红梅、蜡梅等冬季观赏树种为主，突出松、竹、梅岁寒三友的主题；③中间为广场设计，广场上设置各种形式座椅，广场周围分割成大块绿地，种植松、竹、梅等树种，可供游览人群观赏、休憩，使置身其间的游人更加直观地感受到松、竹、梅的立于严寒而不衰的傲人品格。

（4）设计案例 4

本案例设计见图 2-2-55，其设计构思为：①“岁寒三友”，指松、竹、梅三种植物，这三种植物在寒冬时节仍可保持顽强的生命力，是中国传统文化中高尚人格的象征，也借以比喻忠贞的友谊；②松、竹、梅主题的园林设计，主要为一个假山置石的景观小品设计，周围种植松竹梅等植物，展示玉洁冰清、傲立霜雪的高尚品格，以及表达常青不老、好运常在的美好愿望。

图 2-2-55　案例 4“岁寒三友园”的主景设计图

十九、以“过去，现在，未来”为主题的主景设计

本案例设计见图 2-2-56，其设计构思为：①以“过去，现在，未来”为主题，设计成由黄石拱桥、叠水、台阶三部分组成的景观小品。蔼理斯曾经说过：无论何时，现在只是一个交点，为过去与未来的相遇之处，因此，以交点为出发点，设计为石拱门叠水景观，水流从黄石拱桥上不断流下，形成一道水之帘幕。拾级而上，是过去通往现在所付出的努力，跨过一级级的台阶，代表我们化困难为垫脚石，不断进取，提升自己。②图中由石头组成的大门景观代表现在，表示现在的成就是通过一步步的努力获得的。③石门之后的景物变得虚化，以此代表未来的神秘感，带给人们珍惜现在才能把握未来的启示。

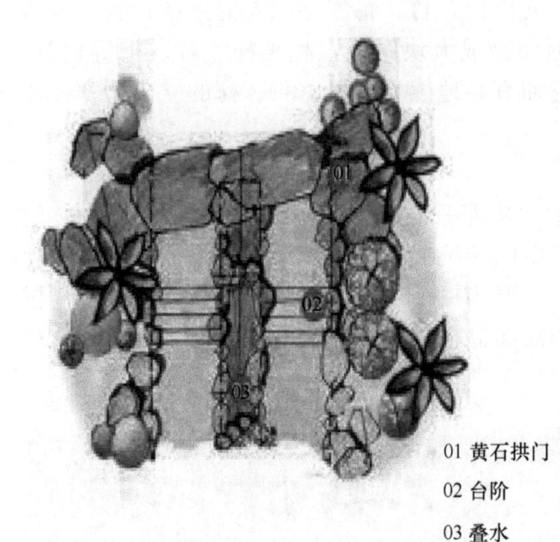

(a) 平面图

(b) 效果图

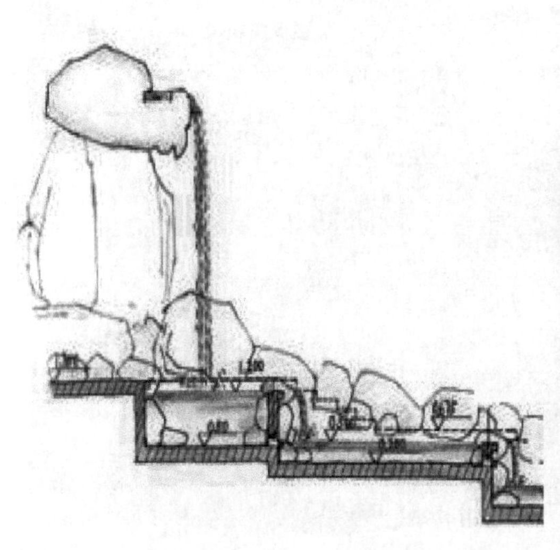

(c) 剖面图

(d) 灵感来源效果图

图 2-2-56　案例“过去，现在，未来”的主景设计图

二十、以“自强不息，厚德载物”为主题的主景设计

本案例设计见图 2-2-57，其设计构思为：①主景是一块山石，周围搭配各种绿植，背景为一段镂空的景墙。②清华校训“自强不息，厚德载物”是其精神的集中体现，也是其精神文化的支柱与灵魂，厚德载物是一种宽容的思想，象征一种沉稳、脚踏实地的务实精神，对不同意见持一种宽容的态度，对思想、学术的发展起了很大的推动作用，自强不息象征着一种蓬勃向上、不断进取的活力。③在设计中，植物代表着蓬勃的生命力，不断生长，努力地绽放自己，因此，用植物景观来表现自强不息的精神。④石头代表稳重、踏实，且有着海纳百川的肚量，包容力很强，以石头作为主景，配以植物的点缀，景墙为其背景，一方面使得层次丰富，另一方面以优美的景观来突出主题特色。

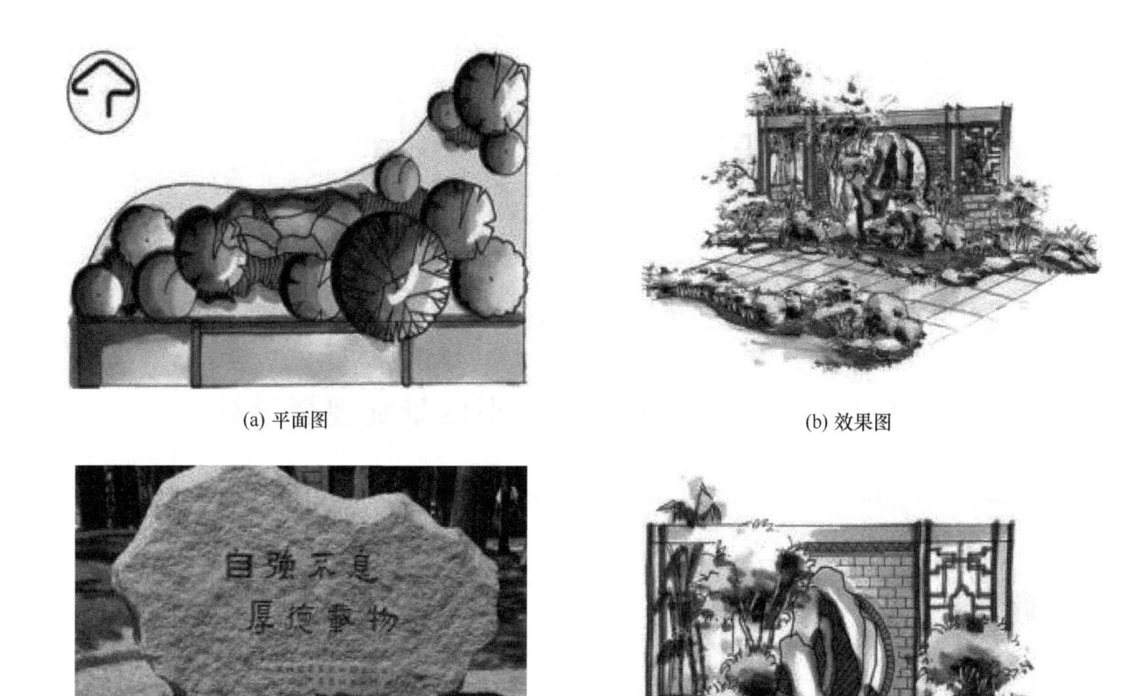

(a) 平面图

(b) 效果图

(c) 要素提炼

(d) 立面图

图 2-2-57　案例“自强不息，厚德载物”的主景设计图

第三章

风景园林绿地规划设计案例解析

案例一　涿州人才家园居住小区景观规划设计

城市居住区景观环境是城市景观的重要组成部分，是城市中分布最广、居民使用最为频繁、最经济的环境空间。其不仅能满足居民的各项活动需求，在维持城市生态平衡、城市景观美、居民的身心健康及良好的经济效益等方面也发挥着重要的作用。城市居住区景观规划设计，应综合考虑自然及人文景观资源的有机融合，结合生态设计理念，从人的本质需求出发，创造优美、舒适、方便的人工景观环境，达到自然与人工景观环境的平衡与协调，营造人与自然和谐共存的居住区景观环境。

涿州人才家园居住小区的景观规划设计以"凝固的音乐"为主题，以生态优先、功能为主、景观资源均好及安全性为原则，结合自然及人文景观资源，将小区规划为"二条轴线、三大区块、六个功能分区、八个主要景点"的总体布局，创造了亲切宜人的休憩、交流、活动空间及生态宜居的景观环境。

一、规划设计区域概况

（一）区位分析

"人才家园"位于河北保定涿州市东城坊镇，坐落在涿州市西部高新区，距东城坊镇政府1000m。项目地块东侧为园区街，南部临近廊涿（京昆）高速，北部临近京港澳高速琉璃河收费站。

（二）现状分析

项目地块面积为13.33hm^2，北侧为该项目配套绿化及休闲娱乐设施用地，西侧和南侧为景观绿化带，环境优美，交通便捷。西北方向距中国农业大学涿州实验场场部约500m，配备有医院、会议中心、居民健身中心、小学及幼儿园，配套设施齐全，能够满足人才家园项目的配套要求。场地的地势平坦，便于利用，优美的景观基础和日益浓厚的生活气氛，为涿州人才家园景观设计及工程的顺利开展奠定了牢固的基础。

本小区以中高档住宅为主，总居住人数约为4372人。总建筑面积为215593m^2，主要建筑形态为位于小区北部的24层高层住宅，其建筑面积为139776m^2。小区南部为2.5层的专家公寓，建筑面积为67269m^2。东侧沿路设置了四层商铺，建筑面积为8548m^2。

（三）自然环境分析

基地所在的河北省涿州市位于中国北方，地处温带半湿润季风区域，大陆性气候显著。该地区四季分明，全年气候温差较大。春季干燥多风；夏季炎热多雨，多东南风；秋季干爽；冬季寒冷少雪，多西北风。年平均气温16℃。雨水充沛，雨日为140d，主要集中在5～8月份，年平均降水量约931mm，无霜期为230d。

（四）人文条件分析

涿州有桃园三结义、郦学、易学、皮影等璀璨的文化，并秉承忠义诚信、开明开放、创新务实的精神信念，是当地景观规划建设中人文精神的重要发掘之处。涿州人才家园居住小区的居民主要是中国农业大学教职工及相关合作单位职工，社会文化背景较好，对物质功能、精神内涵的要求也较高，总体审美偏于宁静、大气、朴实等。

二、规划设计的依据与原则

（一）设计依据

①《中华人民共和国城乡规划法》建设部 2008 年；

②《城市规划编制办法》建设部 2005 年；

③《城市居住区规划设计标准》（GB 50180—2018）；

④《城市综合交通体系规划标准》（GB/T 51328—2018）；

⑤ 现状资料以及国家现行的相关设计法规、规范、标准。

（二）设计原则

1. 生态优先原则

人居环境最根本的要求是生态结构健全，适宜人类的生存和发展，将生态功能的发挥作为主要目标。小区景观的规划设计，应以生态优先为主要原则，形成完整的小区生态系统，实现“生态美”，在此基础上，通过功能和空间的划分实现景观的舒适和美观性，营造生态、绿色、健康的居住环境。

2. 功能为主原则

居住区是人聚居的场所，景观设计应以人为本，以满足居民休闲、游憩、交流等需求为主要目的，创造舒适、合理的空间。利用从概念到形式的手段，对小区景观规划区域进行功能定位，集中对其交通流线、空间使用方式、布局特点及人数容量等方面进行研究，并结合园林艺术手法及设计理念，进行合理构图，创造功能性较强的空间，满足居民的使用要求，创造功能配置合理化的小区景观。

3. 景观资源均好原则

景观资源环境均好是居住区的特征，规划强调小区景观环境资源的均好共享。规划中每个组团都有相对独立的绿地系统和公共服务设施，使各组团居民都能获得良好的居住环境及景观资源，能够就近参加适合不同人群的活动。

4. 安全性原则

人在空间中产生领域感及归属感后，才会感受到环境的安全。规划充分利用宅间空间，利用植物围合等形成多个私密、半私密空间，这些空间令平面布局张弛有度，为居民的休闲、游憩等活动提供更大的灵活性。结合各种休闲、游憩设施等，使居民相互交流，给人一种自然和谐的气息，逐渐培养人的领域感及归属感，最终形成安全的氛围。

三、规划设计方案构思

（一）规划设计目标及定位

力争打造一个稳重大气、精致内敛、人文内涵丰富的知识分子聚居休闲区，与以教学及科研为事业的居民的人文精神需求相辅相成。

充分考虑小区人性化的服务功能，营造舒适安全便捷的居住、休闲、游憩空间与轻松愉快的居住氛围。注意室外景观或空间的实用性、方便性和经济性。对生态环境和大自然的追求，对功能性及人性化的追求，对充满和谐、生机、活力的居住区氛围的追求，对人文精神内涵的追求，是小区景观设计的内涵和推动力。

（二）规划设计理念与立意

涿州人才家园居住小区景观设计以“凝固的音乐”为主题。用“凝固”象征中国农业大学教职工对教书育人、传播知识文化的执着与付出的永久沉淀；用“音乐”象征他们所培养的人才、所贡献的知识、所代表的精神源远流长。而且高档大气的建筑风格犹如“凝固的音乐”一般，艺术性强，且给人以视觉及精神上的享受。

钢琴是艺术的“凝固”，它的“音乐”委婉起伏、悠扬律动。本设计将钢琴琴键及音乐的韵律起伏抽象为设计符号，将两者相互结合，通过主题水景、园路铺装及小品等园林表现形式表达，使设计具有艺术感染力及文化内涵，且能够与小区性质、居住人群品格精神及建筑风格相融合。

（三）总体布局

小区景观规划设计主要秉持功能为主和以人为本的原则，充分利用小区现状环境及人文条件，结合小区居民特点及其休闲、娱乐等活动的特殊需求，采用从概念到形式的手段，形成了“二条轴线、三大区块、六个功能分区、七个主要景点”的空间布局（图 3-1-1、图 3-1-2）。

“二条轴线”为贯穿小区东西方向、连接小区主要景观区域、起控制作用的主要景观轴线和贯穿小区南北方向、起辐射作用的次要景观轴线；“三大区块”为东、中、西三个主要规划区域，使小区每个组团都有相对独立的绿地系统和公共服务设施；“六个功能分区”分别为入口景观区、娱乐休闲区、植物观赏区、老人活动区、儿童活动区、体育锻炼区；“七个主要景点”为凝固的音乐、曲港汇芳、逐波疏影、生命之曲、艺术走廊、绿影长廊、水漾桥。

（四）功能分区及主要景点设计

1. 入口景观区

入口景观区主要包括入口两侧的植物景观空间及入口正对的主景“凝固的音乐”，主要体现适合小区人文气息的稳重大气、精致内敛的风格。植物景观主要为常绿与落叶植物，观花与观枝、观叶植物，乔灌草搭配形成的富有生态效益及景观效果的入口植物空间。主景“凝固的音乐”为小区景观的主题主景，将琴键的长条形符号及音乐律动的抽象符号相结合，以跌水的形式形成主景，象征小区居民将毕生“凝固”在教育科研事业上，精神如“音乐”般具有熏陶及感染力，周围设置林荫广场，满足居民休闲活动需求（图 3-1-3）。

2. 娱乐休闲区

娱乐休闲区位于小区的中心位置，设置有集会舞台、水面等，包括“逐波疏影”“曲港汇芳”“满陇流香”三个主要景点，是小区的中心景观区，主要承担居民的休闲、娱乐、交谊、活动等功能。“逐波疏影”景点在林荫疏影斑驳的广场中设置曲折水流，并通过广场边界的小型喷泉提供水源，为居民提供林荫下交谊、戏水等活动的趣味性空间（图 3-1-4）。“曲港汇芳”由曲折蜿蜒并设置有景观亭的小型广场及由精致的植物造景提供的林下草坪活动空间组成，具有观赏、休憩的功能（图 3-1-5）。“满陇流香”景点为模仿农田阡陌交错机理的水景景观，水流似香，比喻居住人群对知识、教育的付出，哺育社会，也提供一个居民戏水的趣味活动场地。

3. 植物观赏区

植物观赏区小型空间较多，且多为宅旁绿地。其结合生态优先原则，主要通过植物进行造景，创造生态和谐的小区生活氛围。本区中心景点为“生命之曲”，设计为琴键形状的纹理及音乐律动的抽象符号，以叠水的形式表现，结合活动广场，创造亲水主题空间（图 3-1-6）。

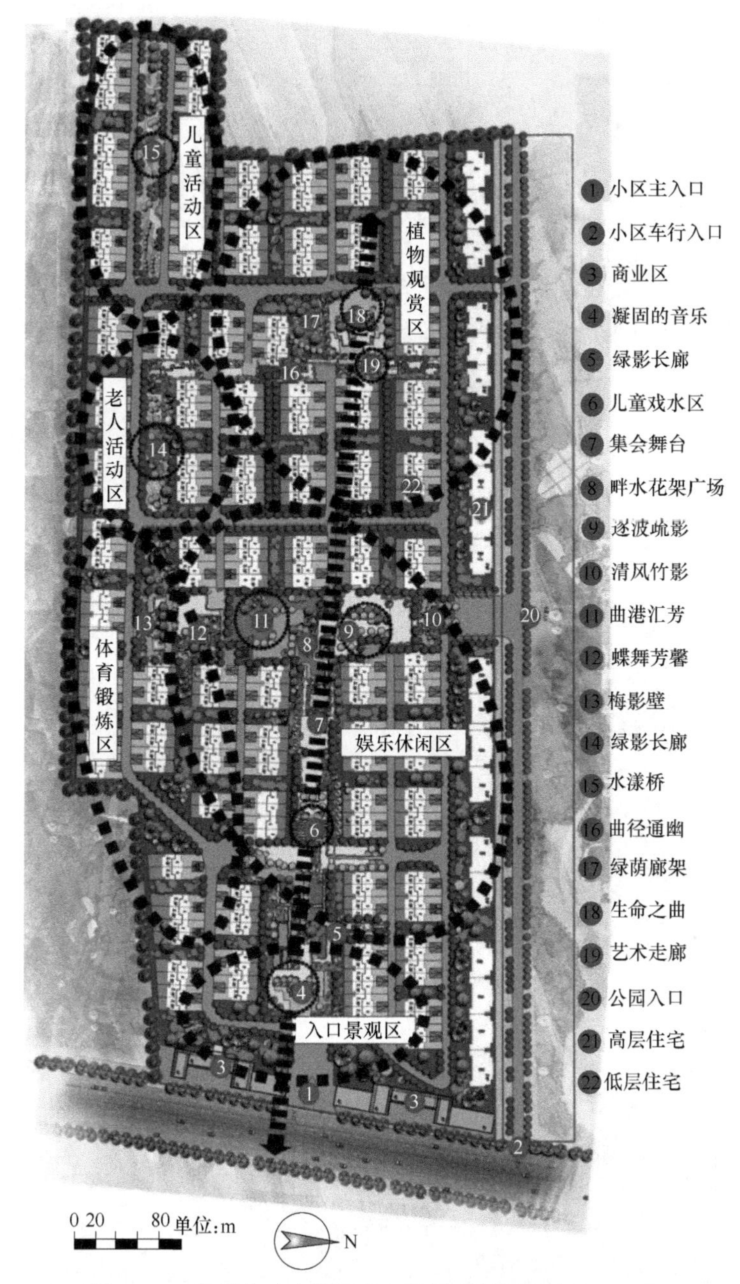

图 3-1-1　涿州人才家园居住小区景观规划设计总平面图

在狭长空间中，为了避免视线过于通透，用植物围合空间，创造多变的安静休息空间，借以曲折有致的园路连通，在园路一侧设计文化景观墙，通过图案、文字等方式表现钢琴、音乐的魅力，与主题呼应，形成“艺术走廊”景点，并设置休息空间，景观起承转合，具有层次感（图 3-1-7）。

4. 老人活动区

老人活动区位于小区南侧较安静区域，针对老年群体活动需求，主要通过小型平静水面及水畔活动场地营造适宜老年人活动、交谊的空间。本区主景为“绿影长廊”，通过高大遮

图 3-1-2 涿州人才家园居住小区景观规划设计鸟瞰图

图 3-1-3 “凝固的音乐”主景效果图

图 3-1-4 “逐波疏影”效果图

阳乔木及观叶、观花等植物营造树影斑驳的林下空间，并通过林下多变的长廊提供休憩、交流空间（图 3-1-8）。利用植物围合多个半开敞或私密空间，内设棋台等设施，供老年群体进行趣味性活动。

5. 儿童活动区

儿童活动区主要通过色彩鲜明的植物及水体营造灵活开朗型景观及空间。本区内设浅水

图 3-1-5 “曲港汇芳”效果图

图 3-1-6 “生命之曲”效果图

图 3-1-7 “艺术走廊”效果图

区，通过喷泉、叠水等形式创造趣味性的儿童戏水空间，结合自然式的驳岸及小型草坪，创造自然生态的景观效果，让儿童在戏水的同时接近自然，体验自然。水面有本区主景“水漾桥”曲折穿过，以木栈道的形式体现自然之趣。设置有小型儿童活动广场，并通过沙坑、儿童娱乐器械等满足儿童活动需求。

6. 体育锻炼区

体育锻炼区在保证居民身心健康、社交等方面发挥着重要的作用，主要包括开敞活动广场及器材活动区。开敞活动广场供居民轮滑、跳舞、打拳等；器材活动区主要设置健身锻炼

图 3-1-8 “绿影长廊”效果图

器材。适当设置木质攀爬设施、平衡木等趣味体育设施，创造趣味体育空间。

（五）道路交通规划

小区具有环形的车行系统，贯穿小区的主要区域，车辆能方便快捷地到达各住宅单元，且不穿越中央景观带。同时，环状式的二级道路设计，为住户增加了安全感，道路尽端设有停车场。步行系统的使用率最高，步行系统同小区的景观体系连为一体，使居民在优美的景观环境中穿行，达到步移景异的效果。步行系统平整、方便、安全，直达单元门口，为居民提供便利的出行条件。宅间小路作为景观系统的组成部分，紧急时可作为消防车道，保障了步行者的安全及居住组团花园的安静（图 3-1-9）。

小区主要车行道路宽 7m，二级道路宽 5m，均可满足消防车的通行。每栋住宅均满足两个长边扑救的要求。小区内采用地上绿化停车位和专家公寓私家停车位两种停车方式。车位满足高层户均 0.6 辆机动车的要求，专家公寓户均 1.0 辆机动车的要求。

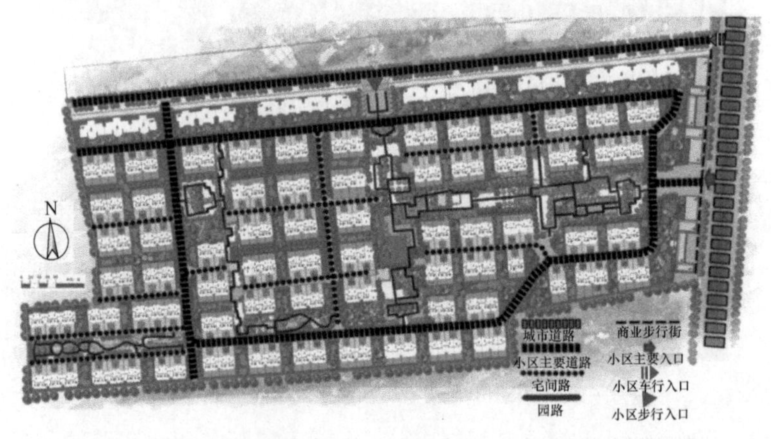

图 3-1-9 涿州人才家园居住小区景观规划设计交通流线分析图

（六）植物配置规划

根据各空间的主题设计要点选择植物品种，使园中既有密林环抱，又有大面积缀花草坪。临水的绿地或组团绿地的种植设计追求自然的群落种植方式，构建复层群落结构，缀花地被草坪别具特色，近似自然野趣。

规划设计在以人为本原则的基础上，选择具有杀菌保健作用的植物，主要包括香花植物、松柏类植物、能分泌杀菌物质的植物等，同时考虑植物的形态、颜色、季相变化等特性，并配合不同景点，营造出小区四季常青、三季有花、月月有景、景景宜人的植物景观。保定的地理气候，冬季的常绿植物比较少，就需要常绿与落叶相结合。冬季观赏主要突出观枝植物，如雪松、云杉、桧柏、白皮松、红瑞木、紫薇等。突出观果植物，如金银木、柿树等，还可以适当搭配开花植物，如蜡梅等。秋季最为突出的就是叶色的丰富变化，如银杏、栾树、五角枫、黄栌、白蜡、地锦等树种。夏季的植物品种最为丰富，也有夏季开花的植物，如栾树、合欢、木槿、紫薇、凌霄等。春季的色彩最为丰富，开花植物最多，如碧桃、玉兰、樱花、海棠花、榆叶梅、连翘等。

居住区绿地具有其特殊性，其分布最广、最靠近居民，虽面积小，但利用率高，能发挥健全城市生态系统和恢复生物多样性的功能，是人们休憩、娱乐、交流的重要场所，是居民的精神寄托所在。居住区景观设计应结合自然、人文条件，利用人工技术手段将居住区中有价值的景观资源进行合理规划，形成统一的整体，实现可持续发展。首先应充分利用水体、植物等造园要素形成良好的生态结构，发挥生态效益，并根据人的休憩、交谊等活动需求，进行合理的功能划分，形成亲切宜人的活动空间。居住区景观规划设计应力求达到人与自然和谐共生的目标，协调与平衡自然与人工景观环境，打造舒适方便、安全卫生的居住、休闲环境，使居民乐在其中。

案例二　济南丰奥家园居住区景观规划概念设计

城市居住区景观绿地作为城市绿地系统的重要组成部分，与居民联系密切，是城市居民使用最频繁、分布最广泛的活动空间。居住区景观绿地不仅能够维持城市生态平衡，而且能改善和美化居住区生态环境，满足城市居民基本活动需要，是居住环境质量好坏的重要标志。城市居住区景观规划设计，既要保持居住区环境的可持续发展，又要改善居住区生态环境、丰富其文化内涵，创建健康、舒适、亲切的生活环境，增强居民对居住区环境的归属感和依赖感。要充分利用人文条件，特别是区域文化资源，融入生态设计理念，达到人文与自然的融合，营建人地和谐、独具特色的人居环境。重新认识人地关系，寻求人与自然的和谐，建设一个符合生态要求、结构合理、功能完善的人类理想聚居地。

一、规划设计区域概况

（一）区域现状

丰奥家园位于济南市东部，高新开发区中心位置，周围为文体商业区，地理位置优越。西面为奥体西路，东邻正丰路，南接工业南路、经十路两大交通要道，向北通往工业北路，北面为连接花园路的涵源大街，康虹路贯穿其中，四通八达，拥有便利的交通条件。

项目地块约 46.1hm^2，东西长约 1.5km，南北宽约 3.1km，四周为居住区、科技园区等。居住区旧址以 20 世纪 80～90 年代老式平房为主，大多已无人居住，居住人群较少。生活条件简陋，环境恶劣，水土流失严重。大片区域因房屋老旧整日被烟尘笼罩，与其周边居住环境非常不协调，为改善居民生活环境和美化城市面貌，重建刻不容缓。

（二）自然条件

基址所处的山东省济南市，背山面水，地势北低南高；属暖温带半湿润季风气候，大陆性气候特征明显。四季分明，季节性变化明显，春季干燥多风，夏季炎热多雨，秋季凉爽少雨，冬季寒冷少雪。降水多集中在 5～8 月份，年平均降水量 685mm，年平均气温 13.8℃，最高气温 42.5℃，最低气温－19.7℃，无霜期全年可达 178d。

（三）人文条件

济南历史文化悠久，作为国家历史文化名城，古迹文物遍布，如舜耕山庄、齐长城、汉郭氏墓石祠、隋朝的四门塔等。另外，史前龙山文化遗迹的发掘，还印证了济南为中华古文明的发祥地之一。杜甫诗句“海右此亭古，济南名士多”也反映了济南山灵水秀，人才辈出。唐朝宰相房玄龄，宋代词人李清照、辛弃疾等都出自这座历史名城。济南因泉水众多得名“泉城”，泉文化也久负盛名。另外，济南作为省会城市聚集了众多高等学府，这都体现和加深了济南深厚的文化底蕴。

二、规划设计依据与原则

（一）设计依据

①《城市居住区规划设计标准》(GB 50180—2018)；

②《住宅设计规范》(GB 50096—2011)；

③《城市绿地设计规范》(GB 50420—2007)(2016 年)；

④《公园设计规范》(GB 51192—2016)；

⑤《居住区环境景观设计导则 (2006 年版)》；

⑥ 基址现状资料及我国现行的相关设计法规及规范、标准。

（二）设计原则

1. 以人为本

居住区环境是居民重要的游憩活动空间，其规划设计要注重人性化设计。丰奥家园景观规划设计遵循以人为本的原则，注重体现居民主体地位和价值，以居民的自然需要和社会需要等各种需求为中心。依据人体工程学来确定各项景观设施的尺度，取得平易近人的感观效果，营造亲切的人性化活动场所。在充分了解不同年龄、不同背景居民心理需求与活动规律的基础上，综合考虑各方面因素，合理布局各项景观设施，划分不同活动空间，满足不同层次人群的活动需求。

2. 生态优先

生态结构完整的生态环境最适合人类生存、生活，居住区景观规划设计应当充分发挥居住环境的生态功能。丰奥家园景观规划设计以区域资源承载力和环境容纳量为依据，按照生态优先原则，构建以植物造景为主，高效、健全的居住区生态系统。在充分发挥居住区绿地生态功能的基础上，通过不同空间的营造提升其美观性和舒适度，创建和谐生态的宜居环境。

3. 文化主导

由于居住区模式化建设、粗略模仿西方建筑等问题严重，人们对于居住区景观的文化内涵和地域特色有更高要求。居住区景观设计要具有区域特色和文化内涵，通过融入文化和地方元素的设施来奠定独具地方主导的环境基调，以此增强城市居民的归属感和自豪感，丰富人们精神生活。丰奥家园景观规划设计充分发掘当地优秀文化并融入到居住区环境中，通过构建基于地域文化的居住区复合景观空间，增强其文化内涵和延续性，满足人们居住和休闲的需求，共享健康向上的社区文化生活，促进居住区精神文明建设。

三、规划设计方案构思

（一）规划设计目标及定位

该规划以植物造景为主，按照生态和植物群落多样性原则，构建复层植物群落，充分发挥植物群落生态效益，提升居住区环境质量，维护生态安全。另外，通过人车分流等措施提升居住区的安全性和舒适度；通过设计带有济南地域文化符号的景观小品等设施，提升小区整体的文化内涵和文化品位，营造一种淡雅脱俗的景观氛围。同时，就地取材，尽量取自自然，融入众多乡土文化元素，如选用市花、市树等乡土植物，营造亲切温馨的氛围，增强居民的归属感，力争营建一处舒适安全、水木清华、清雅脱俗、亲切温馨的城市居民聚居地。

（二）设计理念

济南丰奥家园居住区景观规划设计以“文庭馨苑”为主题。“文”——人文，代表济南地域文化，本着崇尚历史文化的目的，通过将龙山文化等当地文化元素及诗画融入建筑及景观设施，营造一种清雅脱俗、诗情画意的意境，丰富其文化内涵，突出地域特色，体现优秀历史文化的延续性；“馨”——香气，象征自然美景，通过构建复层植物群落等措施最大程度地模拟自然生态，充分发挥园林植物美化、净化的功能，达到融观赏休憩于良好生态环境中的目的，为居民提供舒适、安全、美观、亲切、自然的聚居环境。“文庭馨苑”则象征着人文景观与自然景观相结合，既体现一种“生态美”，又富有文化内涵、突出地域特色。

（三）总体布局

济南丰奥家园景观规划设计按照以人为本、生态优先和文化主导原则，充分利用基址现状条件，发掘所在区域人文条件，结合周围环境及不同层次、背景的居民休憩活动的需求不同，形成“一轴、两大区块、八分区”的空间布局形式（图 3-2-1、彩图 13）。“一轴”为纵贯居住区南北方向、连接居住区两大区块，串联居住区主要景观节点和功能区，起控制整个居住区作用的主要景观轴线；“两大区块”为居住区被城市道路分隔的南、北两个规划区域，两大区块之间既分隔又联系，相对独立又互相衔接，各自区域内的功能区由环路连接，两大区块又由主轴线衔接，形成统一的整体；“八分区”依次为主入口景观区、植物观赏区、中心景观区、文化展示区、康体健身区、滨水休闲区、安静休憩区、老年儿童活动区。

（四）功能分区及主要景点设计

1. 主入口景观区

主入口是居住区内外联系的要道，人流量大，同时也是居住区特色、容貌的集中表现。丰奥家园主入口景观区包括南区和北区两大区块主入口，它们分别位于两区之间城市道路两侧，南北对称分布，二者交相呼应，将小区两区域连接成一个有机整体。各入口主要由正对入口的石景和中间水景组成。正对入口的为半圆形开阔空间，南北呼应，开阔草坪内设置带有“丰奥家园”字样的石景，以此来体现居住区的特色。通过草坪后是“微波涌翠”景点（图 3-2-2），以中间水景为轴，两边植物群落对称分布。喷泉水景不仅代表“泉城”的形象，体现地方特色，而且水具有丰富的文化内涵，水景旁设置“鹤”形雕塑象征长寿；对称分布的植物群落形色俱佳，形成纵深景观空间，既具有美化效果又富有生态效益。

2. 植物观赏区

植物观赏区主要供居民欣赏植物景观，发挥植物群落的生态效益，美化、净化生活环境。本区遵循生态优先原则，以植物造景为主，选择枝叶姿态、色彩俱佳，季相变化明显的树种；乔木与灌木、常绿树与落叶树、观花与观叶植物搭配，构建乔、灌、草、藤并举的复层植物群落，营建生态和谐的景观空间，营建模拟自然的生活氛围。植物观赏区设有亭、廊等设施，结合微型广场，营造小型景观空间供居民观赏植物景观。主要景点为“清风翠影”（彩图 14），在植物群落围合的半开敞空间内设有一亭，亭的背面为高大乔木，正面为园路主导的开敞空间，以低矮灌木、草坪和开花植物为主，达到亭内疏影斑驳、清风徐来、植物绚丽多姿的效果。

图 3-2-1　济南丰奥家园景观规划设计总平面图

3. 中心景观区

中心景观区位于北区中心位置，开辟大片水域，结合水域设置轩、榭、亭等滨水设施，营造亲水平台、滨水广场等滨水空间，满足居民嬉水、观景、交谊等休闲娱乐活动的需求，提供更多拥抱自然的机会。本区主要包括“芙香莲华”“水木交柯”“聆湖广场”“荷目广场”等景点，其中“芙香莲华”广场（图 3-2-3）为整个居住区主景，突出主题。广场基本形态为圆形，中间为卵石铺底的“莲花池”，融入花瓣、花蕊及五色线等元素设计形成，内设有小型喷泉，与周围水系相融合，增加亲水趣味性。采用济南市花造型以及设置喷泉，暗含

图 3-2-2 “微波涌翠”意向图

“泉城”之意，融入区域特色文化，使自然景观与人文景观完美结合，呼应“文庭馨苑”主题。沿河岸梯次设置亲水平台，使之与水面形成交错、相融之势，并将亭廊等休息设施设于平台之上，布置高大乔木作为背景，形成“水木交柯”景观（图 3-2-4）。

图 3-2-3 “芙香莲华”意向图

图 3-2-4 “水木交柯”意向图

4. 文化展示区

文化展示区位于居住区东北角，有大片滨水区域，主要通过文化长廊、广场、雕塑等景观设施重点展示龙山文化、文人雅士风采等当地优秀文化传统，营造一种清雅脱俗的氛围，提升小区整体的文化内涵，突出主题“文庭馨苑”中“文”的内涵。区内设休息、活动设施，兼顾休闲娱乐功能，包括“石之舞林”“古韵流芳”“流年似水”等主要景点。通过在广场上布置带有“泉”等代表当地文化的文字置石形态，形成“石之舞林”景观（图 3-2-5）。以纵深空间展示区域特色文化既体现优秀文化源远流长之意，又增强亲切感和敬畏感。设置通透的走廊，在廊的两侧展示济南泉文化、古文明以及文人雅士风采，四周绿树成荫与之相称，形成“古韵流芳”景观（图 3-2-6）。“流年似水”为滨水广场，以时钟雕塑为中心，象征历史年轮，与其他景观呼应，也暗喻时光如流水般飞逝，应珍惜当前美好时光。

图 3-2-5 “石之舞林”意向图

图 3-2-6 “古韵流芳”意向图

5. 康体健身区

在全民爱运动的形势下，城市居民在其居住、工作的场所越来越需要一个活动健身的场地。因此，将居住区西北角设为康体健身区，该区设置有篮球场、健身广场等运动健身场所，并在四周布置亭等休闲设施，满足居民活动锻炼的需求。“律动广场”（图 3-2-7）为该区主要景点，广场中心区域设置喷泉、景观柱，四周设置文化景墙（图 3-2-8），灰色格调与广场形成对比，营造洁净靓丽、轻松欢快又不失文化内涵的广场活动空间。广场具有完备的健身活动设施和开敞的大型集体活动空间，为居民提供广场舞等娱乐健身活动场所。

图 3-2-7 “律动广场”意向图

图 3-2-8 文化景墙意向图

6. 滨水休闲区

滨水休闲区紧靠南区主入口，主要由流动的环形曲水和“蝠”形水池组成，营造自然山水之境，满足居民休闲娱乐、交谊等活动的需求。环形水岸两侧或开设休闲广场及草地，或栽植植物形成开合有致的纵深空间，被流水环绕的曲水环内侧设置亭、廊等景观设施，通过植物营造小型滨水空间，对内通过园路连接，对外通过园桥等越水通道与外界联系。

该区主要景点包括“追根园”“逐波广场”“碧波福寿”等。“追根园”（图 3-2-9）处于环形曲水中心位置，四周为环形水系，圆形广场四周生机盎然、繁花锦簇，广场中央设有枯木造型的雕塑，附近为环形木廊与之相称，寓意其为周围生机之根源，也在提醒人们追根溯源。根据流水的走势，沿水岸设置广场，造就追逐水中碧波之势，形成“逐波广场”（图 3-2-10），既丰富了驳岸的形式，又为居民提供了优美的滨水休闲活动空间。借鉴清代恭王府花园中形状，犹如一个张开翅膀的巨大蝙蝠水池，将水池设计为蝙蝠造型并取名为“蝠池”，取“福”之音，象征福寿，水中央设福泉，与环形曲水地下相连，其周围与小型活动广场均设有一定休憩设施，池中有泉，泉水涌动形成“碧波福寿”景观。

图 3-2-9 “追根园”意向图

图 3-2-10 “逐波广场”意向图

7. 安静休憩区

安静休憩区主要通过植物配植、设置景观小品等形式为居民打造半开敞、私密性较好的小型空间，如林下空间等，配以座椅、廊架等相关休憩设施，满足居民静心锻炼、交谊、阅读等宜静休憩活动需求。本区主要景点包括“藤影泉涌”“绿野仙境”等。环形廊架上紫藤缠绕，中心水池泉流涌动，水池与廊架之间的草木新绿，阳光洒下的藤影与涌动的泉水，形成“藤影泉涌”景观（图 3-2-11），惬意盎然、安静清雅。“绿野仙境”（图 3-2-12）为一林下空间，上层为高大乔木茂密蔽日，下层草木茂盛，犹如绿野仙境般静谧优雅，在林下设置一些简单的健身、休憩设施，满足活动需求。

图 3-2-11 “藤影泉涌”意向图

图 3-2-12 “绿野仙境”意向图

8. 老年儿童活动区

老年活动区主要针对老年人的心理和活动特点，布置棋社、茶室、亭廊等营造小型静谧活动空间，满足老年人交谊、娱乐等室内外活动需要。该区主要景点为“悟奕亭”（图 3-2-13），周围乔木与灌木结合，营造安静氛围，运用夸张手法将中国象棋元素融入其中，结合廊架，为居民提供一个舒适、安静又富有趣味性的休闲娱乐空间。儿童活动区针对儿童的年龄特点和活动特点，营造颜色鲜亮、欢快开朗且富有趣味性的活动空间。设置较浅水体，通过喷泉、钓鱼池、沙滩等创造富有童趣的游戏、嬉水场所，配合滑梯、秋千等儿童活动器械，活动场地四周采用安全无害植物群落围合。

图 3-2-13 “悟奕亭”意向图

（五）道路规划设计

根据不同分区和景观布局特点以及相关规范，将居住区承载不同功能的道路分为三个等级，即一级路、二级路和三级路（图 3-2-14）。一级路为贯穿南北的中轴主干道，宽约 7m，主要供车行，连接各景观分区，衔接城市道路，使内外联系及各景观分区的联系更加便捷。二级道路以主干道为轴向东西两个方向辐射，宽约 5m，通向住户单元，也是景观分区内的主干道，借助主干道将各住户单元和景观分区串联成一个整体。三级道路为各级园路，宽 1.5～2m，为居住区内的步行系统，采用迂回曲折的形式将景观分区内各个景点联系为一个整体，步移景异，满足居民在景观区内休憩、观赏的需要。一、二级道路均可满足消防车通行要求，其中一级道路主要供车行，可实行人车分流，体现以人为本的原则。

（六）植物种植设计

居住区内绿色植物对整个居住区景观起着至关重要的作用，居住区植物种植设计要充分发挥其巨大的生态效益和美化功能。遵循生态优先原则，在丰奥家园居住区内构建复层植物群落，营造密林环抱、绿树成荫的自然整体居住环境；再根据景观空间营造的不同植物景观，各有特色，步移景异；充分融合植物观赏特性与季相变化，结合济南冬季寒冷等自然条件，打造居住区“四季常青，三季有花”的植物景观，实现居住区环境“绿化、美化、净化、香化、彩化、生态化”。

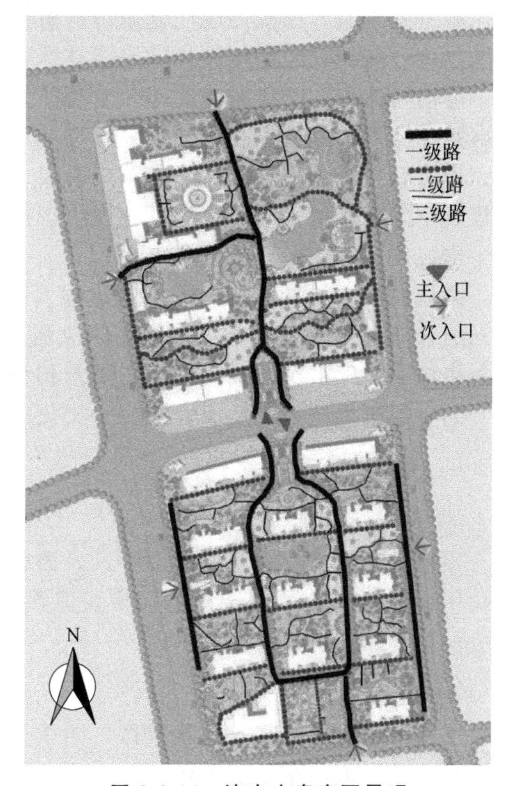

图 3-2-14　济南丰奥家园景观规划设计交通分析图

按照适地适树原则选择树种，以乡土树种为主，体现地方特色；乔灌草藤并举、落叶与常绿结合，增加植物群落稳定性；选择生态效益强、美观的树种，如具有杀菌保健功能、吸毒滞尘能力强以及形态、颜色优美的树种。根据规划意向，结合主题及各景观分区特点，考虑自然因素，选择以下树种。

乔木类：垂柳、栾树、朴树、国槐、悬铃木、白蜡、毛白杨、元宝枫、银杏、紫叶李、山桃、合欢、鸡爪槭、石榴、柿树、樱花、玉兰、黄栌、紫荆等落叶乔木；荷花玉兰、大叶女贞、臭冷杉、云杉、雪松、白皮松、油松、黑松、侧柏等常绿乔木。

灌木类：珍珠梅、贴梗海棠、榆叶梅、金银木、暴马丁香、接骨木、牡丹、连翘、迎春、棣棠、碧桃等落叶灌木；大叶黄杨、胶东卫矛、小叶女贞、枸骨、珊瑚树、凤尾兰等常绿灌木。

藤本类植物：紫藤、三叶地锦、五叶地锦、金银花等。

草坪及地被植物：马蔺、麦冬、鸢尾、白三叶、铺地柏、斑叶扶芳藤等。

水生植物：荷花、千屈菜、黄菖蒲等。

居住区景观绿地建设水平关乎居住区环境质量，与居民生活关系密切。居住区景观规划设计要以人为本，注重改善和提升居住区环境质量。居住区景观规划设计要遵循生态优先原则，充分发挥植物群落的生态功能和美化功能，来改善日益恶化的生活环境和满足居民回归自然的需求，营造一个接近自然的优美生活环境。在提升环境质量的同时既要注意体现区域特色，避免机械地照搬模仿，又要注重其文化内涵，给予景观以灵魂，要充分发掘居住区所在区域文化并融入其中，增强延续性。因此，居住区景观设计要注重生态美与人文景观的融合，突出地方特色，营造舒适优美、清雅脱俗、亲切温馨的聚居环境。

案例三　高校校园园林景观总体规划概念设计——以山东建筑大学新校区为例

城市生态园林已成为现代化城市的重要标志之一，生态园林建设是城市园林绿化发展的必然趋势。高校校园环境作为城市园林绿化的重要组成部分，承载了教学与研究、学习与生活、运动与休闲、交流与活动等多重功能，对建设生态城市，体现地域特色，传承校园文脉具有重要作用。建设生态校园，是贯彻城市的可持续发展战略思想，遵循人与自然协调的原则，通过合理规划设计和建设实施，形成体现校园特色和文化内涵的校园生态系统，因此，将景观生态理念融入校园环境，建设生态校园，“引森林进校园，让校园坐落于森林中”已成为当代校园绿化发展的新趋势。

高校校园园林景观总体规划概念设计——以山东建筑大学新校区为例，是依托原有环境，结合其文化底蕴，以“传承校园文脉、交融学府情景”及“建设生态校园”为设计理念，将历史文化、民俗文化、生态要求相结合，规划为“八大功能分区及一山、六园、十二景”的空间布局结构，从而营造一个文化底蕴丰富、生态特色鲜明的现代高校校园环境。

一、区域概况

（一）区域位置

项目基址位于济南东部雪山片区，该区域南、西、北三面以居住区为主，东面为学校和绿化用地，南侧紧临 84m 宽的城市快速路——经十东路，东、北两侧紧邻 60m 宽的城市干道——凤鸣路和世纪大道。

（二）自然条件

济南市地属亚热带季风气候区，四季分明且阳光充足，气候条件优越。校园用地范围内西南高，东北低，东西高差约 20m。雪山上植被覆盖率高，其相对高程约 80m，是该区的环境景观中心。东部有一条南北走向的冲沟，形成天然小谷地，地势起伏有致，基本特征为“一山一谷”。此处交通便捷，景观要素丰富，是建设新校区的理想场所。

（三）人文条件

济南文化底蕴深厚，有着丰富的历史，素有“天下泉城”的美誉，济南市的市树——柳树，同济南市的市花——荷花珠联璧合，构成济南一道亮丽的风景，“四面荷花三面柳，一城山色半城湖”就是对泉城美景的高度概括。山东建筑大学原为山东建筑工程学院，后更名为山东建筑大学，秉承“厚德博学，筑基建业”的校训，是一所以土木建筑类专业为特色，具有理、工、农、文、法、管六大学科门类的综合性高等院校。

二、设计依据

①《普通高等学校建筑面积指标》住房城乡建设部 2018 年；

②《济南市城市总体规划（2011—2020 年）》；

③“十二五”济南市东部新区发展规划（2011—2015 年）；

④《全国生态环境保护纲要》国务院 2000 年；
⑤ 山东建筑大学新校区建设总体规划等相关资料。

三、设计原则

（一）传承校园文脉

学校的历史文化沉淀作为宝贵的精神财富，是一个学校发展的根基。在新校区园林景观总体规划中，应注重校园历史文化的传承以及与现代校园的结合，通过“传承”与“结合”来展示校园的历史文化精华，缅怀先辈伟人，激励教育后代。

（二）体现地域特色

济南作为历史文化名城，历来有着深厚的文化底蕴及地域特色。在校园的绿化规划中应充分体现济南的地域特色和传统文化特点，以“四面荷花三面柳，一城山色半城湖”的美誉为契机，将这些独具特色的地域文化融汇于校园环境中。

（三）尊重自然，营造生态校园

校园总体规划设计应以生态学为指导理念，注重校园生态结构的塑造，保护和利用相结合，达到自然生态与人造景观的和谐统一，构建可持续发展的景观环境。

四、设计构思

（一）设计理念

山东建筑大学新校区的园林景观总体规划概念设计，坚持“以人为本”的指导思想，在对场地环境现状进行详细分析的前提下，以景观生态学理论及园林造园手法为指导，注重生态校园的建设，尊重校园的历史文脉，通过合理布局，最终达到情景交融的设计目的，即“传承校园之文脉，交融学府之情景”及“建设生态校园”的设计理念。“承”是继承，“传”则是弘扬，即在继承传统历史文脉的基础上，进一步弘扬校园文化，并融汇于现代校园建设之中，从而营造文化底蕴丰富、生态特色鲜明的现代高校校园环境。

（二）总体布局

新校区景观概念设计以校园规划总体布局为依据，充分利用环境现状及自然条件，有机组织各功能区域，形成“八大功能分区及一山、六园、十二景”的空间布局。八大功能分区为广场区、办公教学区、科研教学区、生态防护区、滨水休闲区、生活区、生态休闲区、体育活动区（图 3-3-1）；一山为雪山；六园为冷香凝翠、芳溆溢原、曲池风荷、泉林秋色、青峦碧影及百花烂漫；十二景为芙蓉花影、杏木佳荫、竹径寻石、齐鲁渊源、现代艺苑、华夏之光、丝柳悠风、数码天地、主题雕塑、时光柱雕塑、彩云雕塑、雪山听涛亭（图 3-3-2），旨在建造一个生态主题的综合性校园。

（三）主要功能分区及景点意向设计

1. 广场区

广场区即校园的主入口广场，正对标志建筑——图书信息中心，以雪山为背景，由行政办公楼、建筑城规学院围合形成广场。广场入口，设一景梁，景梁上部书写校名“山东建筑大学”，两侧刻校徽，徽标采用汉字“建”为设计元素，并巧妙地设计成建筑的造型，充分地体现出学校的办学特色（图 3-3-3）。该区域内有主园区“泉林秋色”，以喷泉树林为主，空间开阔，此处绿树成荫，形成清凉世界，颇有“秋色”之意，故名“泉林秋色”（图 3-3-4）。该处空间较大，视野开阔，考虑与雪山之间的空间关系，建筑风格协调一致，图书信息中心的架空连廊，增加了校园入口的景深，形成了大气的校园入口空间，是校园环线以内的最主要出入口。

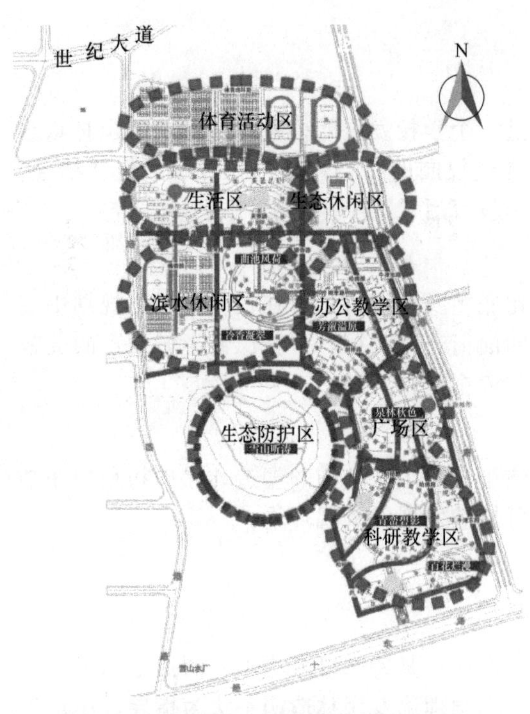

图 3-3-1 功能分区图

图 3-3-2 景园景点分布图

图 3-3-3 新校区校牌实景图

图 3-3-4 “泉林秋色”意向图

2. 办公教学区

办公教学区由办公楼、教学楼、图书馆等建筑构成，集办公与教学为一体，是校园内较为重要的一部分。区域内的“芳溆溢原”为主要园区，该园区紧邻水面，采用自然式布局，小径蜿蜒其中，木质座椅散布两侧，岸边配置各种树木花草，微风吹拂下飘来阵阵芳香。园内西南角杏树成荫，故名“杏木佳荫”（图 3-3-5）。“竹径寻石”以竹与石相结合为主要景点，着力表现了竹子顽强而又执着的品质，寓意莘莘学子在攀登科学高峰时要具备竹子执着的良好品质（图 3-3-6）。

3. 科研教学区

该区为学校的重要区域，包括科研以及教学用地。区域内分布有实验室、科技楼、建艺馆等建筑。主要园区“青峦碧影”紧邻雪山，山上的植物郁郁葱葱，形成碧绿的树影、青翠

图 3-3-5 “杏木佳荫”意向图

图 3-3-6 “竹径寻石”意向图

的山峦，园区内有曲折的小路穿过树林，指引人们通向雪山深处；“百花烂漫”园区主要以香花类植物为主，体现活泼、热情奔放以及积极向上的校园风貌（图 3-3-7）；主要景点“现代艺苑”，是位于建艺馆中间的“U”形空间，具有浓厚的现代艺术气息，为整个建艺馆的景观中心，是学生读书休闲的主要场地，采用逐步下沉的水面、植物相围合的形式，构建了一处独立的、有围合感的活动空间，置身建艺馆上，俯视“U”形空间，让人们忘却城市喧闹，进入现代景观艺术的殿堂（图 3-3-8）；建艺馆南面“丝柳悠风”，两排垂柳绿树成荫，微风袭来，带来丝丝凉意；“华夏之光”，以景观长廊为主景，展示了中国古代的技术创新、科学探索以及华夏科技与世界文明的交流（图 3-3-9）；“数码天地”，用来展现现有艺术、科技等文化。

图 3-3-7 百花烂漫意向图

图 3-3-8 “U”形空间意向图

图 3-3-9 华夏之光意向图

4. 生态防护区

生态防护区主要以雪山为主，是校园生态建设的重点区域，雪山上侧柏为主要树种，已经形成了良好的丛林景观，本区以“闻涛亭”为主要景点，寓意站在此处犹如在海边，视野广阔，俯视校园，一览无余，美景尽收眼底（图 3-3-10）。为体现生态防护区这一主题，此区域还建有最具代表性的生态民居——胶东海草房（图 3-3-11），其独具生态特色，具有浓郁的胶东气息。海草房以海草为顶，以石头砌墙，冬暖夏凉，居住舒适，形成了独具生态特色的校园景观。

图 3-3-10 “闻涛亭”意向图

图 3-3-11 胶东海草房实景图

5. 滨水休闲区

滨水休闲区位于生活区、生态防护区以及办公教学区之间，主要由“曲池风荷”园与“冷香凝翠”园组成。“曲池风荷”，顾名思义，以荷花池为主景，池内跌水潺潺，池畔绿柳垂荫，秀丽清新，具有“四面荷花三面柳，一城山色半城湖”般的美景，是济南历史文化的真实写照（图 3-3-12）；主题雕塑“时光柱”，以各类浮雕的形式为大家展现时光的流逝，鼓励学生要珍惜现有时光，努力奋斗（图 3-3-13）。该区为校园内的水景区，地势较低，并与雪山呈环抱之势，充分接收良好的生态小气候影响。伴随植物季节的变化，以及假山、瀑布、跌水产生的潺潺流水声，此处成为一处独特的滨水休闲观赏区。“冷香凝翠”园，“冷香”指花果的清香，“凝翠”寓意此处郁郁葱葱的树木，该园区主要采用花卉树木混交式配置，来寓意学子今日是满园桃李芬芳，明日便是祖国栋梁。

图 3-3-12 “曲池风荷”意向图

图 3-3-13 主题雕塑“时光柱”意向图

6. 生活区

该区为学生公寓用地，其主要建筑物为学生公寓、食堂以及学生生活服务设施。同时将绿化与校园文化相结合，为每栋宿舍楼题名，如象征正义、神圣的松园；体现不畏艰难、纯洁坚贞的梅园；象征虚心有节、清高雅洁的竹园等。梅园下面的山石之上，有山东建筑大学的前身山东建筑工程学院的校牌（图 3-3-14），将其整体由老校区迁移于此，既传承了校园历史文化，又见证了老校的发展与新校的成立。此处有面积较大的林荫广场，由建筑围合而成，主题雕塑“彩云”，呈螺旋上升趋势，寓意莘莘学子学业蒸蒸日上。“芙蓉花影”出自吕本中的“小池南畔木芙蓉，雨后霜前着意红”，此处以一株木芙蓉为主要景点，寓意广大学子要有木芙蓉不畏艰难、无惧风霜的特性（图 3-3-15）。林荫广场内多布置桌凳等设施，以满足学生室外小憩的需要。拟建的学生公寓具有时代气息，林荫广场中穿插与学生生活有关的雕塑小品，营造了一种学生间互相关心、互相帮助的气氛。

图 3-3-14　老校校牌实景图

图 3-3-15　“芙蓉花影”意向图

7. 生态休闲区

该部分以铁路工业及建筑展示基地为主。“一个老式蒸汽机车车头、两条平行铁轨、三栋德式风格小楼……”这就是济南老火车站的样子，该部分将重点展示济南老火车站设计元素，重现济南老火车站的昔日光景，仿佛一段历史记忆被唤醒。以济南老火车站为主题，在此修建部分主题餐厅，供师生休闲，形成校园一道亮丽的风景线（图 3-3-16）。

图 3-3-16　火车站主题餐厅意向图

8. 体育活动区

该区域位于生活区的北面，配有一流的运动场地和设施，包括标准塑胶田径场（图 3-3-17）、体育馆、篮球场、足球场和排球场，用来丰富学生们的体育活动，周边为基础绿化，美化校园，形成良好的生态环境，并且有与体育相关的雕塑小品和体育文化墙（图 3-3-18）布置其中，以此来增加体育活动区的文化品位。

图 3-3-17　标准塑胶田径场实景图

图 3-3-18 体育文化墙意向图

（四）植物配置规划

校园的植物配置要考虑校园文脉的延续性，突出生态校园建设，彰显地域文化特色，创造一个情景交融、文化内涵丰富的生态校园。

1. 注重生态与景观的和谐统一

新校区植物配置要做到人与自然和谐，创建生态校园。植物规划应遵循生态造园的思想理念，注重保护和利用现有的资源，增加绿量，形成生态小气候，从而达到生态平衡。

2. 采用乡土树种，凸显地方特色，突出文化主题

植物配置与绿化植物选择应坚持适地适树原则，突出济南的地域特色，重视生态绿化主题，将其贯穿于校园建设的始终。乡土植物能更好地体现地域特色，在长势及损伤恢复方面更具优势。因此，在选种方面，应尽可能地选择乡土树种。

3. 依据功能进行不同植物景观规划

校园绿化中，不同的功能区对植物选择具有较大差异。生活休息区，应以创造适宜的人居环境为目标，为师生营建一个自然和谐的生活空间，绿化植物应该以人们喜闻乐见的观花、观叶、闻香及保健植物为主要基调树种；教学区域应该特设草地、休读景点，给师生创造规则有序、宜人的教书育人环境，绿化树种应以常绿、香花植物为主，组成规则有序、主次分明、严肃活泼的教学绿化空间；其他的活动区域，应以改善生态环境，促进良性循环为目的，营造一个舒适、安全、和谐、健康的校园。

校园是一个功能复杂的综合体，校园环境的好坏直接影响师生的工作、学习与交流，间接影响其人生观与自然观的形成。因此，校园景观建设不仅要把注意力放在创建生机盎然的景致上，更要关注校园生态环境的建设，赋予校园"生命力"，创造一个与自然环境交融得体的校园环境空间，促进校园生态系统向更科学、更合理的方向发展。此外，随着人们需求的不断变化发展，校园景观建设应注重巨大的精神力量，让学生视线所能到的地方都充满着文化的气息。只有遵循生态与人文结合的理念，将校园空间生态化、人文化，才能塑造一个生态的、优美的、人文化的校园空间环境，为师生创造一个心灵共有的精神家园。

案例四 高校生态校园植物配置概念设计
——以山东建筑大学新校区为例

生态校园是生态城市的重要组成部分，也是 21 世纪高校校园环境建设和发展的必然趋势。绿地植物配置和人工植物群落的营建，不仅决定了校园绿地生态功能的有效发挥，更是建设生态校园的重要途径和手段。

建设和谐美丽的生态校园，必须以改善校园生态环境、建立稳定的校园生态系统为宗旨，充分发挥校园绿地植物的生态功能，依据生态学和景观生态学的原理，科学、合理地构建观赏型人工植物群落、环保型人工植物群落、保健型人工植物群落、科普知识型人工植物群落、生产型人工植物群落、文化环境型人工植物群落及综合绿地型人工植物群落。在植物配置上，按照不同配置类型，组成功能、景观异趣的植物空间，使植物的景色和季相千变万化，主调鲜明，丰富多彩。

山东建筑大学新校区生态校园植物配置规划设计，依据校园景观总体规划布局及功能分区，遵循生态学和景观生态学的原理，以建设生态校园为目标，以植物造景及人工植物群落的构建为主要手段，遵循生态效益优先；适地适树，乡土树种优先；乡土树种与外来树种结合；乔、灌、草、藤并举的多样性种植形式；注意种群关系，合理搭配，趋利抑弊；合理搭配树种比例；注意表现特色；突出市花市树，反映地方特色；绿化与净化、美化、香化、彩化相结合以及注意安全卫生等基本原则。根据不同的条件，选取能最大程度地改善校园生态环境的植物种类，科学设计复层人工植物群落，运用植物的体形、色彩、香气、风韵、季相等，塑造一个主题突出、特色鲜明和环境优美的现代化生态大学校园，从而达到生态效益、经济效益、社会效益的有机结合。

一、设计区域概况

山东建筑大学新校区项目基址位于济南市东部雪山片区，该区域南、西、北面以居住区为主，东面以学校和绿化用地为主，南侧紧临经十东路，东、北两侧紧邻凤鸣路和世纪大道。

济南市气候条件优越，属暖温带季风气候，阳光充足，四季分明。项目用地范围内，地形西南高，东北低，东西高差约 20m，雪山上植被茂密，其相对高程约 80m。周边为荒郊野地，东部有一条南北走向的自然形成的冲沟，形成天然小谷地，地形基本特征为“一山一谷”。项目用地内土层为第四系山前冲积地层，上覆厚度不等的填土以荒地为主，由于未经过系统的规划与设计，植物地貌杂乱，景观效果不佳。

二、设计依据

①《普通高等学校建筑面积指标》住房城乡建设部 2018 年；

②《中华人民共和国环境保护法》2014 年；

③《城市绿化条例》2017 修订版（国务院令第 100 号）；

④ 山东建筑大学新校区建设总体规划等相关资料；

⑤ 现场初步勘探的资料及相关领导专家的指导意见。

三、设计理念及原则

山东建筑大学生态校园植物配置概念设计，以“让森林走进校园，让校园坐落在森林中”为设计宗旨，依据新校区园林景观总体规划布局和功能分区，遵循生态学及景观生态学的理论，从学校特色、类型和校园文化出发，以建设生态校园为目标，以植物造景为主体，以构建人工植物群落为手段，遵循因地制宜、适地适树的原则，科学合理地进行校园的树种规划，确定校园绿化植物的骨干树种、基调树种和特色树种；充分利用乡土植物，并与外来植物相结合，构建校园生态园林绿地系统体系。

校园道路绿化景观，按照“一路一树、一路一景”的原则，选择冠形优美、观赏性强、美景度高、速生、荫浓的特色行道树，构成校园绿地的骨架。校园内绿化植物配植上综合考虑植物景观效果、生态习性、文化艺术内涵、景观功能分区及空间境域的环境要求，使各种不同树木的形态、色彩群落配置疏密相间、高低有度，层次丰富多样，生态结构合理，形成校园绿地肌理。校园区域周围边界选择冠大荫浓、净化能力强的树种形成生态隔离、生态净化和生态防护的天然绿色屏障。规划设计遵循以下基本原则。

（一）生态效益优先

校园植物的功能是多方面的，提高生态效益，保持环境优美、整洁与舒适，满足师生游憩、休闲健身、景观观赏和交流的需要是最本质的功能。校园植物配置设计要最大限度地以生态设计优先为原则，充分发挥植物对环境的改善能力。

（二）适地适树，乡土树种优先

校园植物品种的选择及配置需尽可能地符合本地域的自然条件，即以乡土树种为主，在植物种类选取中，调查其适应性及栽植方式，优化植物配置模式，充分发挥乡土植物恢复快、长势好的特点，坚持适地适树，乡土树种优先的种植原则。建成植被生长良好、群落稳定多样、季相变化丰富的生态校园，达到利用植物群落配置优化校园环境的目的。

（三）乡土树种与外来树种结合

乡土树种与适应本地的外来树种相结合，优势互补，避免各树种之间争肥、争光、争水等各种弊病，增强校园生态系统自身的调节能力，实现生物多样化和种群稳定。

（四）乔灌花草藤并举的多样性种植形式

植物群落在组成、结构、层次等方面表现出来的丰富多彩的差异，即植物群落的多样性。生态学原理指出：营养结构越复杂，生态系统越稳定。植物群落的多样性越高其稳定性越高，因此，在校园植物配置时，要设计多种植物种类，增加乔、灌、草、藤的物种丰富度及变化规律，建立多结构、多层次的复层人工植物群落。

（五）注意种群关系，合理搭配，趋利抑弊

依据植物的种群特征、生境特性，综合考虑其种间关系，选择成活率高、死亡率低、增殖快、保持久且易形成群落的植物进行合理搭配，发挥植物间的互利作用，避免克生，达到种群间相互协调的目的，形成稳定的人工植物群落。

（六）合理搭配树种比例

校园植物配置从树种比例着手，遵循落叶树种与常绿树种相应搭配，速生树种与慢生树种兼顾发展的原则，营造出一个“三季有花、四季有景”的校园生态环境。

（七）注意表现特色

在校园植物配置中，依据不同树种的生长特性、绿化效益，选择特有姿态的植物种类，打破常规的直线条，给人以特殊的观赏效果。

（八）突出市花市树，反映地方特色

“市花”“市树”最能反映一个地方的城市风貌。在校园滨水休闲区的植物配置设计中，将济南市市花——荷花与市树——柳树作为校园植物配置的特色，充分体现“四面荷花三面柳，一城山色半城湖”的美誉，形成校园内一道亮丽的风景。

（九）绿化与净化、美化、香化、彩化相结合

校园的植物配置要做到绿化与净化、美化、香化、彩化相结合，考虑种植树大荫浓的绿化植物以及具有生态效益与观赏价值的植物种类，合理配置一定比例的花味浓香的植物，使得校园绿化与净化、美化、香化、彩化相得益彰，形成绿荫馥郁、花繁似锦、色香俱全的校园生态环境。

（十）注意安全卫生

在校园植物配置中，宜选择无飞絮、无毒、无刺激和无污染物的植物，忌用有毒、带

尖，以及易引起过敏的植物，在运动场等地不宜栽植大量飞毛、落果的树木。

四、校园功能分区与植物配置设计

山东建筑大学校园植物配置设计是根据校园园林景观总体规划布局中划分的广场区、办公教学区、科研教学区、生态防护区、滨水休闲区、生活区、生态休闲区、体育活动区八大功能分区进行景园植物配置及人工植物群落构建；同时对校园道路景观、局部建筑周围区域、苗圃和校园边界生态防护隔离带进行相应的植物配置景观设计（图 3-4-1～图 3-4-3）。

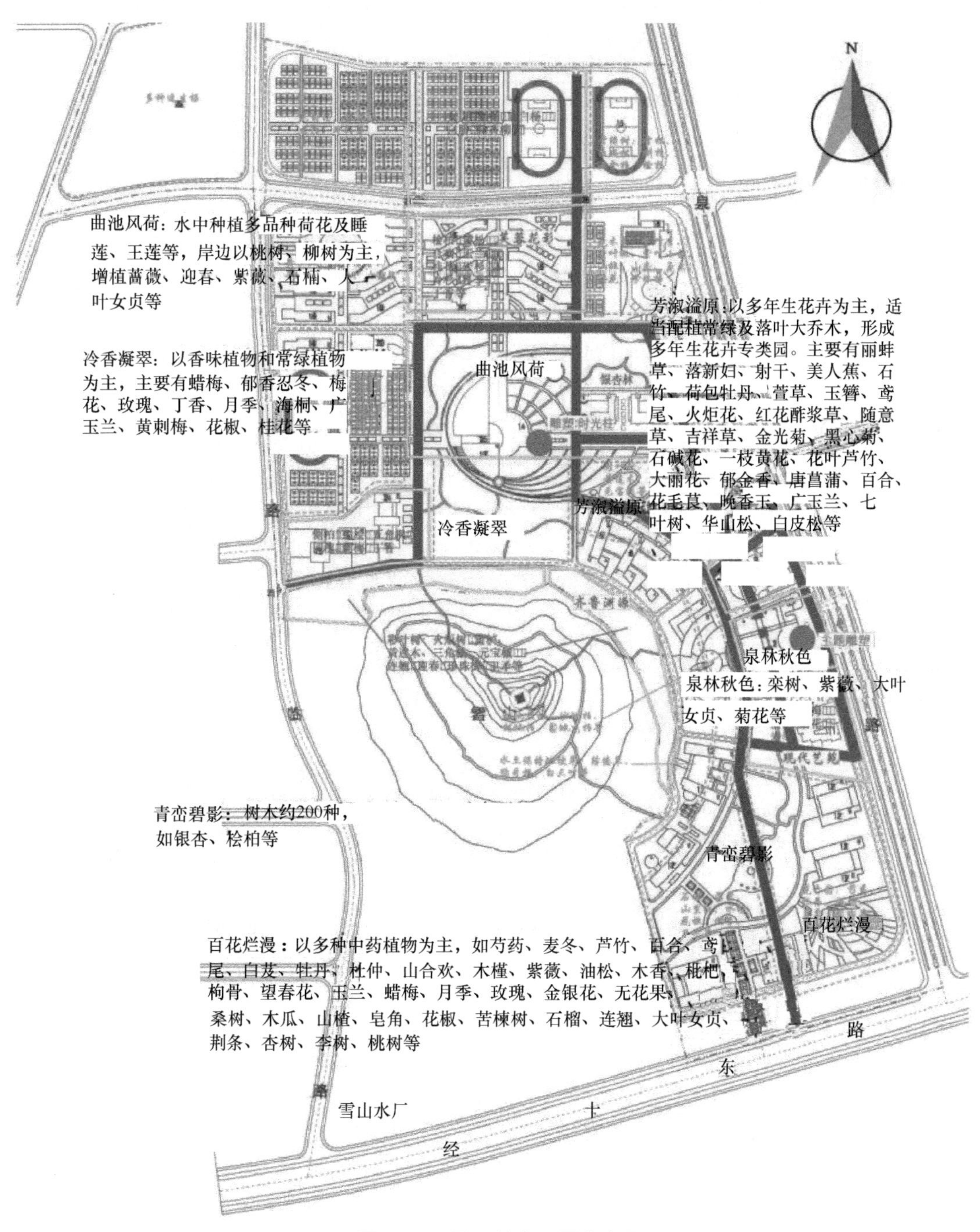

图 3-4-1　园区植物配置方案图

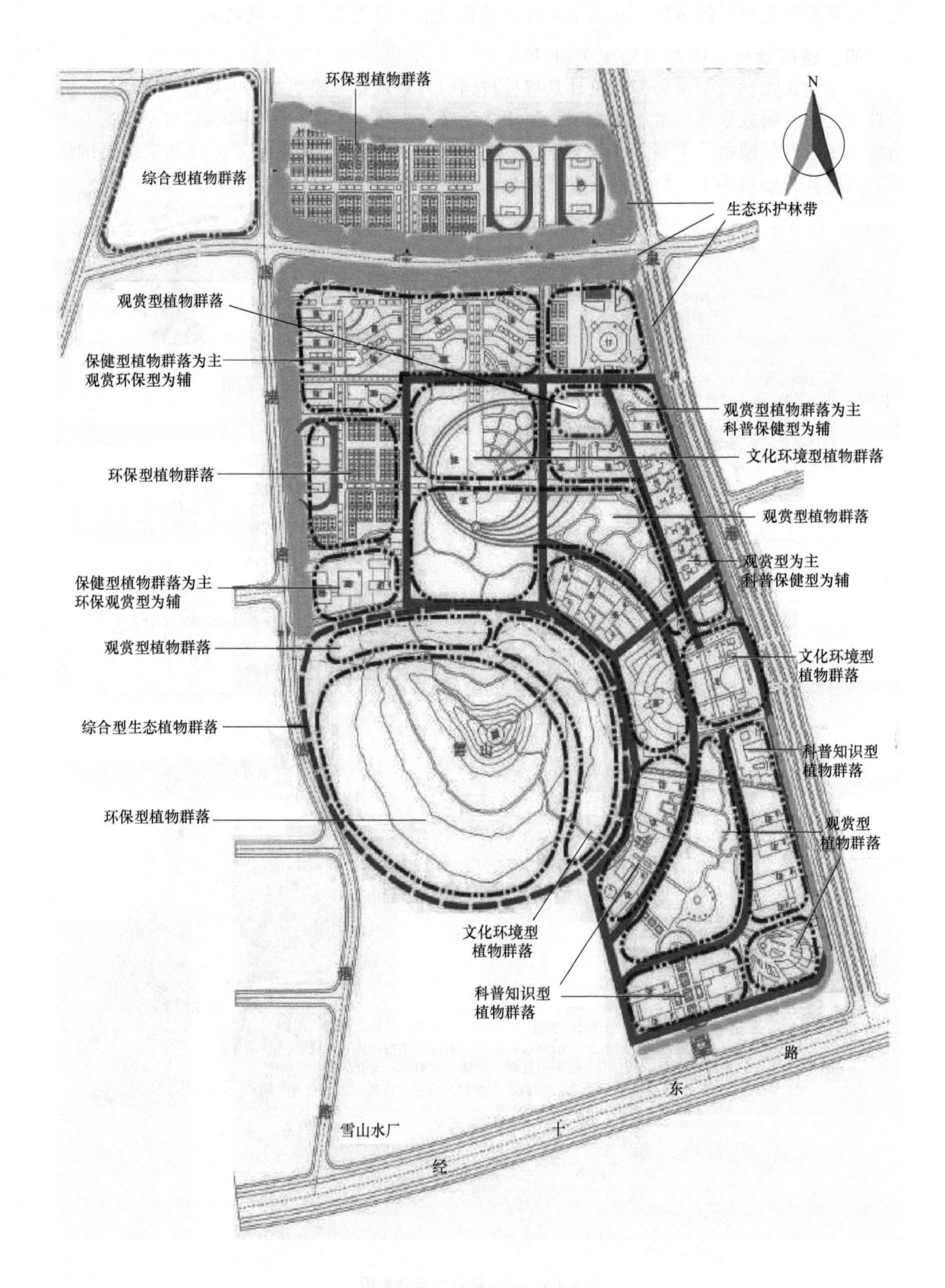

图 3-4-2　植物群落分析图

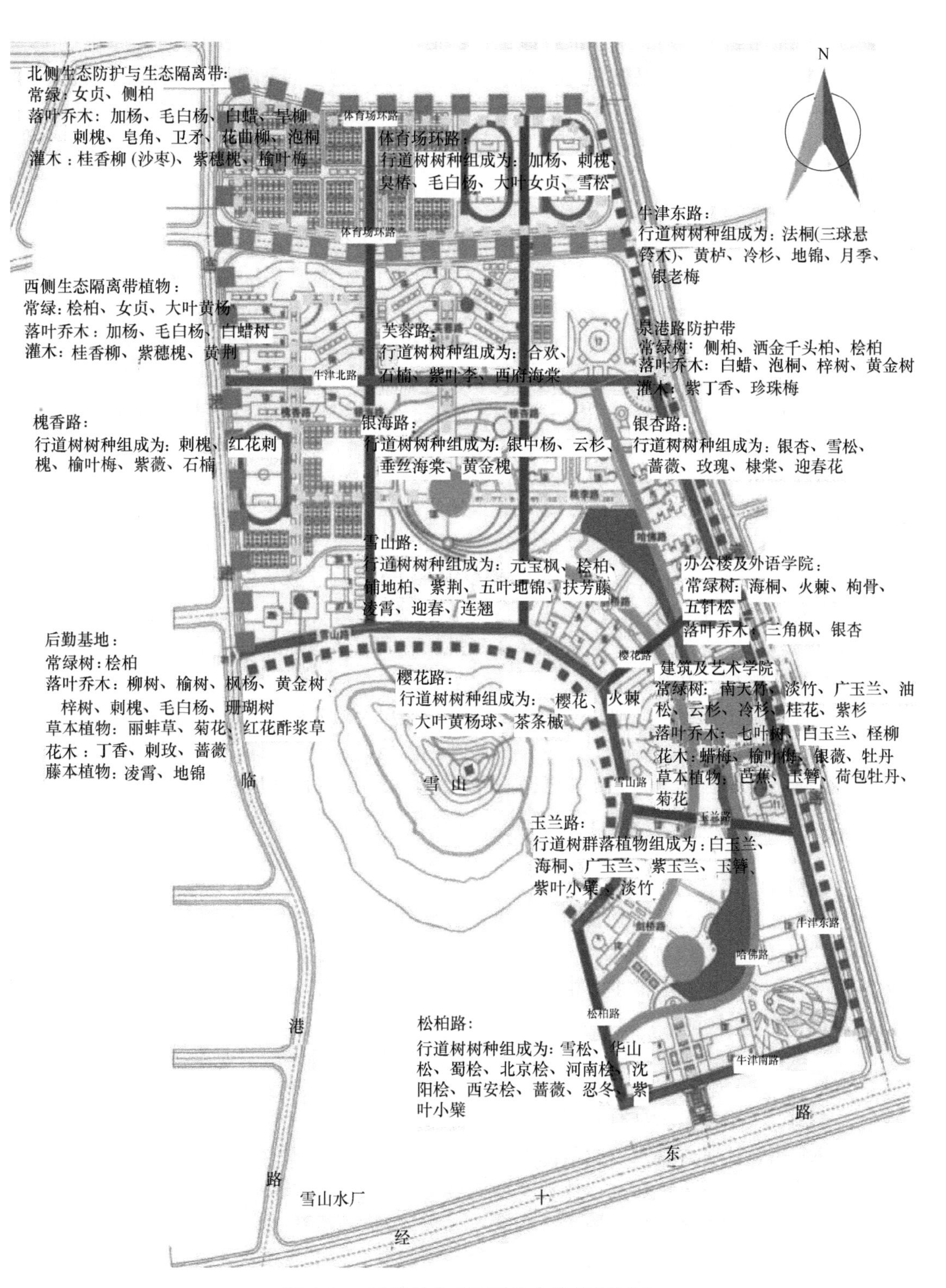

图 3-4-3　道路及其他区域植物配置方案图

（一）景园植物配置及人工植物群落构建

1. 广场区

广场区即校园的主入口广场，空间大，视野较为开阔，该区域位于办公教学区和科研教学区之间，向东紧临凤鸣路，是校园环线以内的最主要的出入口。区域内的“泉林秋色”园位于入口广场处，以夏末秋初新生入学时开花繁茂的植物为主，如栾树、紫薇、大叶女贞、菊花等。种植相对规整，形成林荫广场，有简洁庄严的气氛而又不失活泼大气的效果。广场区以文化环境型植物群落为主，通过不同植物的配置，与广场区的建筑相协调，营造出蓬勃向上的气氛。

2. 办公教学区

办公教学区由办公楼、教学楼、图书馆等建筑构成，集办公与教学为一体，是校园内较为重要的一部分。“芳溆溢原”以多年生花卉为主，适当配植常绿及落叶大乔木，形成多年生花卉专类园，主要有丽蚌草、落新妇、射干、美人蕉、石竹、荷包牡丹、萱草、玉簪、鸢尾、火炬花、红花酢浆草、随意草、吉祥草、金光菊、黑心菊、石碱花、一枝黄花、花叶芦竹、大丽花、郁金香、唐菖蒲、百合、花毛茛、晚香玉、广玉兰、七叶树、华山松、白皮松等。“杏木佳荫”景点选择银杏、雪松、山杏、白玉兰、紫叶李等植物，营建专业植物品种园，用植物的形态、色彩、香气、风韵、季相等构成了此处特色鲜明的植物景观。办公教学区主要以观赏型植物群落为主，以科普知识型和保健型植物群落为辅。

3. 教学科研区

教学科研区位于校园南侧，该区域内分布有建艺馆、实验楼以及科技楼，是学校进行科研和教学的重要区域，“青峦碧影”园区选用树种约200种，在此处建设树木园，如银杏、桧柏等。树木园的建设不仅可以改善校园环境，调节校园小气候，还可以为师生提供方便的实习基地，丰富学生的科学文化知识。在此区域建立“百花烂漫”药草园，以多种中药植物为主，如芍药、麦冬、芦竹、百合、鸢尾、白芨、牡丹、杜仲、山合欢、木槿、紫薇、油松、木香、枇杷、枸骨、白玉兰、蜡梅、月季、玫瑰、金银花、无花果、桑树、木瓜、山楂、皂角、花椒、苦楝树、石榴、连翘、大叶女贞、荆条、杏树、李树、桃树等，表现中国传统医药文化。科研教学区以观赏型及科普型植物群落为主，增加科普植物种类，应用樱花、淡竹、银杏、油松等，民国老别墅前的老槐树，现也平移到此区域的建筑艺术馆南门处。

4. 生态防护区

生态防护区以雪山为主，是校园生态建设的重点区域，雪山上以侧柏为主要树种，形成了良好的丛林景观，以闻涛亭为主要景点，站在闻涛亭俯视校园，一览无余，美景尽收眼底。生态防护区主要为综合型生态植物群落，为校园整体创造一个良好的生态环境。

5. 滨水休闲区

休闲区位于生活区、生态防护区以及办公教学区之间，主要由“曲池风荷”与“冷香凝翠”园组成。“曲池风荷”为校园中的水景区，水面种植济南市花——荷花，水边种植济南市树——垂柳，水中种植多品种睡莲、王莲等，增植蔷薇、迎春、紫薇、石楠、大叶女贞等。伴随着假山、瀑布、跌水产生的潺潺流水声，形成丝柳悠风、曲池风荷的意境，使此处成为一处独特的湖面休闲观赏区，体现“四面荷花三面柳，一城山色半城湖”的美景。“冷香凝翠”以香味植物和常绿植物为主，主要有月季、玫瑰、玉兰、丁香、蜡梅、郁香忍冬、梅花、海桐、广玉兰、黄刺玫、花椒、桂花等。香花植物不仅能释放香味，而且能释放杀菌素，此园区又靠近食堂（在食堂南面），为此既可增加就餐人的食欲，又有利于饮食卫生。此区域的植物配置以多样性为基本原则，以保健型及观赏型为主要植物群落，突出校园文化，采用自然式的植物配置方式搭配草地，形成围合的绿地空间，兼具科学性和艺术性。

6. 生活区

生活区位于滨水休闲区以北，是学生生活的主要区域，该区域以学生公寓、食堂和生活服务设施为主。建筑围合成的面积较大的空间采用林荫广场的形式，广场内多布置桌凳等设施，以满足学生室外小憩的需要。植物群落主要以保健型植物群落为主，观赏环保型为辅，通过保健型植物群落的构建，发挥绿地的综合功能，改善公寓周边的生活环境，起到杀菌保健作用。公寓之间的绿化以常绿乔木树种为主，适当选择落叶乔木，公寓建筑周围采用灌木花境的形式，突出其基础绿化。

7. 生态休闲区

生态休闲区位于生活区的东面，以老济南火车站为形象建立部分休闲主题餐厅，形成学校一道亮丽的风景线，该区域以保健型植物群落和观赏型植物群落为主，提高区域内的生态效能与观赏价值。

8. 体育活动区

该区域位于生活区的北面，主要以体育馆、篮球场、足球场及排球场为主，为师生进行体育活动提供场所，区域内主要以环保型植物群落为主。在体育活动区建设环保型植物群落，促进生态平衡，吸收污染物及粉尘，净化空气，为学生创造良好的活动空间，提高整个校园的生态环境。

（二）道路及其他区域植物配置景观设计

道路及其他区域的植物配置景观设计主要包含道路绿化植物景观设计、校园内局部建筑附近及内院植物景观设计、防护林带植物景观设计以及苗圃植物景观设计。

1. 道路绿化植物景观设计

① 丹山路（沿东围墙），植物景观配置设计效果如彩图 15 所示。行道树树种组成为法桐（三球悬铃木）、黄栌、冷杉、地锦、月季、银老梅。

② 博学路（东次入口向西），植物景观配置设计效果如彩图 16 所示。行道树树种组成为绒毛白蜡、蜀桧、丁香、紫薇、麦冬、法桐（三球悬铃木）。

③ 天健路，植物景观配置设计效果如彩图 17 所示。行道树树种组成为国槐、大叶女贞、垂柳、山桃、山杏、木槿、麦冬。

④ 银海路（大学生活动中心西侧南北方向路），植物景观配置设计效果如彩图 18 所示。行道树树种组成为银中杨、云杉、垂丝海棠、黄金槐。

⑤ 玉兰路（东门北第一条上山路），行道树树种组成为白玉兰、海桐、广玉兰、紫玉兰、玉簪、紫叶小檗、淡竹。

⑥ 樱花路（东门南第一条上山路），行道树树种组成为樱花、火棘、大叶黄杨球、茶条槭。

⑦ 文德路（土木学院西侧南北方向路），行道树树种组成为银杏、雪松、蔷薇、玫瑰、棣棠、迎春花。

⑧ 求索路，行道树树种组成为梧桐、石楠、西府海棠、紫叶李、连翘。

⑨ 环山路（学校与山分界路），行道树树种组成为元宝枫、桧柏、铺地柏、紫荆、五叶地锦、扶芳藤、凌霄、迎春、连翘。

⑩ 东营路（南门西第一条上山路），行道树树种组成为雪松、华山松、蜀桧、北京桧、河南桧、沈阳桧、西安桧、蔷薇、忍冬、紫叶小檗。

⑪ 敏学路（映雪湖南侧东西方向路），行道树树种组成为山桃、山杏、李树、大叶女贞、丰花月季、丁香。

⑫ 顺德路（食堂东侧南北路），行道树树种组成为合欢、石楠、紫叶李、西府海棠。

⑬ 善学环路（体育场外围环路），行道树树种组成为加杨、毛白杨、刺槐、臭椿、大叶女贞、雪松。

⑭ 致远路（沿南围墙），行道树树种组成为栾树、大叶女贞、洒金千头柏、苦楝。

⑮ 厚德路（大学生活动中心东侧南北方向路），植物景观配置设计效果如彩图 19 所示。行道树树种组成为刺槐、红花刺槐、榆叶梅、紫薇、石楠。

2. 校园局部建筑附近及内院植物配置景观设计

（1）建筑及艺术学院

建筑及艺术学院的植物配置，应具有较高的艺术性和思想内涵，富有情趣，整体上衬托主体建筑物，美化周边环境。建筑及艺术学院南部入口植物配置景观设计效果如图 3-4-4 所示。建筑及艺术学院内“U”形空间植物配置景观设计效果如图 3-4-5 所示。其主要目的是为师生营造一个安静、优美的绿色空间环境。

常绿树：南天竹、淡竹、广玉兰、油松、云杉、冷杉、紫杉。

落叶乔木：七叶树、白玉兰、柽柳。

花木：蜡梅、榆叶梅、银薇、牡丹。

草本植物：芭蕉、玉簪、荷包牡丹、菊花。

藤本植物：地锦、凌霄。

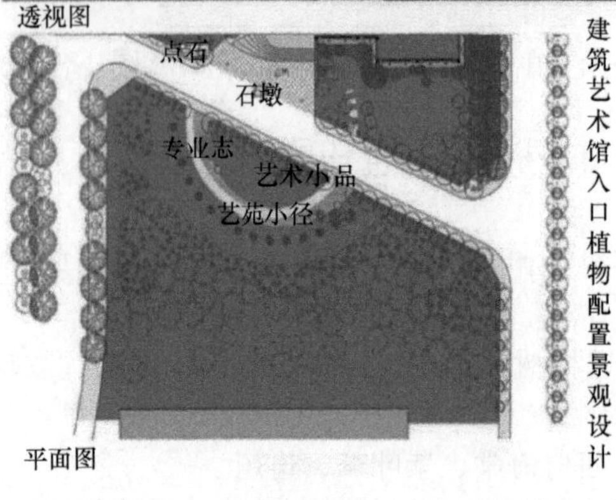

图 3-4-4　建筑及艺术学院南部入口植物配置意向图

透视图

平面图

建筑及艺术学院“U”形空间植物配置景观设计

图 3-4-5　建筑及艺术学院“U”形空间植物配置意向图

（2）办公楼及外语学院

该区域位于校园入口处，体现校园面貌，植物配置以观赏性为主，衬托大门及主体建筑，突出安静、优美、庄重、大方的校园环境。办公楼及外语学院植物配置景观设计如图 3-4-6 所示。

常绿树：海桐、火棘、枸骨、五针松。

落叶乔木：三角枫、银杏。

花木：石榴、木瓜。

(3) 学生公寓区

学生公寓区，既要保证宿舍的安静、卫生，又要为学生提供一定的室外活动和休息场地，该区域植物配置以观赏植物、芳香植物及保健植物为主，为学生营建一处环境优美、芳香宜人、生态健全的生活区。学生公寓区植物配置景观设计如图 3-4-7 所示。

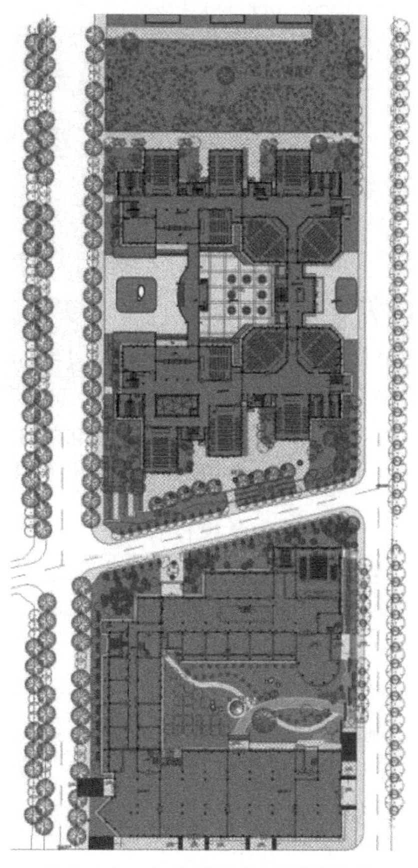

图 3-4-6 办公楼及外语学院植物配置景观设计意向图

常绿树：大叶女贞、侧柏、白皮松、冷杉、云杉、华山松、石楠、广玉兰、龙柏。

落叶乔木：梓树、栾树、臭椿、山桃、山杏、杜仲、银杏、核桃、枫杨、黄栌、苦楝、白蜡。

花木：木瓜、紫薇、大花圆锥绣球、珍珠梅、丰花月季、接骨木、锦鸡儿、紫丁香、迎春、桂花、石榴、蜡梅。

草本植物：芍药、萱草、麦冬。

藤本植物：三叶地锦、凌霄、五叶地锦。

(4) 后勤基地

根据环境卫生需求，综合考虑水、电、仓库等的要求，该区域的植物配置以减少环境污染及防火防爆为主。

常绿树：桧柏。

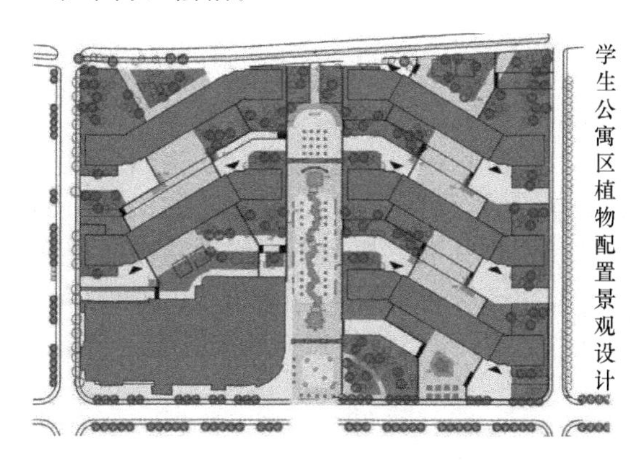

图 3-4-7 学生公寓区植物配置景观设计意向图

落叶乔木：柳树、榆树、枫杨、黄金树、梓树、刺槐、毛白杨。

草本植物：丽蚌草、菊花、红花酢浆草。

花木：丁香、刺玫、蔷薇。

藤本植物：凌霄、地锦。

3. 防护林带植物配置景观设计

选择生态修复能力强的树种进行校园植物配置是提高校园绿地生态效能，改善校园生态环境质量，营造空气清新、环境舒适的生态校园的关键。校园西北侧设计 10m 宽的生态净化与生态隔离带（图 3-4-8），产生的绿量能有效吸滞炼油厂排放的二氧化硫和铅的复合污染。西侧设计生态隔离带，对外界产生的汽车尾气、道路扬尘等发挥着重要的生态防护作用。

(1) 西侧生态隔离带

常绿树：桧柏、大叶女贞、大叶黄杨。

落叶乔木：加杨、毛白杨、白蜡。

灌木：桂香柳（沙枣）、紫穗槐、黄荆。

图 3-4-8　西北部生态净化隔离防护林带植物配置景观设计意向图

(2) 北侧生态净化与生态隔离带

常绿树：大叶女贞、侧柏。

落叶乔木：加杨、毛白杨、白蜡、旱柳、刺槐、皂角、卫矛、花曲柳、泡桐。

灌木：桂香柳（沙枣）、紫穗槐、榆叶梅。

(3) 泉港路防护带

常绿树：侧柏、洒金千头柏、桧柏。

落叶乔木：白蜡、泡桐、梓树、黄金树。

灌木：紫丁香、珍珠梅。

4. 苗圃植物景观设计

苗圃作为校园苗木的生产基地，可为校园植物配置建设提供大量的园林绿化苗木，是校园植物配置建设的后备保障；还可以净化校园空气，防治污染，调节校园小气候，达到改善校园生态环境的目的。

(1) 常绿树

侧柏、洒金千头柏、桧柏、铺地柏、扶芳藤、石楠、海桐、广玉兰、大叶黄杨、雪松、华山松、蜀桧、北京桧、河南桧、沈阳桧、西安桧、大叶女贞、白皮松、南天竹、淡竹、油松、云杉、冷杉、龙柏。

(2) 落叶乔木

白蜡树、泡桐、梓树、黄金树、梧桐树、元宝枫、山桃、山杏、李树、合欢、毛白杨、刺槐、臭椿、栾树、银杏、枫杨、黄栌、苦楝、杜仲、三角枫。

(3) 花木类

紫丁香、白玉兰、紫薇、木槿、紫荆、毛刺槐、连翘、西府海棠、紫叶李、棣棠、玫瑰、蔷薇、樱花、月季、垂丝海棠、牡丹、珍珠梅、木瓜、榆叶梅。

校园绿化植物的选择与配置对改善校园小气候、净化校园环境具有重要作用，是建设生态校园的根本条件，决定了校园绿地系统生态效益与综合功能能否充分、有效地发挥。山东建筑大学新校区校园绿化建设，通过科学合理的植物选择和复层人工植物群落的配置设计，创建了一个生态健全、结构合理、功能完善的校园生态绿地系统体系，形成“三季有花、四季常青”，山、水、建筑与绿树、鲜花交相辉映，绿化、美化、香化、彩化融为一体的和谐生态校园环境。

案例五　城市公园景观生态规划设计——以山东省东营市生态公园为例

城市生态公园是指位于城市城区或近郊，运用景观生态学原理和技术，借鉴自然植被的结构和演替过程进行公园景观营建和管理，形成自然、高效、稳定和经济的绿地结构和具有地域性、多样性和自我演替等特点的公共园林。城市生态公园具有保护生物多样性、调节环境小气候、缓解城市热岛效应、净化环境污染等多种生态功能，是城市绿化美化、改善生态环境的重要载体，对城市的可持续发展有重要影响。从景观格局、生态功能和规模级别上，城市生态公园的生态效益均高于一般城市公园，是公园发展的较高标准，是现代城市公园建设和发展的主导方向。

城市生态公园作为近年来公园的新兴类型，在我国的建设历史仅有十余年的时间，但已在城市生态绿地系统建设、自然资源环境保护、城市生态平衡维持等方面起到了积极的作用。

山东省东营市生态公园规划设计以生态学理论和人本思想为指导，遵循功能性原则和艺术性原则，在充分利用现状基址的条件下，运用了大量的乡土植物并按照适地适树的原则合理地拓展了植物的多样性，构建了中心景观区、体育健身区、生态保育区、休闲娱乐区、生态保健区、湿地游览观光区、生态田园观光区、餐饮及综合服务区八大功能分区，形成“一环、两轴、八片区”的空间结构布局，营造了一个生态健全、还原自然、富有野趣，集生态示范教育、娱乐休闲、餐饮健身等多功能为一体的城市生态景观环境。

一、区域概况

（一）基址现状

山东省东营市生态公园选址位于山东省东营市区东部，地处黄河入海口的三角洲地带。

规划基址位于山东省东营市东西城之间，南至黄河路，东至庐山路，西至天目路，交通便利，北侧为东营区新区，南侧为规划建设中的森林公园，总规划面积约为31hm^2。规划区域内为典型的黄河三角洲地貌，地势较为平坦，自西南至东北呈扇形微倾斜，适合营建多种类型的园林景观。基址地下水位较高，水含量丰富，土壤偏弱碱性。

（二）区域背景分析

1. 气候条件

东营市位于山东省东北部，地处黄河入海口的三角洲地带，隶属中纬度，背陆面海，为温带大陆性季风气候，冬寒夏热，四季分明，雨热同期。年平均气温11.7～12.8℃，年均降水量530～630mm，主风向为北风和西北风。

2. 自然资源条件

东营市生态环境良好，自然资源丰富，区域内的黄河三角洲国家级自然保护区是暖温带最广阔、最完整、最年轻的湿地生态系统，保护区的海洋性湿地半湿地环境为动植物生长繁殖提供良好的自然条件，其中国家重点保护濒危野生动植物就有50多种，同时是天鹅、丹顶鹤等大型鸟类迁徙的越冬地，被称为“鸟类的国际机场”；境内生长着多种具有开发价值的耐盐植物，如碱蓬、柽柳等，这些植物品种独特的抗盐特性，可为今后耐盐植物的改良和繁育提供理想的母本；黄河是境内主要水系及客水水源，水量丰厚，为黄河三角洲高效生态经济区建设提供了水资源保障；境内的矿产资源主要有石油、天然气、煤、地热、卤水、黏土等。

3. 历史人文条件

东营历史文化底蕴深厚，人文资源丰富，文化层次多元。地域传统文化有古齐文化、吕剧文化、楹联文化、红色文化和移民文化等；近代新兴产业文化以石油工业文化、湿地文化、海洋文化等为代表。

（1）古齐文化

今东营地区是西周至战国时期的齐国故地，是古齐文化的重要发祥地之一，现有古齐文化遗址四百多处。齐文化推崇“强兵尚武”“富民兴邦”，涌现出“兵圣”孙武等许多军事家和儒学家，对后世影响深远。

(2) 吕剧文化

作为中国八大地方戏曲剧种之一的吕剧，起源于东营黄河三角洲地区，现已被列入国家级非物质文化遗产。吕剧是东营人乐观向上、执著追求民族精神的有力见证，带动了东营地区地域文化的发展。

(3) 楹联文化

东营市于2010年被命名为“中国楹联文化城市”。诗词楹联文化作为优秀民族文化之一，是一座城市历史底蕴、文化品位、文明程度等方面实力的体现。

(4) 石油工业文化

东营市是胜利油田所在地，其开采对东营经济和文化产生了深远的影响。油田开发建设历程中的艰苦奋斗、团结协作、开拓创新的精神，是东营精神文化的重要组成部分。

(5) 湿地文化

被称为“东方湿地之城”的东营，区域内有多种典型的湿地类型，具有丰富的湿地资源。科学保护和合理利用湿地资源对于改善生态和民生、保护生物多样性、弘扬湿地文化且对展示城市魅力有重要意义。

东营市自然资源丰富，文化源远流长，历史与现代的交融在这里不断焕发出新的生机和活力。东营市生态公园景观规划设计力求将生态与文化融入城市生活，体现出东营独特的城市风貌。

二、设计构思与方案

(一) 设计构思

1. 规划设计依据

(1)《中华人民共和国城市规划法》2019年；

(2)《全国生态环境保护纲要》(国发［2000］38号)；

(3)《城市公园规划与设计规范》GB 51192—2016；

(4)《东营市城市总体规划(2011—2020年)》；

(5) 现状资料以及国家现行的相关设计法规、规范、标准。

2. 规划设计原则

(1) 生态为本，营造景观生态

城市生态公园的景观规划设计应从生态优先的角度出发，以生态功能为首，美学、实用等功能服从和协调于生态设计的要求。在充分尊重场地自然生态环境的基础上，因地制宜，合理利用和拓展生物多样性，优化景观格局，以生态途径改善城市景观，创造接近自然化的生态健全的景观，构建以生态为基础的功能格局，实现城市景观的可持续发展。

(2) 延续文脉，创造人文生态

城市生态公园的景观特色不仅体现在自然生态景观，同时来源于地域性的人文景观。结合城市历史与文化特色，深入发掘区域深厚历史底蕴，合理开发利用优质景观资源，对于公园文化内涵的提升、城市文化魅力的展现和发展有重要的促进作用，成为城市文化所不可或缺的有机组成部分。

(3) 以人为本

城市空间和人是不可分割的整体，城市空间的主角是人，要把“以人为本”作为城市公园规划设计的基本原则。以人为本，实质上就是以最广大的人民群众和他们的根本利益为本，这就要求在城市规划、建设、管理中把人的需求和发展放在核心地位。东营市生态公园的规划设计应把大众的需求放在核心位置，从而构建一个真正“以人为本”的城市生态公园。

(4) 功能性

公园是城市可持续发展的开放空间，是市民健康所必需的生态基础设施。东营市生态公园是“净化器”，它净化空气、河水，还兼有调节雨洪、改善小气候的功能，同时为人们的休闲、娱乐、健身提供场所。

(5) 艺术性

艺术性是现代城市公园吸引力的直观表现，公园的艺术性有高低之分、程度之差、雅俗之别，对公园艺术性的追求是设计者的重要使命。公园的艺术性越高，它的感染力也就越强。本公园的设计应以植物景观为主，结合水体、建筑等景观要素的布局，形成富有感染力的园林景观。

3. 规划设计理念与立意

山东省东营市生态公园的规划设计秉承生态文明、人与自然和谐共处的理念，旨在为民众营造一个环境优美、方便舒适、功能齐全的休闲娱乐的好去处。设计方案主题定为“和谐生态”是对这一理念最好的诠释。

城市生态公园与一般公园最根本的区别在于“生态性”。本公园的规划设计以生态学理论和人本思想为指导，结合功能性和艺术性原则，充分利用了原有地形地貌，并运用了大量的乡土植物，按照适地适树的原则，合理拓展了植物的多样性，美化了环境，创设了生态健全、接近自然的景观。生态理念不仅表现在宏观的设计方面，而且体现在细节上，其在实际中的运用是具体的而不是抽象的，具体而言它在本设计中体现在以下几个方面。

① 充分利用了水生植物对水体的净化作用，使河水从上游流入园区开始，通过沉降层逐层得到净化。

② 合理地利用了原有的地形地貌和长势良好具有观赏价值的植物。

③ 设置了对人体健康有益的生态保健植物专类园，如香花植物专类园和杀菌类植物专类园。

④ 针对公园的土壤状况和当地的气候状况，按照适地适树的原则优先选用抗盐碱和抗风树种。

⑤ 园区建筑物屋顶架设太阳能光伏发电装置，部分体育健身设施与发电装置相结合，这种方式既不影响景观，又能为园区提供电能。

⑥ 景观照明采用简约节能的形式，尽可能减少光污染问题。

⑦ 采用高效的水循环处理系统，把雨水、景观用水、灌溉用水集约合理利用。

(二) 总体布局

山东省东营市生态公园景观规划设计以景观生态学为指导，运用生态设计的手法，将自然资源与生态要求相结合，在以人为本、生态为本、功能性、艺术性原则的基础上，把“生态和谐”的主题融入每个功能分区的规划和每个景点的设计中，打造出生态文化综合展示区、体育健身区、生态保育区、休闲娱乐区、生态保健区、湿地游览观光区、生态田园观光区、餐饮及综合服务区八大功能区，形成“一环、两轴、八片区”的空间结构布局（图 3-5-1、图 3-5-2、彩图 20）。“一环”是指联通整个园区的一级道路，这条环路把各个功能分区串联起来，使人们能够方便快速地进出每个功能区；“两轴”指的是贯穿于园区主要景观的两条轴线；“八片区”是指整个园区的八个功能分区。

图 3-5-1　山东省东营市生态公园规划设计“一环、两轴、八片区”示意图

图 3-5-2　山东省东营市生态公园规划设计总平面图

（三）功能分区及主要景点设计

1. 生态文化综合展示区

生态文化综合展示区是该公园的核心景观区和功能区，它集中反映了公园的生态特色。该区域包含公园的主入口、中心广场、生态文化展馆等。中心广场是公园重要的集散地，是人流最为密集的区域之一，在广场的中心放置了反映公园主题的景观雕塑，特色鲜明地反映出公园“生态和谐”的主题。中心广场采用临水的布局形式，周边设置了树池坐凳供游客休息，同时在其西侧设计了极具视觉冲击力的假山瀑布。该区域有以下几个主要景点。

（1）生态景观绿廊

生态景观绿廊作为公园的主入口，是整个公园的门户，是公园在人们心目中的第一个记忆点，由两排高大的乔木和底部精致的小灌木以及色彩艳丽的地被类草花构成。生态景观绿廊的布置形成了夹景的效果，凸显了园内“生态和谐”的主题雕塑，增强了它的视觉冲击力，突出了“生态和谐”的主题（图 3-5-3）。

图 3-5-3　生态景观绿廊效果图

（2）“生态和谐”主题雕塑

“生态和谐”主题雕塑是生态文化综合展示区内的主要景点，是全园生态理念的集中体现。它由绿色的树苗、红色的丝带和围绕着它们飞翔的鸽子组成。树苗和鸽子分别代表植物和动物，它们代表着自然界，而红色的丝带则代表了人们热爱自然并且同大自然和谐相处的美好愿望。这尊雕塑展现了生态文明、人与自然和谐共处的理念（图 3-5-4）。

图 3-5-4　“生态和谐”主题雕塑效果图

（3）生态文化展馆

生态文化展馆是公园最大的特色，它的主要功能是利用多媒体技术和模型等手段展示人类各个时期的生态文明成果以及生态文明进步对人类社会发展的影响，作为教育基地，为广大游客提供生态文化教育。展馆同时也是公园内的特色景区，其整体采用新式徽派建筑，布局开阔疏朗，在其间闲庭信步犹如置身于江南私家园林之中，使游人神清气爽，流连忘返（图 3-5-5）。

（4）阳光疏林草坪

阳光疏林草坪位于中心湖区的西侧，人们在这里可以充分享受大自然赠予的阳光和田园牧歌式的风景。大好的湖光山色毗邻草坪左右，置身于此，令人心旷神怡（图 3-5-6）。

图 3-5-5　生态文化展馆效果图

图 3-5-6　阳光疏林草坪效果图

2. 生态保健区

生态保健区是该公园中体现生态理念的又一个特色区域，该区域包含生态保健植物专类园和生态疗养区两部分。

（1）生态保健植物专类园

中国园林观赏树木众多，具有保健功能的植物不胜枚举。具有保健功能的树木或花卉都可以用作设计生态保健植物专类园的素材。根据生态保健植物的特殊功能可将其归类为嗅觉保健型、体疗保健型、听觉保健型、触摸保健型等几类。因此，在生态保健区内开辟出以这几种治疗类型的植物为特色的植物专类园。

① 嗅觉保健型植物专类园：不同植物的花香以及香味的浓淡，能使观赏者产生不同的感受，进而对不同的病症产生治疗效果。在这个园区种植杀菌能力极强的玫瑰花和月季花，并利用小气候环境的特点种植开花时具有芳香气味的茉莉花和桂花等植物。

② 体疗保健型植物专类园：面对一些植物呼吸，也具有保健作用。这个园区充分利用银杏化湿止泻、益心敛肺的功效，采用丛植的方式营造出小面积的银杏林，对长期坚持在此锻炼的患者的治疗大有裨益。每到秋季，金黄灿灿的银杏叶更是一道独具魅力的风景，这对人的各个感官都具有一定的刺激作用，也可以起到增强体质、消除疲劳的作用。

③ 听觉保健型植物专类园：不同种类的植物在不同的自然条件下会发出音量、音调、

音色不同的声响。有的优美动听、有的汹涌激昂、有的萧瑟悠扬。利用植物的这个特点，在这个园区中种植竹子、蒲葵等对心悸胸闷、烦躁不安具有辅助治疗作用的植物。

④ 触摸保健型植物专类园：植物的枝干、茎、叶、花质感各不相同，有的粗糙厚重、有的光滑细腻，对触觉有不同的刺激作用。当植物被触摸后，其表面温度升高，蒸腾加快，会释放对人体有益的有机物，被皮肤的毛孔吸收能达到健身治病的目的。研究发现圆柏、侧柏、玉兰等植物的治疗效果较为突出，触摸保健型植物专类园中多选用这些植物。

(2) 生态疗养区

生态疗养区与保健植物专类园和湿地游览观光区毗邻，这个区域是为广大市民开放的疗养区。它的建筑风格和生态文化展馆的风格类似，都是新式徽派建筑，园内有小面积的水系和小型的假山，景色宜人，适合疗养。

3. 生态保育区

生态保育区包含森林生态保育区和湿地生态保育区两部分。森林生态保育区保护了基址南部原有的植被，通过把它与体育活动区联系起来而设计的曲线形的跑道，使人们在锻炼的时候能够充分利用植物光合作用释放的氧气，增强锻炼的效果，还能增加人们锻炼的乐趣。湿地生态保育区的水源来自基址北侧的河水，在其流入的地方开辟出具有净水功能的湿地，利用湿地水生植物和湿地的沉降功能对河水加以净化，不但保障了园区水质的清洁，而且解决了园区景观和灌溉用水缺乏的问题。森林生态保育区内设计了以下几个主要景点。

(1) 蔚然亭

基址的西南侧有一个小山丘，在其顶部修建了一处观光亭，站在亭内俯瞰全园，碧水蓝天、满目苍翠，美景尽收眼底，蔚为壮观，取名“蔚然亭”(彩图 21)。

(2) 听风台

在山丘的中部设置了一处供游人休息的平台，人们可以在此驻足休息、赏景，微风习习，甚是惬意，因此将其命名为“听风台”(图 3-5-7)。

(3) 香花阁

靠近基址南部的区域种植有大量的花卉和一些乔灌木，景观效果好，在此设计一个亭子作为景点，取名“香花阁”，香花阁不仅成为园中一景，而且可以为民众休息、停留提供去处 (图 3-5-8)。

图 3-5-7 “听风台”意向图

图 3-5-8 “香花阁”意向图

4. 生态田园观光区

生态田园观光区包括薰衣草花海、生态稻田、生态农产品采摘园等片区。成片的淡紫色薰衣草营造出了一派灿烂的田园风光，漫步其间，美不胜收；生态稻田融种植、养殖为一体，水中养鱼虾，兼种水稻，鱼虾食昆虫，水稻为鱼虾提供庇护，形成良性的生态循环；生态采摘园种植有石榴、葡萄等水果，是园区内乃至整个城市中引人入胜的地方。园区内所有的种植和养殖均采用无公害技术，花草树木全部使用有机肥作为肥料，鱼虾以自然放养为主，尽量减少人工干预。生态田园观光区的种植、养殖、管理充分体现了“生态和谐”的理念。

5. 湿地游览观光区

湿地游览观光区是由基址东部的河滩地改造而成的，兼具游览观光和净化水体的作用。园内废水和雨水可以通过湿地加以净化。湿地不仅在园区水处理、净化方面起着重要的作用，而且有宜人、独特的湿地景观。主要景点有以下几个。

(1) 钓鱼台

钓鱼可以修身养性、舒缓心情，湿地独特的环境适合鱼类的繁衍生息，在此设计垂钓平台能够吸引垂钓爱好者，不仅充分发挥了湿地的观赏特性，还极大地调动了大众娱乐休闲积极性（彩图 22）。

(2) 观鸟台

东营是滨海城市，拥有种类繁多的鸟类，良好的湿地水质和湿地植被为鸟类提供了适宜生存的栖息场所，在此设计观鸟台可为广大民众赏鸟提供极大的便利（图 3-5-9）。

图 3-5-9 观鸟台意向图

(3) 揽月台

湿地中有一些小面积的水域，为晚上前来赏玩的游人呈现出了独特的“水中月圆”的美景，揽月台为游人提供了最佳的观赏地点，同时也提供了安全保障（彩图 23）。

6. 休闲娱乐区

为了最大程度地便利园区北侧和西侧的居民，在这两个区域设置了较多的休闲娱乐设施，方便居民健身、休息、集会。在此区域内还设计了儿童活动区域，为园区增添了更多欢乐的气氛。

7. 体育健身区

体育健身区便利园区北侧和西侧的居民，为他们提供了茶余饭后锻炼的去处。该区域内设有篮球场、乒乓球场、室内体育馆等。体育健身区优美的环境极大地提高了居民们锻炼的积极性，增强了锻炼的效果。

8. 餐饮及综合服务区

餐饮及综合服务区位于湖区的东侧，此区域设有小型的超市和别致的水上餐厅。超市为游人提供了便利，而生态餐厅主要以园区内生产的有机食材为原料，为游客提供营养健康的美味。别致的水上餐厅已然成为湖中的焦点，自成一景，为园区的美景增添了别样的色彩。

(四) 道路规划设计

道路是本公园规划设计的重要组成部分，它是贯穿全园的交通网络，是整个公园景观体系的骨架，也是构成本公园风景的要素之一。本公园中设计了三个不同级别的园路（图 3-5-10），一级道路宽 5m，它贯穿全园，是整个公园的快速干道，可双向通车；二级园路宽 3m，联系各个景区，使人们可以更加方便地游览于园内的各个景区；三级园路宽 1.5m，它是园内各个分区内的小“脉络”，方便游人在每个功能区的游玩。

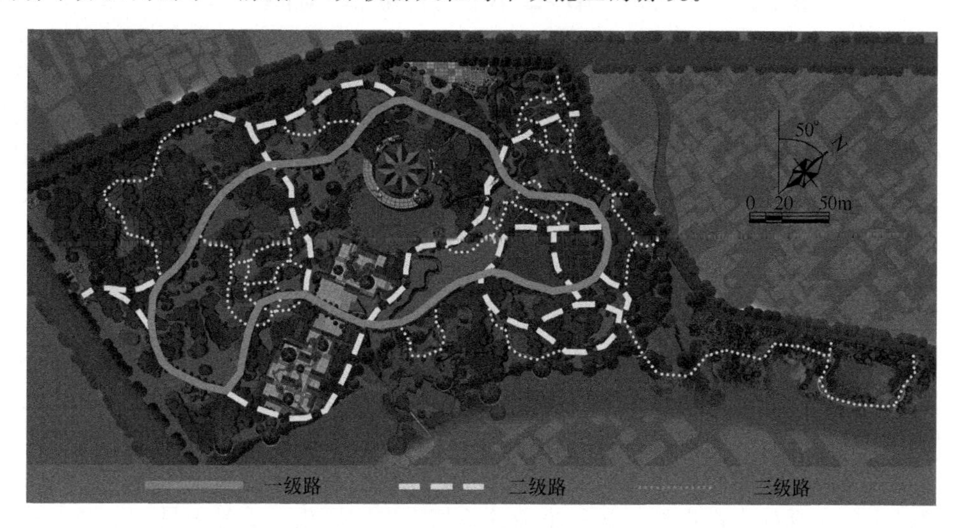

图 3-5-10 道路规划设计示意图

(五) 植物种植设计

植物配置是生态公园的重要组成部分。东营市生态公园的设计通过使用大量适生植物优化了基址原本的空间环境结构。其植物配置设计以生态效益优先为基础，结合适地适树，乡土树种优先，乡土树种与外来树种结合，乔灌花草藤并举，绿化与净化、美化、香化、彩化相结合的配置原则，主要选用东营的市树红柳树和本地生长良好的乡土树种，如臭椿、火炬树、柽柳等。

东营市属于沿海城市，本设计根据其多海风、高湿度、高盐碱的特点选择抗逆性较强的树种。抗风树种以黑松为主；耐水湿乔木有垂柳、旱柳、水杉等；耐盐碱的有榆树、沙柳、白蜡等。

植物造景能够调节城市的生态环境，改善城市的空气质量。通过植物改善环境质量，营造空间，体现四时变化也是该设计的一大特点。选用的常绿树主要有大叶黄杨、扶芳藤、油松、小叶黄杨、雪松、云杉等；彩叶树种有南天竹、鸡爪槭、黄栌、柿树、栾树、梧桐、合欢等。

在满足植物与环境和谐共生的基础上，合理配置乔灌木可以丰富景观的空间层次。为此，选用迎春、连翘、牡丹、棣棠、珍珠梅、榆叶梅、红瑞木等花灌木。

水生植物是人工湿地的重要组成要素，在水质净化过程中发挥着重要的作用。芦苇与香蒲具有分布范围广、生物量大、根系相对发达等特点，是国内外研究应用中普遍使用的湿地植物。湿地中应该大量栽植这两种植物。据研究，植物的净化功能与其生长状况及植物间的合理搭配也有着密切的关系，湿地植物生长越良好、搭配越合理，对水质的净化功能越强。

除了以上两种植物，还可搭配人工湿地中常用的美人蕉、茭白、菖蒲、风车草、梭鱼草来进一步增强其净水能力。

城市生态公园是城市重要的生态基础设施，在改善和修复生态环境、维护生态平衡的同时给人们提供了休闲、娱乐与科教的场所。山东省东营市生态公园的规划设计充分尊重生态学规律，以人本思想为指导，创建了一个生态健全、景观优美、布局合理、功能完善的城市生态公园，突出了“和谐生态”的主题，展现了人与自然和谐共处的理念。

案例六　烟台市芝罘区体育公园概念设计

为了满足现代城市居民亲近自然、休闲健身的愿望和参加体育锻炼、户外运动的需求以及城市绿地多层次、多类型的体育文化需要，建设集休闲、健身、文化、娱乐为一体的体育公园就成为城市居民减轻压力、舒缓身心、促进健康、回归自然的有效途径和重要手段。

体育公园不同于传统意义上以景观为主题的公园，它以体育和运动为主题，以休闲健身为目的，将绿地与运动有机地结合，为市民提供更多的、可以充满情趣地参与体育活动的机会和场所。

体育公园是城市的景观和“绿肺”，不仅可以充分发挥绿地在改善城市生态环境质量中的作用，更为人们提供了亲近自然、体育健身、运动休闲、沟通交流的绿色生态环境空间，使人、自然、环境之间的关系更趋生态协调、和谐优美。它对城市的经济、文化、生态都会起到重要作用。目前，我国体育公园的建设存在文化及生态主题性不够突出、缺乏统一规范和标准、城乡分布不平衡、忽视植物造景等问题。因此，高水平、高质量的体育公园的规划设计与建设不仅是现代大都市城市居民生活的迫切需求和愿望，更是衡量一个城市品质的重要标准之一。

本案例以“绽放青春”为主题，依据“经济、适用、美观”原则和以人为本、生态性、功能性、艺术性、持续性、安全性、文化性等原则，结合当地自然与人文条件，对烟台市芝罘区体育公园进行了概念设计，划分出体育运动区、体育文化区、密林休息区、休闲娱乐区、休闲健身区、滨水休闲区六个功能区域，形成了“一环、两轴、六区、十六景”的总体规划布局；营造出一个集体育活动、休闲健身、娱乐观赏等功能于一体，兼具生态、经济、社会三大效益，同时体现当地自然与人文特色的体育休闲的生态空间环境。

一、区域概况与分析

（一）地理位置与区位分析

烟台市是中国的一个沿海城市，地处山东半岛中部，全市海岸线长达909km，市北、西北部濒临渤海，东北和南部临黄海，东连威海，西接潍坊，西南与青岛毗邻，与辽东半岛对峙，与大连隔海相望，是山东省最大的渔港。

烟台芝罘区体育公园规划设计位于芝罘区中部地带，西边顺延至弥河堤坝，东边顺延至顺河东路，北边顺延至骈邑路，南边顺延至民主路，其中最窄处约160m，最宽处约380m，总面积约31.2hm^2（图3-6-1）。

（二）气候地形自然条件

烟台市属于温带季风气候，降水较充沛，空气湿润，气候温和，一年四季林木葱茏，冬季空气更加温润。全年平均气温12℃左右。地形是低山丘陵区，山丘起伏和缓，沟壑纵横交错。

（三）历史人文条件

烟台市是国家历史文化名城、中国人居环境奖城市、最佳中国魅力城市、全国文明城市。在山东省的范围内，它与威海市、青岛市及潍坊市的部分地区一起构成了胶东文化圈。开埠文化、美食文化、酒文化以及渔捕、宗教、武术文化等都有着自己独特的魅力。且秦始皇统一中国后，曾三次东巡，三次登临烟台市区北边的全国最大最典型的陆连岛——芝罘岛。汉晋时代烟台已成为我国北方最大口岸，是东方海上丝绸之路的起点之一。

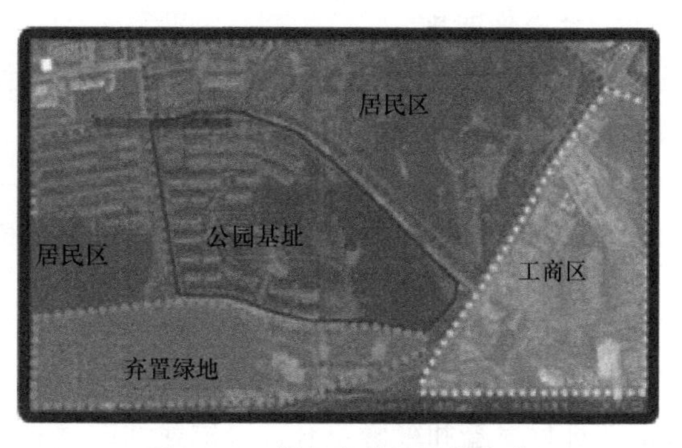

图 3-6-1 烟台市芝罘区体育公园概念设计区位分析图

二、设计依据与原则

（一）设计依据

①《中华人民共和国城乡规划法》（2019 年）；

②《全国生态环境保护纲要》（2000 年）；

③《城市绿化条例》2017 修订版（国务院令第 100 号）；

④《公园设计规范》（GB 51192—2016）；

⑤《城市规划编制办法》（2006 年）；

⑥《烟台市城市总体规划（2011—2020 年）》；

⑦《烟台市城市绿化管理办法》（2007 年）；

⑧ 现状资料及我国现行的相关设计法规。

（二）设计原则

1. “经济、适用、美观”原则

“经济、适用、美观”是园林规划设计必须遵循的原则。体育公园作为园林绿地的一个重要类型，也必须遵循这项基本原则。体育公园绿地的特点也具有较强的综合性，所以要求做到适用、经济、美观三者之间的辩证统一。

2. 以人为本原则

以人为本的体育公园的设计即人性化规划设计。人性化设计是以人为中心，注重提升人的价值，尊重人的自然需要和社会需要。站在“以人为本”的角度，在设计过程中要始终把人的各种需求作为中心和尺度，分析人的心理和活动规律，满足不同年龄段和不同层次人群的生理特点和心理需求，依据人体工程学的原理去设计各个要素、合理布置规划园路、建设健身设施和园林小品等，满足人的精神文化需求，真正体现对人的关怀、关爱和服务。

3. 生态性原则

生态性原则是指规划设计必须建立在尊重自然、保护自然、恢复自然的基础上，要运用生态学的观点和生态策略进行规划布局，使体育公园在生态上合理，构图上符合要求，构建乔、灌、草、藤复层植物群落，使各种植物各得其所，以取得最大的生态效益，积极创造人与自然“和谐共生”的环境。

4. 功能性原则

体育公园的整体设计构思要考虑功能性，满足“功能需求”。城市体育公园是体育活动、休闲健身和文化娱乐为一体的主题公园，从功能角度看，活动场所及设施的安排、交通系统的设计、环境景观的塑造等，均应围绕市民的体育活动、休闲游憩来展开。

5. **艺术性原则**

体育公园是主题公园的一种，应与其他公园一样具有艺术性，要充分应用艺术的原理和造景手法进行景观营造。

6. **持续性原则**

体育锻炼是长期性的，对体育公园的管理养护要充分考虑时间和季节的影响，为人们的长期健身做好充分的准备。

7. **安全性原则**

体育公园是运动的场所，要特别注意体育设施及运动项目的安全性。运动设施必须有专人定期进行检查和维修，有一定危险性的项目必须有专人保护才可以使用。

8. **文化性原则**

体育公园的设计应遵从地方特色，体育运动和时尚、文化以及当地特色物质文化资源逐渐融合，要把握当地传统文化精髓和历史信息的空间传递和继承。营造出运动性、趣味性、地域性和文化性交融的休闲氛围，让人们在休闲漫步的同时，感受、认知这座城市曾经拥有的历史和文化特质。

三、总体规划设计构思

（一）设计理念与主题

烟台市芝罘区体育公园设计坚持以人为本的设计理念和原则，全园以含苞待放之花朵造型的大型体育馆和游泳馆景观建筑为主景，以“绽放青春”为主题（彩图 24），寓意着运动不分年龄段，人生永远充满青春，充满希望。这一部分是整个体育公园的焦点和核心部位，也是整个区域的主要景观。

（二）总体布局

体育公园设计主要以功能为主和以人为本为原则，充分利用体育公园现状环境及人文条件，结合体育公园设计原则和烟台市芝罘区居民对于休闲、娱乐等活动的特殊需求，采用从概念到形式的手段，形成了“一环、两轴、六区、十六景”的空间布局（图 3-6-2～图 3-6-4、彩图 25）。

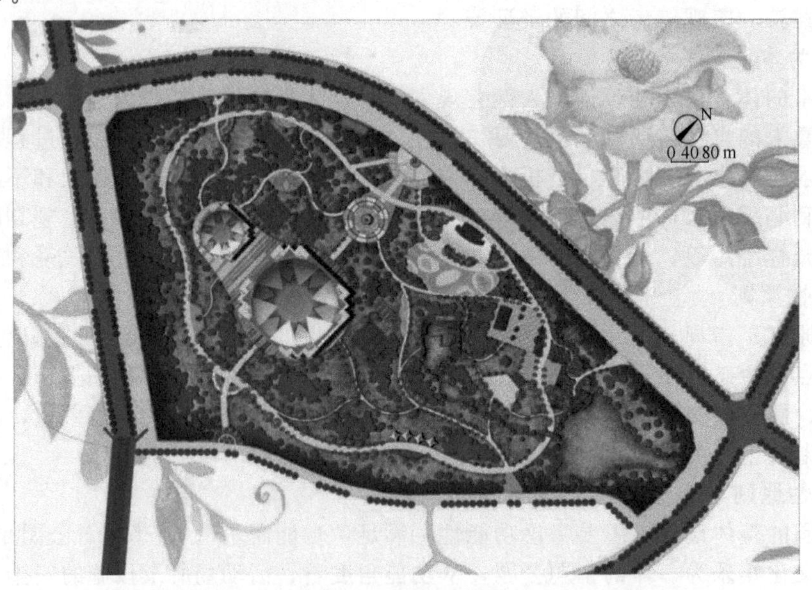

图 3-6-2　烟台市芝罘区体育公园概念设计平面图

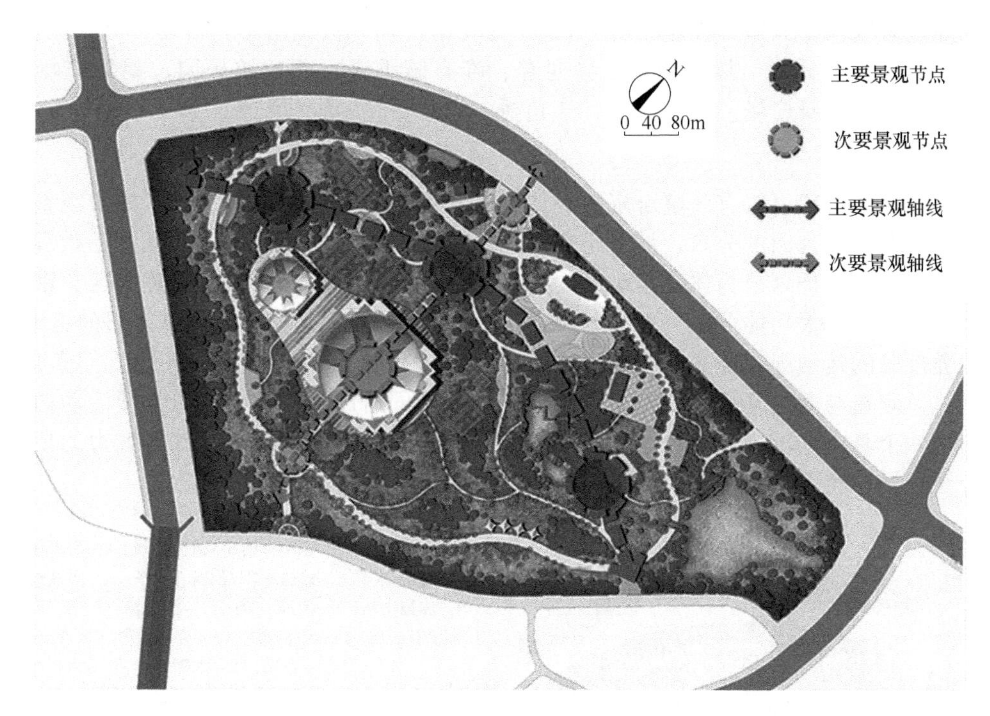

图 3-6-3 烟台市芝罘区体育公园概念设计景观轴线图

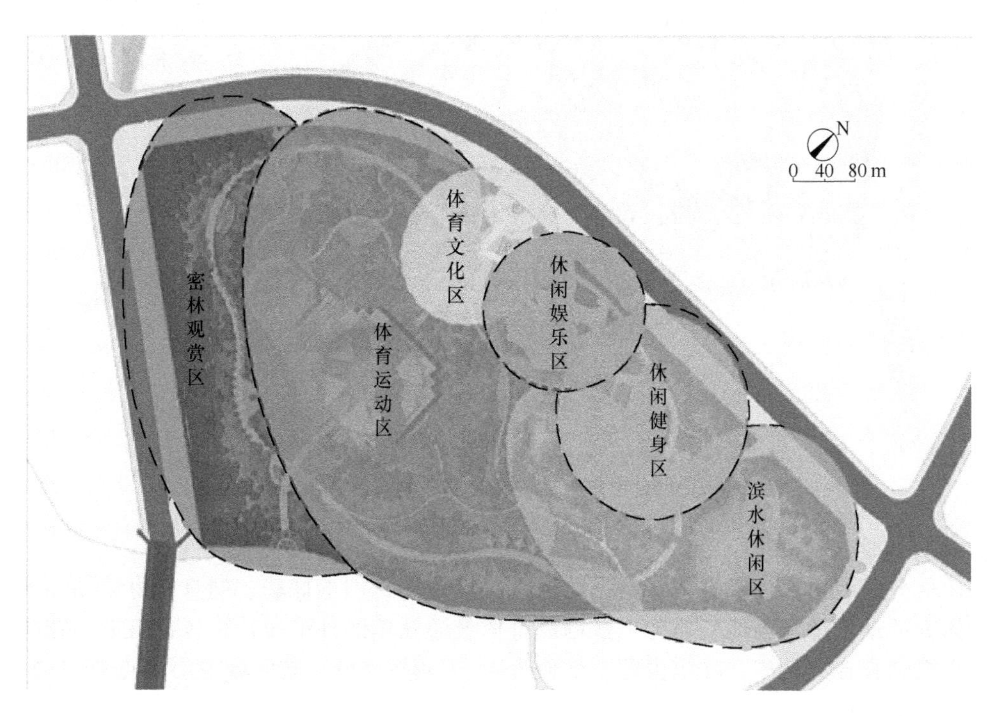

图 3-6-4 烟台市芝罘区体育公园概念设计功能分区图

“两轴”为贯穿公园南北方向、连接体育公园主要景观区域、起控制作用的主要景观轴线和贯穿小区东西方向、起辐射作用的次要景观轴线（图 3-6-4）；“一环”为体育公园中环形道路贯穿整个体育公园（图 3-6-2）。“六区”为体育运动区、体育文化区、密林休息区、休闲娱乐区、休闲健身区、滨水休闲区几个主要区域（图 3-6-4），使公园每个部分都有相对独立的绿地系统和公共服务设施。“十六景”为花语广场、流光溢彩、情迷花海、文化长廊、流光广场、云影密林、山林涉趣、木槿迎春、唯有暗香来、儿童游乐园、鹤舞广场、品茗阁、曲廊竹韵、健身广场、花间流水、知鱼桥（图 3-6-5）。

（三）功能分区

合理的功能分区可以有效整合资源，协调各功能组团间的相互关系，发挥景观整体的最高效益。综合体育公园的分布、城市干道布局、场地地形、群众使用方便程度、景观视觉效果等因素把整块基址划分为体育运动区、体育文化区、休闲娱乐区、休闲健身区、密林观赏区、滨水休闲区六大功能分区（图 3-6-4）。通过分区规划满足不同年龄层人们的运动需求，同时培养市民的运动观念与兴趣；园内设有各种运动设施、娱乐设施，鼓励人们多多运动，强身健体。营造与周边环境形成差异化和互补发展，同时能够为人类创造方便活动的绿色空间；营造一个具有地域文化特色，连接城市、自然和文化的生态优美、独具魅力的现代体育休闲公园，提升整个城市的环境、社会和经济价值。

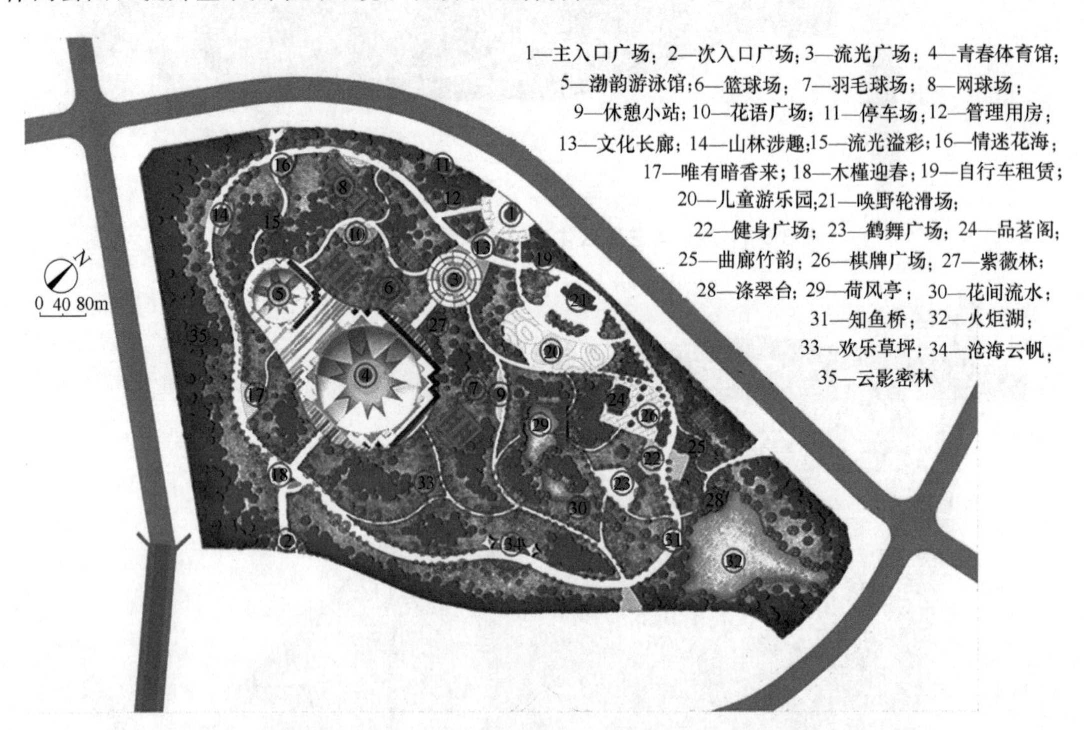

图 3-6-5　烟台市芝罘区体育公园概念设计景观节点图

1. 体育运动区

在体育公园的内部设置有体育馆、游泳馆、篮球场、羽毛球场、健身器材活动场地、网球场等体育活动场馆和场地。作为主景的体育馆及游泳馆的外形设计为含苞待放的花朵，寓意着人生充满青春和希望，呼应主题“绽放青春”（彩图 24）。该区域主要景点有花语广场、流光溢彩、情迷花海等。

2. 体育文化区

主入口的北部设计为半圆形广场，该广场不仅是公园与城市道路之间的缓冲区域，而且起到了分散人流的作用。广场环境的设计中运用规则简洁的图案，突出其开朗明丽、恬静自然、简洁大方的特色；绿化以烂漫的春景和绚丽的秋韵为主旋律，以浓荫的夏景和翠绿的冬景为基调；以简单、活泼、明了的雕塑反映烟台市文化特色。广场规划共分为东、西、中三部分：中部礼仪广场区，为整个广场的重点部分，是整个广场的主题和灵魂所在；在区域的东部、西部分别为两处休闲观景区。主要景点有文化长廊（图 3-6-6）、流光广场等。

图 3-6-6　文化长廊图

3. 密林观赏区（西侧）

密林观赏区位于体育公园的最西边，靠近隧道附近的位置，在这一片区域中种植了大片的乔木树林，这样不仅可以有效地起到隔音的效果，而且可以给体育公园提供一个静谧的环境，是非常适合人们休息及运动的场地。该区主要景点有云影密林（彩图 26）、山林涉趣、木槿迎春、唯有暗香来等。

4. 休闲娱乐区

儿童是这一功能区的主要使用者，因此在设计上要充分考虑该功能空间的特殊性与安全性。在广场的西侧设有儿童游乐场，在游乐场内设置了供儿童游乐的游戏设施，东侧设有供儿童游乐的沙池，同时还充分考虑了儿童的需求，在儿童活动场的北侧设计了旱冰区和家长休息区，给陪同的家长提供一个良好的休息环境（图 3-6-7）。

图 3-6-7　儿童游乐区图

5. 休闲健身区

休闲健身区宜分为动态活动区与静态活动区，主要以老年人活动为主。动态活动区以健身活动为主，可进行球类、武术、跳舞等活动，由两个健身广场、一个舞蹈广场及周围绿化林地组成，种植有松柏类树木，具有杀菌保健的功能，延年益寿。在活动区外围应有树荫及休息地，以利于老人活动后休息。静态活动区主要供老人晒太阳、下棋、聊天、打牌等，可利用大树荫、花架等，保证夏季有足够的遮阴，冬季有充足的阳光。区内还设有一处茶楼，供老年人休息及喝茶聊天，周围种植了松、竹、梅，形成“岁寒三友”景观，也寓意着青春永驻、坚韧不拔的品质，让老年人保持年轻的心态。

动态活动区与静态活动区应有适当的距离，但亦能相互观望。主要景点有健身广场（图 3-6-8）、棋牌广场（图 3-6-9）、品茗阁（彩图 27）、曲廊竹韵（彩图 28）、鹤舞广场等。

图 3-6-8　健身广场图

图 3-6-9　棋牌广场图

6. 滨水休闲区

滨水休闲区是以湖景为主景，采取自然式的设计手法，伴有景观亭、景观灯，即使在晚上，也能给游人提供很好的视觉体验。“知鱼桥”景观处养殖了大量的锦鲤，与周围的静谧景色形成鲜明对比，动静结合，充满趣味（彩图 29）。涤翠台处设有钓鱼娱乐设施，让游人与环境互动起来，在山水之间独自垂钓，陶冶情操。荷风亭处种植大量的荷花，是一处赏花赏水赏月的好去处。“花间流水”景观是隐藏在树林丛中的一处自然景观，在小溪流边种植大量瑰丽的花朵，配植绿色乔木以及红枫等乔灌木，秀丽无双，似天上人间（彩图 30）。

（四）道路分析

园路是一个公园的骨架，串联起整个园区内的大部分景观，起到引导与导向的重要作用。公园内的园路分为四级，首先是可以通车的主干道，也就是一级园路，一级园路呈缓缓的流线型，大体环园一周，可以让来往的车辆和行人平稳和直接地观赏到园区内的大部分景观；二级园路用来弥补一级园路在景点连接上无法到达的地方，可以探寻到更多的景观；三级园路则是让游人在每个景点内自由游览的通道，可以通过三级园路深入到景点内部；四级园路则是一些小小的游步道，方便交通（图 3-6-10）。

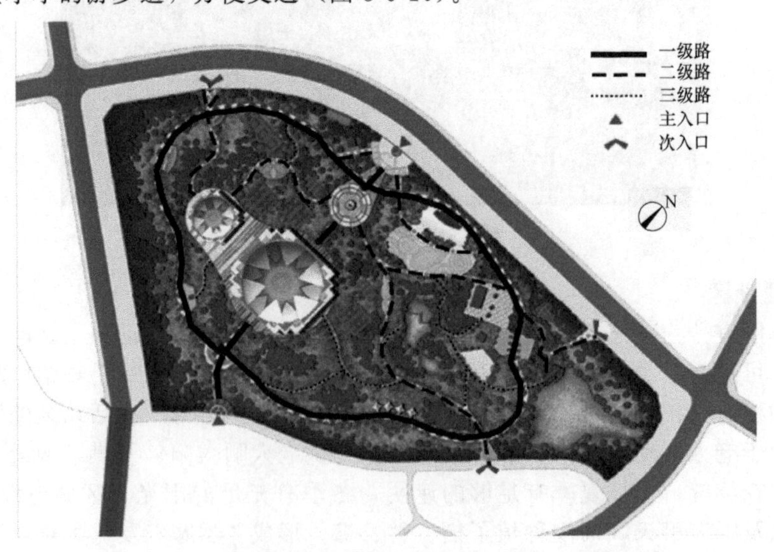

图 3-6-10　烟台市芝罘区体育公园概念设计道路分析图

（五）竖向设计

地形地貌作为自然肌理的表现形式，成为了大自然和城市中不可或缺的元素，对于自然肌理的保留和自然演进过程的诠释，往往是地形设计中最先需要考虑的问题。竖向设计亦称竖向规划，是规划场地设计中一个重要的有机组成部分，它与规划设计、总平面布置密切联系且不可分割。在规划地块中，大部分的高差起伏并不大，地形平缓，又由于临近山脉的原因，整个地形海拔自西北向东南不断升高，但并不明显。所以在这种大平地地块中，开凿了一个人工湖泊，充分利用了地形的优势，产生了很强的景观效果（图 3-6-11）。

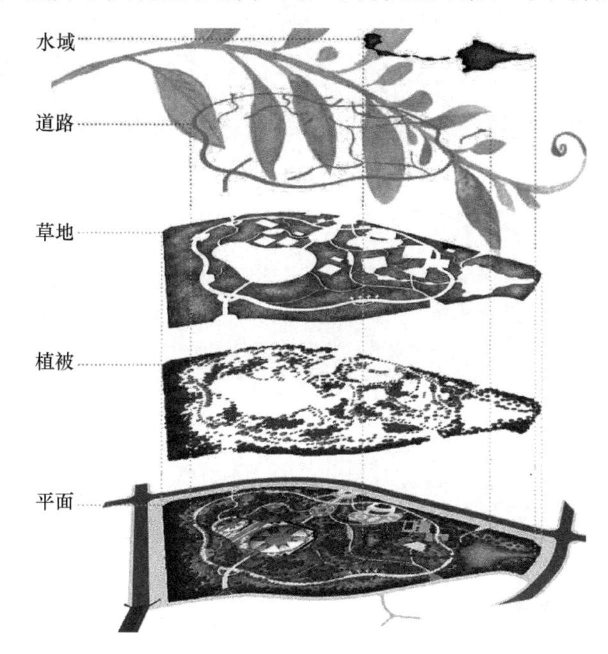

图 3-6-11　烟台市芝罘区体育公园概念设计竖向结构分析图

（六）景观照明分析与设计

当前，随着物质生活水平的提高，人民的夜生活也越来越丰富，为了使人们在工作之余更加充分、安全地参加各种休闲活动及享用公共资源，越来越多的公园及休闲景观在夜间开放，有的公园夜间的使用率要高于白天。本设计通过对景观进行定向地照明，使其具有与白天自然光下完全不同的效果，置身其中会给人带来一种新奇的感受。光影的艺术效果使景观的美感更加充分地展现。然而不能背离生态的设计原则，园中照明采用简约式设计，既有生态环保性又不失照明的艺术性。

（七）植物配置设计

植物是风景园林景观设计的灵魂，植物种植设计的水平高低直接影响到景观的效果，因此，在植物种植设计时要考虑多方面因素，真正体现园林植物的生态功能、造景功能。一般来讲，植物种植设计首先要从绿地的性质和主要功能出发。体育公园中，要有集体活动的广场或大草地，以及遮阳的乔木，成片的灌木和密林、疏林等。其次，绿地应不仅有实用功能，还能形成不同的景观，给人以视觉、听觉、嗅觉上的美。因此，在植物配置上也要符合艺术美的规律，合理地进行搭配，最大限度地发挥园林植物“美”的魅力。根据局部环境和在总体布置中的要求，采用不同的种植形式。最后，植物作为有生命的风景园林构成要素，随着时间的推移，其形态不断发生变化，从幼小的树苗长成参天大树，历经数十年甚至上百年。在一年之中，随着季节的变化而呈现出不同的季相特点，从而引起园林景观的变化。因此，在植物配置时既要注意保持景观的相对稳定，又要利用其季相变化的特点，创造四季有景可赏的园林景观。各功能分区绿化植物种类（图 3-6-12）与配置如下。

① 体育运动区主要以运动场地为主，供居民进行体育锻炼，应主要以减噪树种为主，在各个球场旁边种植冠大荫浓的落叶树种，为居民在活动时提供舒适的运动空间。乔木如毛白杨、悬铃木、刺槐、黄山栾等；灌木如榆叶梅、大叶黄杨、棣棠、冬青等；草本植物如鸢尾、狗牙根等。

图 3-6-12 植物种类选择图

② 体育文化区主要介绍当地体育文化，展现体育运动风采等。而入口广场则提供表演展示功能，可种植一些观赏性较强的香花色叶、耐污染、减噪的树种，种植时应注意种植的种类，以使公园的中心景观四季都有美丽的景色供游人观赏。乔木如侧柏、白桦、垂柳、毛白杨、白蜡、刺槐、玉兰等；灌木如大叶黄杨、冬青、月季、紫穗槐、紫薇等；草本如麦冬、狗牙根等。

③ 休闲娱乐区位于公园主入口附近，主要服务对象为少年儿童，为了适应少年儿童活动特性与活动需要，应选择无刺、少花粉、无污染等对儿童活动不会造成安全隐患的植物种类，配以一定的香花色叶树种提高观赏性，并且该区域还有部分室内运动场馆，应选择种植一些减噪的树种。乔木如垂柳、榆树、刺槐、白蜡、山楂树、樱花等；灌木如大叶扶芳藤、紫藤、小冠花等；草本如麦冬、马蹄金、鸢尾等。

④ 休闲健身区主要面向周围的老人，种植时应注意选择无污染和耐污染的树种，并且禁用有毒和带刺的植物，为保证美观配合一些香花色叶树种，并且保证常绿树种、落叶树种相结合。再配以减噪树种保证老人休闲健身空间的安静。乔木如银杏、黄山栾、樱花、枫杨、鸡爪槭、毛白杨、刺槐等；灌木如小冠花、大叶扶芳藤、金叶女贞、紫叶小檗、大叶黄杨等；草本植物如麦冬、马蹄金、蒲公英、鸢尾等。

⑤ 密林观赏区位于公园西侧，邻近城市主干道，需要种植抗污染能力强的植物以进行生态隔离，区域内宜种植高大、冠幅浓郁的乔木，配合耐阴的灌木层和草本层，形成乔灌草复合植物群落，营造安静幽谧的氛围。乔木如毛白杨、银杏、黄山树、枫杨、鸡爪槭、刺槐等；灌木如小冠花、大叶扶芳藤、金叶女贞、紫叶小檗、大叶黄杨等；草本植物如麦冬、马蹄金、玉簪、蒲公英、鸢尾等。

⑥ 滨水休闲区以水体为主景，主要为游人提供一个亲水和进行简单水上运动的场所，因此，应选择耐湿耐涝的树种，配植水生植物，在人们进行简单的水上运动的同时可以有优美的景观观赏。乔木如银杏、黄山栾、樱花、黄连木、垂柳等；灌木如大叶黄杨、冬青、紫

藤、月季、蔷薇、瓜子黄杨等；草本植物如麦冬、狗牙根、地毯草等；湿生、水生植物如荷花、睡莲、芦苇、菖蒲、浮萍、千屈菜、鸢尾等。

健康的生活和身体离不开良好的生态环境与体育锻炼。积极的体育活动、休闲健身有助于人们缓解工作压力，强健体魄。以运动为主题的体育休闲公园正是顺应了都市人的实际需求，将绿色景观的“绿肺”功能与运动、趣味有效地结合起来，它符合人们崇尚自然、提高城市生活品位的需要。因此，体育休闲公园符合人类返璞归真、回归自然、享受生活的美好愿望，已成为城市居民追求更高层次的生活质量的必然趋势。在发展传统体育公园的同时，专业人员应力争在绿色中创造出适应时代特点、个性突出、设施齐全、功能完备、环境优美、类型丰富、多元化的现代体育休闲公园。

案例七　齐河晏子公园景观规划概念设计

城市雕塑公园不仅是城市生态环境质量好坏的重要标志，也是市民休闲娱乐的场所和展现城市生活的舞台，更是城市文化内涵的重要体现，在城市景观中是社会文化和民族文化的物质载体。在现代城市公园景观设计中，只有在表达地域文化的同时，考虑现代都市生活的追求，创造多样化的活动区域以满足人们多样性的休闲需求，才能达到人与自然、城市、历史的融合。

下面以晏子公园的景观规划为例，阐述在现代城市雕塑公园景观规划过程中，要深入挖掘和再现该地区的历史文化，保护现有地域文化，依托其内在的文化资源，拓展新型的城市地域文化，将城市历史地段中文化、空间、生态等要素结合起来考虑，在传承与发展地域文化中进行规划设计，才能更好地达到地域文化与生活的完美契合。

一、区域概况

（一）区域背景

规划项目位于山东省德州市齐河县城东北部的晏城镇，规划面积为 $100hm^2$。齐河县位于山东省西北部，黄河北岸，地理区位优势明显，京沪铁路、京沪高速铁路、京福高速、济聊高速、青银高速、国道 308 线、国道 309 线、省道 101 线全部在境内穿过，交通发达，是省城济南的西北门户，与省会济南隔河相望，素有济南卫城之称。规划场地地理位置极佳，北临晏子路、308 国道，西靠齐河县迎宾大道，并与烈士陵园、石传祥纪念馆融为一体，交通便利。

（二）文化背景

晏城系鲁西北古镇之一，因春秋时为齐相晏婴采邑而得名，文化底蕴深厚。晏子故事名扬古今，晏子精神为世人敬仰。晏子，是春秋时期闻名天下的思想家、外交家，被司马迁称为“不辱使命，雄辩四方”的人物，历任三朝，是齐国能够在春秋时称雄天下的千古名相，在他的身后留下了许多动人的故事。

二、设计依据

①《公园设计规范》GB 51192—2016；

②《城市绿化条例》2017 修订版（国务院令第 100 号）；

③《城市绿化规划建设指标的规定》建设部 1993 年；

④ 现场初步勘探的资料及相关领导专家的指导意见。

三、设计理念

（一）晏子文化的体现

任何一项有意义的规划设计都应配合所在环境的特性，由不同的地点启发出不同的创作。晏子公园规划设计以历史素材为依据展示晏子文化，意图发掘齐河及晏子公园的历史文化内涵，提升生态环境质量及其自然景观价值，使公园建设既衔接历史，又能满足现代休闲活动的需求。

（二）景观空间的组织与营造

城市公园作为城市主要的公共开放空间，在城市中应具有多样的价值体系。从城市发展的角度利用各种资源对城市的局部环境重新整合，创造符合现代生活的城市环境，激发城市的活力。同时从城市公园的功能特征出发，通过合理的空间组织，让在城市中生活的人能够回归和感受自然，以此削弱城市给人的压力，还原人们部分被城市扭曲的自然性情和属性。

（三）资源的保护和利用

城市公园是城市中最具自然特性的场所，更是城市园林绿地的主体。因此，城市公园的景观设计，必须遵循生态学和景观生态学的原理，按照生态园林构建的原则，建成环保型、保健型、文化环境型等各种形式的人工植物群落，达到资源的有效保护和利用。

四、设计定位

（一）主题定位：文化公园

对一个城市而言，历史文化资源是城市景观环境中不可缺少的部分，它构成了城市中最吸引人的内容，不仅如此，它还忠实地见证了城市的各个历史阶段，维系着城市中世世代代人们的情感。在城市建设中，应该充分考虑到城市中的人所关注的城市和场地文化资源。该公园的规划围绕晏子文化展开一系列的节点设计。

（二）形象定位：城市名片

城市所具有的文化氛围代表着一个城市的形象，能为城市增添无穷魅力。晏子文化作为区域文化和现代文化的一部分，应与城市共生共荣。规划结合晏城“晏子之乡”的城市形象将晏子公园定位为“晏子文化”形象的主要载体及代表，集中体现晏子文化精髓，将其打造成为齐河的一张精美的文化名片。

（三）功能定位：市民乐园

以晏子文化为主线，同时与挖掘的其他相关文化景观有机统一，把传统与现代、自然与人文、物质与休闲有机融合在一起，让游客在历史的环境中接受文化，在文化中交流，在交流中感悟，使晏子公园成为一个集教育、交流、休闲娱乐为一体的市民乐园。

五、总体布局与景点设计

（一）总体空间布局

基于以上构思，规划充分利用现状及自然条件，有机地组织公园的各个部分，力求通过对公园的总体规划和细部处理，体现出地域文化和人文特征，同时关注现代人们的行为习惯，关心人与环境的关系。整体规划以晏子历史文化为主题，是一个综合性公园，主要包括一个文化中心和五大活动区域（彩图 31、彩图 32）。

（二）主要景点设计

1. 一个文化中心

公园中间为一条文化主轴线，齐河文化馆、晏子雕塑广场、晏子祠均设在此线上，以晏子历史文化为中心，将历史文化与人文景观自然融合，继承并发扬先人文化遗风。轴线上设计有圆形的雕塑广场，中心安置晏子塑像。广场四周沿路两侧是由金叶女贞、小龙柏、红叶小檗等彩色花灌木组成的锦绣花带，其条缀彩霞，灿若云锦。根据《晏子春秋》记载的一些史实，广场南边布置有有关晏子故事的石碑与雕塑。晏子祠建筑为传统的围式四合院，正厅三间，东西各有偏房两间。厅前游廊环绕，院内修竹婆娑，藤蔓附壁，秀石卧波，门前栽两株石榴，枝条如虬龙落卧，院内挖一眼方井，井前孤植一株桂花。云墙灰瓦，古朴幽雅。

2. 五大活动区域

① 接待展览区：公园主入口为半圆形集散广场，中间有一正门牌坊，两侧为停车场。文化馆、农民博物馆、接待室等仿古建筑矩形排列，中间用游廊相连。与牌坊对应设一大门，为公园行人进出口。

② 风景观赏区：整个园区分为百花园、休闲园、百果园、松石盆景园。该区以植物种植为主，常绿树与落叶乔木合理搭配，群落层次分明，充分考虑四季变化给植物带来的影响，主要以植物景观向游人展示春、夏、秋、冬四季的变化，做到四季常绿，步步有景。每个园区内均设置休闲桌凳，园林小品，奇石点缀，小径幽幽。顺林荫漫步，嗅花草芳香，赏奇景怪石，听鸟鸣蝉唱……畅游其间，天人合一，忧愁烦恼顷消无影，赏心悦目，其乐融融。

③ 游乐区：百花园南部即为游乐园，此区主要以儿童游乐为主，迷宫、障碍游戏、跳跳床、滑梯等儿童游乐设施齐全，服务完善。这是人流集中之地，管理房、小卖部、厕所等配套服务设施大都设在此区。游园路西侧草丛内摆一组“快乐小猪”园林小品，增添儿童情趣。

④ 休闲娱乐区：在园的后面，根据现状地形改造山体湖面。湖面以石油管道为界，分隔为水上乐园区和垂钓区。水上乐园北岸为浅水亲水区，沿岸设许多亲水游乐设施，游人可直接嬉水娱乐。南部水深宽阔，设水上客栈、河埠头，可荡舟划船，浴风玩景。河埠头广场上建一形态轻盈的风帆膜结构，扇形的游乐宫与风帆膜结构前后呼应，两两相对，与山水自然相融。岛上分别有几处“静观”亭，供游人小憩片刻，驻足观景。

⑤ 养殖区：垂钓区中间小岛，竹林密梢，为动物散养区。此岛与其他陆地隔绝，不设小桥，因危险只可远观不可近行。南部小岛为动物养殖区，游人可顺桥上岛，就近观赏。

湖水南岸与铁路之间，密植高大速生乔木三倍体毛白杨，形成环保型人工植物群落，主要起到快速生态隔离、防止噪声的效果。

六、植物景观规划

公园内的植物景观围绕公园设计定位进行规划，体现文化公园、城市名片和城市乐园三大主题的统一。

在文化中心区，以体现传统文化特色的植物为主，包括石榴、海棠、蜡梅、淡竹、银杏、白皮松、金叶女贞、小龙柏、红叶小檗等。

在五大活动区域，则体现地域特色和市民休闲，做到四季常绿，步步有景。骨干树以乡土树种和景观树种为主，包括毛白杨、核桃、合欢、五角枫、白蜡、黄栌、栾树、银杏、山杏、樱桃、垂柳、红瑞木等；观花植物有石榴、木瓜、紫薇、玉兰、紫丁香、锦带花、金银木、樱花、紫藤、连翘、棣棠、榆叶梅、海棠等；常绿植物以白皮松、女贞、大叶黄杨、淡竹为主；水生花卉有荷花、睡莲、芦苇、鸢尾、水生美人蕉和香蒲等；地被植物以黑麦草、麦冬、扶芳藤为主。

案例八　青岛崂山区城市公园生态规划设计

城市公园作为可提供休闲、交往、文化展示、游憩等综合功能的户外公共场所，不仅能够丰富一个城市的空间景观、集中体现城市历史文化风貌，还能展现一个城市的社会属性与市民的物质生活水平。因此，在城市户外空间严重匮乏的今天，城市综合公园的规划与建设应在运用科学理论与先进技术手段的基础上，充分体现出地域文化特色，展示城市人文风貌。

青岛崂山区城市公园生态规划设计以“仙山旖境”为主题，以以人为本、生态为本、功能性与地方特色为原则，以体现崂山区历史文化与自然风貌为目标，结合当地的地理与人文条件，将公园总体布局规划出广场景观区、文化娱乐区、观赏游览区、老年活动区、儿童活动区、安静休息区和生态隔离区七大功能分区，形成了“两轴、一环、七区”的总体规划布局。营造出一个集休闲、娱乐、教育、观赏、健身等功能于一体，兼具生态、经济、社会三大效益，同时体现当地自然与人文特色的城市公园。

一、区域概况

（一）区域现状

规划基址位于山东省青岛市东部沿海的崂山区，南至辽阳东路，西至青银高速最南段，北至株洲路，总规划面积约为28hm^2。区域临近城市干线，交通便利，基址东侧是著名的崂山风景区，可借景崂山；东北侧与东南侧为校园用地，人群以青年为主；南侧为居住区，老年与儿童较多；北部为工业园区，大气污染相对严重。

（二）自然条件

青岛市崂山区地处中纬度，属暖温带大陆性季风气候，市区由于海洋环境的直接影响，又具有显著的海洋性气候特点，基本气候特征为冬寒夏热，四季分明。市区年平均气温12.5℃，降水量年平均662.1mm，且多集中在夏秋两季，年平均日照时间为2504h，土壤的pH值呈弱碱性。年平均风速为5.2m/s，以东南风为主导风向，年平均湿度为72%。规划区域处于平原，地势较为平坦，自西向东微微向上呈扇形倾斜，且地下水位较高，有河流经过，水含量丰富，适合营建多种类型的园林景观。

（三）文化背景

规划区域位于崂山风景区脚下，崂山是我国著名的旅游胜地，位于青岛市东部，古代又有牢山、鳌山等称号，是山东半岛地区主要的山脉。崂山主峰名为“巨峰”，又称“崂顶”，其海拔1133m，是我国东部沿海地区的第一高峰。民间素有“泰山虽云高，不如东海崂”的说法。崂山景区现有巨峰、白云洞、太清宫等12处主要景观，被称为“崂山十二景”。

崂山是我国道家文化的起源地之一，早自春秋时期，许多注重养生、修身的名流雅士便汇聚于此。到了战国时期，崂山被称作“东海仙山”而名誉天下。《汉书》中曾记载，武帝在崂山“祠神人于交门宫”时，“不其有太乙仙洞九，此其一也”。明代志书中也有过关于吴王夫登崂山得灵宝的记载。

二、规划设计的依据与原则

（一）设计依据

①《中华人民共和国城乡规划法》（2019 年）；

②《全国生态环境保护纲要》（2000 年）；

③《城市公园设计规范》（CJJ48—1992）；

④《青岛市城市总体规划（2011—2020 年）》；

⑤《青岛市城市规划管理技术规定》（2017 年）；

⑥ 基址气候、文化、经济等现状资料及国家现行的相关设计法规、规范、标准。

（二）设计原则

1. 以人为本原则

城市公园主要是为城市各个年龄段人群的户外活动所服务的，不同的活动需要相应的空间布局，因此设计必须坚持“以人为本”的原则理念，把人的行为习惯与实际需要作为规划设计的首要因素，设计时应时刻考虑人的感受，以满足市民不断增长的精神需求。青岛市崂山区公园景观规划设计力求达到以人为本的设计理念，在场地规划、植物配置、景点设计等方面充分考虑人的实际需求，达到情景交融、天人合一的效果。

2. 生态为本原则

生态理念是当代园林建设的核心与灵魂，城市公园的景观规划设计应以生态优先为原则，创造一个生物种类多样、植被群落结构完整、生态功能健全的可持续的户外绿地场所。该公园规划在场地原有生态环境基础上，因地制宜地设计地形地貌与水体水系，充分利用场地原有树种，进行合理配植或移栽。根据场地周边环境，合理配植不同植物，最大化地发挥植物的生态功能，创造出比拟自然的、生态健全的空间境域，实现公园的可持续发展。

3. 功能性原则

城市公园是市民日常生活所必需的基础设施，应首先体现其功能性。它不仅为市民提供一个休闲观赏、运动健身、科普教育等活动的生态场所，更在如地震等灾害发生时为市民提供一个防灾避险的逃生空间。该公园规划以功能性为原则，结合周边环境与市民实际需求对公园的不同区域进行功能定位，在主次入口的设计、园路的规划、不同活动区域的布局等方面进行了科学合理的分析与规划。

4. 地域特色原则

历史悠久的地域文化特色是一个城市公园的优势所在，只有充分体现城市当地文化特色，才能使一座城市公园景观富有生命，别具一格。该公园规划在充分考虑崂山区当地文化与景观特色的基础上，将公园的主要广场及景点的设计与崂山景区相呼应，将崂山地区独有的地方特色与景观营造有机地融合，最终将当地文化巧妙地融入到公园的景观设计之中。

三、规划设计方案构思

（一）设计理念

本公园以“仙山旖境”为主题，在充分尊重原有地形条件的基础上，依傍崂山作为重要风景依托。设计以展示崂山当地风土人情为目的，各个景点与崂山十二景相呼应，将道家文化融入景观之中，让市民在休闲娱乐的同时，可以细细品味崂山之风韵。设计力求营造一个以崂山历史文化为底蕴，识别性与归属性强，集生态、社会、经济三大功能于一身的综合性城市生态公园。

（二）总体布局

青岛市崂山区公园景观规划设计遵循以人为本、生态为本等原则，以原有地形及周围环境为基础，结合崂山当地文化、社会与经济条件，在充分考虑市民娱乐、休闲等活动需求的前提下，形成了“两轴、一环、七区”的总体规划布局（图 3-8-1、图 3-8-2）。“两轴”指贯穿公园南北方向，连接主入口与主广场和水景的主要景观轴线，以及贯穿东北方向，连接观赏游览区与文化娱乐区的次要景观轴线。“一环”即指公园的一条主要环路，起到串联各个功能分区及主要景点、疏导交通的作用。“七区”指公园规划出的七大功能分区，分别是广场景观区、文化娱乐区、观赏游览区、老年活动区、儿童活动区、安静休息区和生态隔离区。

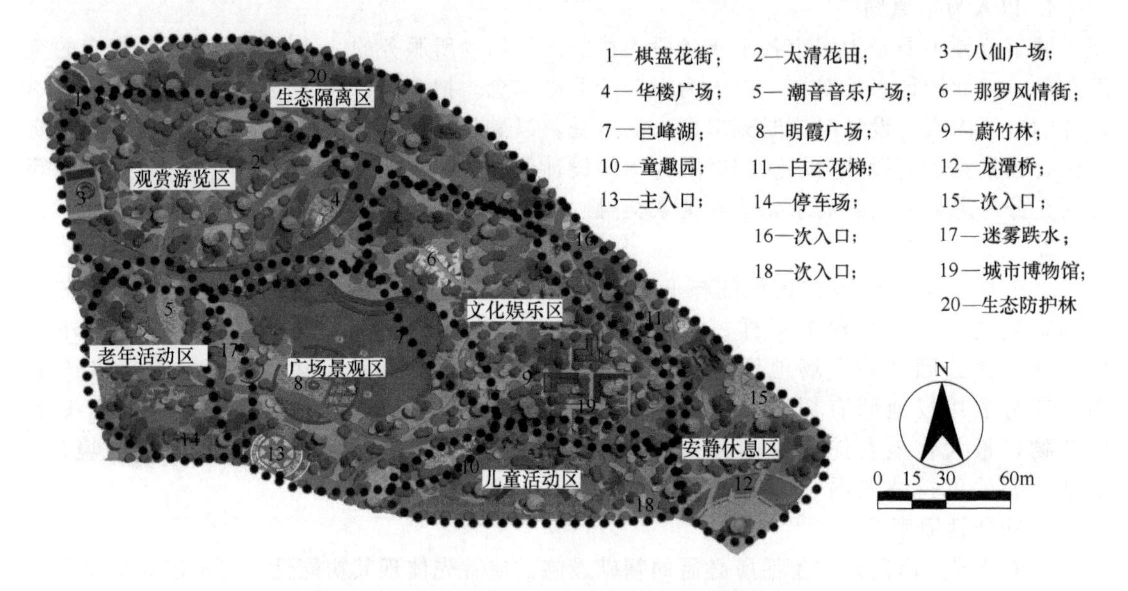

图 3-8-1　青岛市崂山区公园景观规划设计总平面图

图 3-8-2　青岛市崂山区公园景观规划设计鸟瞰图

（三）主要功能分区及景点意向设计

1. 广场景观区

广场景观区为该综合公园的核心景观区域，除包含公园主要的入口及主要广场（明霞广场）外，还包括了与主广场相邻的公园、主要水景巨峰湖。主入口位于该区西南部，入口广场设有中心花坛，用以疏导客流与车辆，同时起到很好的景观效果。明霞广场为全园的主要广场，在广场中央设有假山喷泉景观“云雾仙崂”，与全园主题“仙山旖境”相呼应，体现崂山仙境。与明霞广场相邻的水体为“巨峰湖”，倒映着东南面的崂山主峰，是全园主要水景，以木栈道、喷泉等形式丰富滨水景观。

“云雾仙崂”：位于公园主广场明霞广场的中心，为全园的景观构图重心处，由假山与圆形水池喷泉组成，是全园的主景。假山体量较大，且形态高耸，代表着崂山本身。假山位于圆形水池的中央，且被小型的喷泉环绕。喷泉喷出的水雾使得假山如仙境般，给人以神秘感与想象空间，因此取名“云雾仙崂”，并与全园主题“仙山旖境”相呼应（彩图 33）。

“巨峰湖”：巨峰湖是因湖水可倒影公园东南方的崂山主峰——巨峰而得名，与全园主题相呼应。设计引穿园而过的自然河水汇聚成湖，形成全园的主要水景，位于全园的景观中心轴线上。湖畔分布着大小不一的草地、娱乐风情街、纪念性建筑与中心广场（明霞广场），景观丰富。巨峰湖倒影崂山山色，将崂山风韵倒映于湖面，又与山色连为一体，相映成趣，仿佛一杯为游客悉心冲泡的沁人心脾的崂山之茶，遗世独立又沁人心脾（图 3-8-3）。

图 3-8-3 “巨峰湖”意向图

2. 观赏游览区

该区位于公园主干道和河流之间的一个宽阔地带，设计有公园的主要花卉观赏景点——太清花田。“太清花田”的东南角，也是临近滨湖景观区的交界，在这里设计了一个滨河广场——华楼广场，为人们在观赏过程中提供休憩区域的同时，也将美丽的沿河景观展现在穿园而过的游人面前。

“太清花田”：位于园区西部的“太清花田”，是一处花卉观赏园区，栽植着不同种类的各色观赏花卉，形成数个不同的花卉观赏园，例如山茶园、牡丹园、杜鹃园、桃园、月季园等，且各类花卉花期各不相同，保证该区达到“三季有花”的景观效果。山茶作为青岛市的市花，是该园区配植最广泛的花卉。景点的名字与崂山十二景之一的“太清水月”相呼应，使设计与崂山的联系更为紧密（彩图 34）。

3. 文化娱乐区

该区是崂山当地文化集中展示的区域，由“蔚竹林”和“那罗风情街”两个主要景点构成。设计通过中式建筑群与特色商业街的形式，突出表现崂山地区所独有的道教文化与山岳文化。通过文化展览与集娱乐、休闲、美食于一体的商业街形式，增强游客与公园的互动性与多感官体验性，从而使游客更深层次地体会崂山当地特色文化与人文风情。

“蔚竹林”：在园区的中心地带，是由一条人工步道将特色建筑片区串联起来的游步休闲区域，内有很多青岛的特色性建筑，建筑内部陈列着城市的历史风情，向游人展示关于崂山、关于青岛的历史与人文风采。由于游步区种植有大片幽深的竹林，所以取名为“蔚竹林”，且正好与崂山十二景中的“蔚竹鸣泉”呼应（图 3-8-4）。

图 3-8-4 “蔚竹林”效果图

“那罗风情街”：位于巨峰湖湖畔，得名于崂山风景区中的“那罗佛窟”，是一条集娱乐、休闲、美食为一体的商业风情街，为游人提供就餐、购物、休息的场所。游客在此处通过赏景、饮食、戏水等活动，达到多重感官交织体验的效果，更进一步地体验崂山地区所独有的文化风貌（图 3-8-5）。

图 3-8-5 “那罗风情街”效果图

4. 儿童活动区

为了充分照顾到园区南侧、东侧和西侧的居民，园区内设置了不少休闲健身场地，而东南角的儿童游乐区则是针对儿童和附近中小学学生的课余生活所建设的。“童趣园”是该区主要的儿童游乐空间，该区域无论是从造型还是平面布局上看，都充满了童真童趣与天马行空的气氛。区域主要有五个不同功能的小场地，为儿童提供欢乐的源泉，例如沙池、轮滑广场、滑梯、攀岩缓坡等（图 3-8-6）。

图 3-8-6 “童趣园”意向图

5. 老年活动区

该区位于设计地块西南侧，临近居民居住区，交通便利，是一处开放式的娱乐健身场所，由两个健身广场、一个露天剧场和一个舞蹈广场组成，为中老年人日常的健身活动提供了宽阔且健康的场所。

“潮音音乐广场”：位于中老年人健身区的潮音音乐广场得名于崂山十二景之一的“潮音瀑”，是专门为中老年人开辟的用于集会和表演的音乐广场，并配有音乐喷泉，可以使老年人在美妙的乐声中翩翩起舞。“潮音瀑”因其声似潮涌而得名（图 3-8-7）。

图 3-8-7 “潮音音乐广场”效果图

6. 安静休息区

该区以植物造景与小型林下广场为主，目的是为了满足游客散步、阅读、交流等活动所需，营造一个静谧、私密、优美的空间环境。区域内植物种植相对密集，乔、灌、草、藤植物合理搭配，起到隔音减噪的功能。道路以三级路与小路为主，起到私密与幽深相结合的空间效果。同时路边设有较多座椅，方便游人休息、阅读等。

7. 生态隔离区

生态隔离区位于园区最北部的狭长地域，是工业区与居住区分离的缓冲地带，在临近工业区的北面设计以毛白杨、旱柳、刺槐等净化二氧化硫能力强的树种为主的防护林带，可起到过滤与净化空气的作用，也大大增加了园内的绿化覆盖面积，是公园中最浓厚的一抹绿意。

（四）道路交通设计

该公园内的园路分为三级，园区的一级园路是可以通车的外围环路，路宽 6m，可保证行人与车辆快捷地到达全园各个景观，同时保证运输、消防等特殊要求；二级园路宽4m，用来连接园内各个功能分区与主要景点，串联景观轴线，方便游客游览观赏；三级园路路宽1.5m，用来方便游人在每个景点内自由游览，使游人可进一步深入到景点内部。

（五）植物配置设计

公园的植物景观设计在结合原有场地地形与水体水系的基础上，采用自然式园林植物布局形式，注重植物在平面构图上的疏密变化与竖向构图上的林冠线起伏。同时采用乔、灌、草、藤植物相结合的配植方式，创造出清幽典雅、步移景异、模拟自然植物群落的景观。设计在植物的选择上以乡土树种为主，充分考虑沿海地区气候与土壤特点，适地适树。注重植物景观季相变化，落叶树种与常绿树种、阔叶树种与针叶树种相结合，同时挑选不同花期、不同叶色的植物合理搭配，营造出三季有花、四季常青的景观效果。

公园的行道树选择充分考虑植物的生态习性与景观效果。在公园临近城市主干道，空气污染相对严重的地区，主要选择法桐、国槐、银杏等抗二氧化硫能力强的树种。在园内的一、二级道路旁，充分考虑植物的形态与季相景观。将青岛市的市树雪松作为全园骨干树种之一，配植在全园主要节点附近。此外配植黑松、杜仲、五角枫、白蜡、合欢、白玉兰、鹅掌楸、黄山栾等植物，达到“四季可赏、一路一景”的效果。

观赏游览区是公园内观赏植物景观的主要区域，“太清花田”景点是公园主要的花卉观赏区域，是以牡丹、月季、杜鹃等植物为主的专类园区。同时，在区域内配植一些色叶树种，如紫叶李、黄栌、樱花、三角枫、鸡爪槭、紫荆等，与花卉的色彩相呼应，使景观更加丰富多彩。

文化娱乐区的植物配置应突出体现地域特色与文化内涵，充分运用能够体现崂山道家文化的寺观园林常用植物，如油松、桧柏、银杏、七叶树、梅花、桂花、紫薇、丁香等。在“蔚竹林”景区主要以淡竹为主，点缀以迎春、牡丹、珍珠梅等富有寺观特色的花灌木。

崂山区公园以场地基址条件为基础，以崂山当地道教文化为背景，在生态学理论与风景园林景观构图规律的指导下，将当地文化与公园景观设计巧妙、自然地有机结合，营造出一个景色旖旎、底蕴深厚、和谐共生的城市综合公园。

案例九　菏泽曹县文化公园景观规划概念设计

城市文化公园是城市园林绿地的重要组成部分，是彰显城市历史底蕴、独特风貌的开敞空间，更是承载整个城市文化、文明的重要场所。因此，城市文化公园作为一个长久生命力的文化载体，是表达地域文化的关键所在。只有植根于文化的沃土之中，公园才具有“此区别于彼”的独特风貌，城市景观才会有生命力。

菏泽曹县文化公园景观规划概念设计结合设计区域周边环境条件，以“融古铸今”为主题，以原有场地现状和人文、自然特色为基础，以展现曹县当地的历史文化、民俗文化、湿地生态文化特色为目标，以生态优先、特性与共性并存、以人为本及艺术性为原则，遵循追求自然、宣传文化的设计理念，规划出历史文化区、手工艺文化区、戏曲文化区、饮食文化区和湿地文化区五大功能区，形成了“三轴、一环、五片区”的总体空间布局，营造出融娱乐休闲、生态观光为一体，山水相映成趣，历史人文特色明显的城市公园。

一、规划设计区域概况

（一）区域现状

项目位于山东菏泽曹县，规划区域北侧是行政中心。东侧为农村，目前正在开发中。西侧和东南侧为商业区域，既为当地居民提供了良好的购物场所，也成为外来游客观光、选购的中心。西南侧为城市居住区，文化公园的建设可为居民提供一个非常好的休闲娱乐场所。本次规划区域北邻府前街，东临五台山路，西邻青荷路，南邻长江路，交通环岛位于规划设计区域的西南角，总规划面积约 39hm^2。

（二）自然条件

曹县地势自西南向东北倾斜，西南部最高点海拔 66.8m，东北部最低点海拔 44.8m，高差 22m。黄河历次决口泛滥，对境内地貌的形成具有决定性影响，决口时由于流向流速不断变更，形成复杂的地貌类型。土壤 pH 略显碱性，以沙质土壤为主。曹县为大陆性季风气候，地势平坦，全县无显著气候差异。降水夏多冬少，年际变化较大，有显著性的季节差异。全年主导风向为南风，频率为 10.3%，其次为北风，频率为 8.0%。

（三）人文条件

曹县建县于公元 1371 年，历史文化底蕴深厚，被历史学家誉为“华夏第一都”，是中华民族古文化发扬地之一。公元前 1700 年，商朝将此地作为帝都，是当时繁华的政治、经济、文化的聚集地。目前，已将曹县商都文化列入了山东省“三山、两圣、一半岛”的总体规划之中。

曹县汇集了历史上文学、绘画、音乐、政治、科学等方面的名人，如大禹、箕子、伊尹、庄子、吴起、黄巢、氾胜之等。现存的古遗址有 10 余处，伊尹庙、箕子墓等正在开发中。有 7 处省级重点文物保护单位，16 处县级重点文物保护单位。曹县历史文化悠久，有着优秀的传统文化和民俗文化，是华夏文化的重要组成部分，留下了许多极具价值的人文景观，同时还有“戏曲之乡”“民间舞蹈之乡”等美誉。

二、规划设计的依据与原则

（一）设计依据

①《城市绿化条例》2017 修订版（国务院令第 100 号）；

②《城市绿化规划建设指标的规定》建设部 1993 年；

③《中华人民共和国城乡规划法》2019 年；

④《公园设计规范》(GB 51192—2016)；

⑤ 国家现行的相关设计规定以及对现场初步踏勘的资料。

（二）设计原则

1. 生态优先原则

设计要以生态优先为首要原则，不追求高成本、高维护的奢侈性景观，深入了解场地的生态特点，采取适当的人工干预，维持生态平衡，保护自然环境，实现生态服务功能的同时，追求生态、经济、社会利益最大化，维护公园景观的可持续发展。菏泽曹县文化公园景观规划概念设计，要将生态、文化相融合，营造一个充满生机并富有文化底蕴的城市园林空间。

2. 特性与共性并存原则

在认真学习并借鉴其他优秀公园的设计，完善公园的基本功能设施的同时，充分挖掘曹县当地现场资源特质，发掘历史文化特征，扎根于曹县独特的历史文化和地域环境，营造出体现场所精神，体现曹县地域文化氛围的景观。

3. 以人为本的原则

规划设计必须要以人的生活和行为习惯为基本准则，园林景观设计要尽可能满足人们心理和生理需求，融感性与理性于一体，达到服务于人的本质要求。菏泽曹县文化公园景观规划概念设计的根本就是力求以人为本，创造出文化引人、环境宜人、寓情于景、人景交融的人文景观。

4. 艺术性原则

为了加强环境的感染力，激发人们的审美情趣，从而引发人们的兴趣和欲求，设计运用美学原理，以其艺术性来增强环境的欣赏力。这样既丰富了文化生活，给人以美的享受，又加强了环境的感染力。

三、规划设计方案构思

（一）规划设计理念

设计以展示曹县当地文化为目的，充分利用当地景观现状和人文、自然条件，严格遵循“山有气脉、水有源头、路有出入、景有虚实”的自然规律和艺术规律，有机地组织各功能分区，巧妙地体现自然中有人文、人文中具自然的特色，紧紧围绕曹县的发展定位建造一个能充分展示、发扬曹县文化底蕴和人文精神的园区。设计不仅能满足当地居民和外来游人的休闲与游憩的需求，最主要的是让居民和游客了解曹县地域文化特色。

设计以“融古铸今”为主题。“融古”即继承与发展底蕴深厚的曹县传统文化，“铸今”即对曹县传统文化的继承、发展和创新后形成地域特色鲜明的现代文化。本设计遵循追求自然、宣传文化的设计理念，充分考虑以人为本，通过各个景观节点的有序组织，展现曹县历史文化、民俗文化、湿地生态文化特色，创造出和谐、生态、人文景观丰富的城市开敞空间。在具体设计中，空间开合，井然有序，自然与人文相得益彰，用地形地貌、水体水系、园林建筑、园林植物等造景要素形成大小空间环境，创造出山环水绕、曲径通幽、林木深深、溪流淙淙的自然景观，营造出特色鲜明、底蕴深厚的文化氛围。

（二）总体布局

菏泽曹县文化公园景观规划概念设计结合周边环境条件，以原有场地现状和人文、自然特色为基础，遵循生态优先、特性与共性并存、以人为本等原则，形成了“三轴、一环、五片区”的总体空间布局（图 3-9-1、图 3-9-2）。“三轴”即一条主景观轴线和两条次景观轴线，连接公园内各个主要景点；“一环”即公园内的一条主要环路，串联着公园各大功能分区；“五片区”即公园的五大功能区，包括历史文化区、手工艺文化区、戏曲文化区、饮食文化区和湿地文化区。

（三）功能分区及主要景点设计

1. 历史文化区

曹县经济发达、文化灿烂、名人荟萃，历史人文资源积淀浑厚、丰富。历史文化区强调简约、古朴，植物与铺装采取自然、协调的过渡形式，旨在展现曹县历史悠久、源远流长的古都文化。历史文化区内设有“问鼎天下”广场、“名人荟萃”园、“荷塘月色”等景点。

（1）“问鼎天下”广场

该广场位于全园构图的中心，为全园的主景，与主题“融古铸今”相呼应。广场上布九鼎，包括司母戊鼎、寿鼎、财鼎、仕鼎、智鼎、丰鼎、爱鼎、嗣鼎、安鼎九个鼎，寓意各不相同（图 3-9-3）。它是九州的象征，蕴含着权威与昌盛，代表着稳定与安宁、和平与发展，不仅是中华文化的标志，也体现了曹县商都文化的独有特色。“问鼎天下”广场地势较高，站在“问鼎天下”的广场上，可以观赏到全园景观。

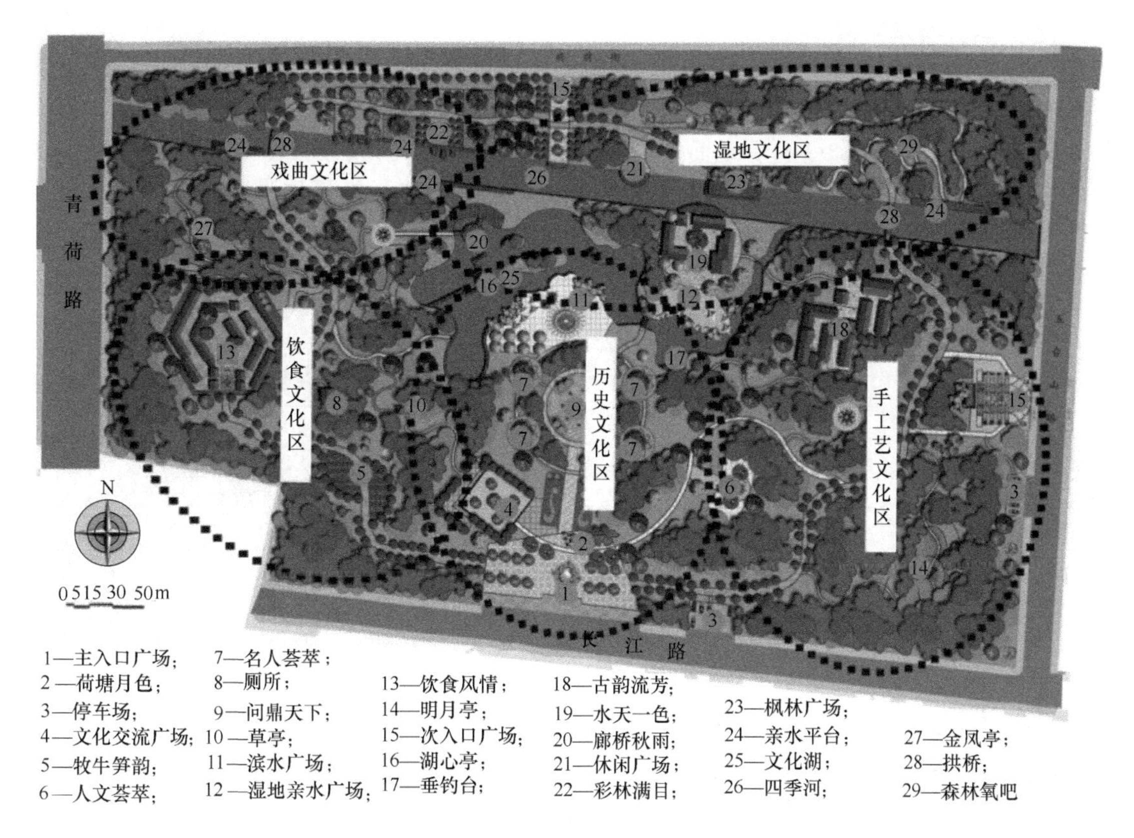

图 3-9-1 菏泽曹县文化公园景观规划概念设计总平面图

图 3-9-2 菏泽曹县文化公园景观规划概念设计鸟瞰及部分意向图

(2)“名人荟萃”园

“名人荟萃”园位于“问鼎天下”广场四周，中间各配植一棵常青树，灰白色展墙围绕着常青树，上面刻有曹县历代名人事迹，汇集了曹县历史上文学、绘画、音乐、政治、科学等方面的历史名人（图 3-9-4）。地面采用毛面、光面相间的花岗岩及白鹅卵石铺装，以丰富地面构成。名人园四周种植大片树林，用大片的绿色背景来烘托硬质景观。通过“名人荟萃”园，以历史名人折射曹县深厚的文化底蕴。

图 3-9-3 “问鼎天下”广场意向图

图 3-9-4 “名人荟萃”园意向图

(3) 荷塘月色

“荷塘月色”位于主入口与景观大道的交接处，由叠水、荷花池、卵石滩等构成（彩图 35）。其中，叠水使水具有了动感和灵性；荷花池中种植大片荷花，可形成美丽迷人的夏季景观；卵石滩则供人休息、交流和观景。

2. 手工艺文化区

曹县的手工艺文化博大精深，有陶瓷、刺绣、竹篓等具有曹县地域特色的手工艺制品，蕴含着当地居民对美好生活的向往与追求。手工艺文化区旨在通过各具特色的手工艺制品及文化展墙等展现曹县当地居民独特记忆与风土人情。手工艺文化区内设有“古韵流芳”广场、“人文荟萃”广场等景点。

(1)“古韵流芳”广场

它位于手工艺文化区北侧，广场上建筑采用江南私家园林形式，具有轻巧、活泼、纤细、朴素、淡雅的风格，表现出建筑的自然化特点，与周边环境浑然一体，与自然契合无间，与手工艺民俗文化交相呼应，精巧古朴的店面用来出售曹县各种手工艺品，如陶瓷、剪纸、竹篓、刺绣等（图 3-9-5）。

(2)“人文荟萃”广场

它位于手工艺文化区西侧，是一个扇形广场，广场四周设有供人休息的椅凳（图 3-9-6）。广场正中间是一个喷泉，围绕喷泉的是手工艺文化展墙，刻画了曹县独有的手工艺文化的由来及发展，喷泉两侧分别栽植两棵大榕树，象征着曹县人文荟萃、欣欣向荣的文化事业。

3. 戏曲文化区

曹县戏曲艺术不断焕发青春，曹县豫剧已成为享誉冀鲁豫一带的戏曲品牌。曹县的戏曲文化是一座蕴藏丰富的文化宝库，从多个层次和侧面映照出曹县地域文化的神韵风采。戏曲文化区内设有金凤亭、“彩林满目”广场等景点。

(1) 金凤亭

金凤亭位于戏曲文化区西南侧，是用来纪念著名豫剧表演艺术家马金凤而建（图 3-9-7）。金凤亭建立在山坡之上，飞檐立柱，清幽雅致。它不仅是一个景点，也是一个很好的观景点，由于前方是一片湿地，树木遮挡了视线，架起的金凤亭给人一个更高的视点，在从不同角度欣赏公园风景的同时，也可以观看到“彩林满目”的戏曲表演。

图 3-9-5 “古韵流芳”广场意向图

图 3-9-6 “人文荟萃”广场意向图

（2）“彩林满目”广场

该广场位于戏曲文化区北侧，是休息、交谈、观戏的重要场所，广场上设有大面积的铺装，满足大量人流集散的功能需求（图 3-9-8）。广场中种植不同叶色大乔木，设可供休息的树池，搭建露天戏台，并根据总体布局和功能的安排，构建以林荫为主的半开敞公共空间，设置桌凳，为游人感受曹县戏曲文化提供便利。

图 3-9-7 金凤亭意向图

图 3-9-8 “彩林满目”广场意向图

4. 饮食文化区

曹县是岳石文化、大汶口文化、龙山文化等聚集地，不同的文化蕴藏着不同的饮食习惯。曹县独特的饮食文化经由不同文化交织演变而形成，随着时间的推移，曹县的传统饮食文化也经历着继承与创新，成为曹县经济、文化发展的重要环节。饮食文化区旨在通过设立饮食文化展墙以及出售各类地域特色鲜明的饮食产品让外界了解曹县饮食文化。饮食文化广场内设有“饮食风情”广场、“牧牛笋韵”广场等景点。

（1）“饮食风情”广场

该广场位于饮食文化区西北侧，广场内建设各式各样古朴的餐饮建筑，并出售曹县各种特色美食，如烧牛肉、芦笋酒、芦笋罐头等（图 3-9-9）。广场内植色叶整形灌木，与广场的整体布局相适应，有效缓解了广场的单调、生硬。周围栽植以乔木为主的绿色植物来分隔空间，利用植物的减噪功能来减小广场内的噪声，从而不影响其他景点的观赏效果。

(2)“牧牛笋韵”广场

该广场位于饮食文化区东南侧，经主环路贯穿，周围用大乔木围合，形成一个封闭幽静的空间（图 3-9-10)。广场上设置饮食文化展墙，用来展示曹县特有的饮食文化起源和发展历程，并介绍曹县的各种特色美食、饮食习俗等，供游人参观。

图 3-9-9 “饮食风情”广场意向图

图 3-9-10 “牧牛笋韵”广场意向图

5. 湿地文化区

曹县四季河流经本区域，分布有大面积的野生植物，具有强大的物质生产功能。此外，四季河湿地在补给地下水和维持区域水平衡中发挥着重要功能，是蓄洪防旱的天然“海绵”，也可调节气候、美化环境，形成环境优美的湿地生态文化景观。倡导曹县湿地文化对加强居民生态意识，保护湿地的群落结构，实现资源的生态持续利用具有举足轻重的作用。湿地文化区内设有“水天一色”广场、廊桥秋雨等景点。

(1)“水天一色”广场

该广场位于湿地文化区南侧，通过铺装和各种建筑、植物的搭配，与周边水域形成鲜明对比（彩图 36)。站在广场北侧亲水平台上，可观赏到整个公园四季河流域的优美景观。曹县拥有独特的四季河湿地文化，该广场上的展厅等可以展示湿地文化特色和湿地的作用，倡导人们保护湿地。

(2) 廊桥秋雨

廊桥秋雨位于湿地文化区西南侧，设计中亲水平台沿四季河水面展开，与廊、桥、亭相连，使人们游览的时候能够临水而行，周围水面种植大面积湿地植物，从而有蓝天、碧水、绿地的游览感受（彩图 37)。

(四) 道路规划设计

本次规划设计区域北邻府前街，东临五台山路，西邻青荷路，南邻长江路，交通环岛位于规划设计区域的西南角。公园南侧设置主入口，东侧设置次入口，由于北侧为府前街，人流动量较小，故设置一个较小的次入口。该设计以自然式道路布局，以一条 6m 的环形主道路贯穿全园，围绕主景设置 4m 的二级道路，其余为 2m 的三级道路，为游览者提供一个便捷、通达的交通路线，使人们能够观赏到公园内的美丽景色，感受人文、自然气息。

(五) 植物种植设计

植物种植设计采用乡土树种为主，在原有公园地域植被的基础上适当增添植物品种，达到植物种类的多样性，实现植物群落的持续稳定。植物配置要求常绿树与落叶树相结合，针叶树与阔叶树相结合，并适当种植香花、色叶树种。

植物讲究多层次配置，乔灌草、乔灌花相结合，分割竖向空间，强化植物群落生态功能，创造植物群落的整体美。公园中部宜选用树形美观、枝繁叶茂树种，适当配置香花、色叶树种来增加公园景色，并保留曹县原有古树名木来展现曹县古都文化。如国槐、雪松、紫薇、栾树、银杏、玉兰、蜡梅、樱花、连翘等。

交通环岛地带附近污染最严重，噪声也最为严重，同时还有“饮食风情”广场，此处噪声较大，应大量种植抗污染、减噪、滞尘的树种。如毛白杨、大叶女贞、旱柳等。其他靠近外侧道路的地方也应适当选用抗污染、减噪、滞尘的树种。

四季河湿地区域宜选择抗涝耐湿、地域特色鲜明的湿地植物，如垂柳、蔷薇、夹竹桃、唐菖蒲、连翘、迎春、丁香、鸢尾、荷花、睡莲等。

设计利用曹县当地人文特色及景观现状，遵循景观生态学及园林规划设计的指导思想，为当地居民与游客营造出一个文化底蕴深厚、和谐生态、景观优美的城市文化公园。城市文化公园建设是突出城市风格，彰显城市特色的重要手段。将地域文化的继承、延续、创新与城市公园建设相结合，积极探索城市公园的人文体现，突出人文特色，是加强城市建设的重要环节。因此，在全球化和城市化席卷而来的大背景之下，更要注重城市地域文化建设，找准地域文化与城市公园最佳契合点，营造出和谐、生态、人文景观丰富的城市园林空间。

案例十　山东临朐文化公园景观规划概念设计

城市文化公园有利于城市历史和现代文化的传承与发展，是表达城市文化的重要窗口。城市文化公园能够精确地表达地方特性、宣传地方文化和加深居民对本土的认同感，从而使当地人们的情感与公园的核心文化产生共鸣，最终促进当地经济与文化共荣且健康生态化发展。然而，在城市文化公园的规划设计过程中，如何将地方特色文化有机地融入公园设计中的表达方式尚处于研究阶段。下面以山东临朐文化公园概念设计为例，阐述在当今的文化公园规划设计中，通过深入提炼当地的历史和民俗文化资源，结合现代风景园林生态设计的理念以及景观营造手法，建造一个能充分传承和展现山东临朐特色文化的现代城市文化公园。

一、区域概况

（一）区域位置

山东临朐文化公园规划设计区域位于临朐县城中部地带，西边顺延至弥河堤坝，东边顺延至顺河东路，北边顺延至骈邑路，南边顺延至民主路，其中最窄处约 160m，最宽处约 380m，总面积约 31.2hm^2。

（二）自然条件

山东临朐县的气候宜人，是典型的温带季风型大陆性气候，四季现象变化明显，雨季和干季的界限显著。每年的平均降水量保持在 700mm 左右，平均温度约为 12.4℃，平均受日照的时间约为 2578.6h，平均有霜期约为 174d。临朐县范围内的土壤基本呈现为弱酸性。弥河几乎是南北向穿过县城，弥河地下水的主要组成部分是潜水，河道里的沙资源含量非常高，因此，河道里水的渗透性较强；地下水的水位常处于较高的位置，而且伴随着整个弥河的水位而改变。

（三）历史人文条件

临朐县设置于 2000 多年前，历史和文化博大精深，并且是全国优秀的文化县。同时，临朐的戏曲、书画和奇石都独具特色，现有古代文化遗址 210 多处。沂山国家森林公园、老龙湾和山旺国家地质公园等景观都是临朐乃至全国的优质景观资源。临朐民俗文化历史悠久，特色鲜明，是齐鲁文化、华夏文化的重要组成部分，并以从事人员之多、涉及门类之广、艺术作品之精而闻名。

西朱封遗址和魏家庄遗址被国务院核定为第七批全国重点文物保护单位，7处文物点列为第四批山东省重点文物保护单位。新挖掘整理非遗项目14项，临朐县省级非遗名录项目达到4项，市级7项，县级168项。

2013年，临朐县图书馆被评定为国家二级馆，1处镇街文化站达到国家一级站标准，1处达到国家二级站标准。临朐县85处社区全部建成了文化中心。

截至2013年底，临朐县共设立了周姑戏、桑皮纸制作技艺、红丝砚制作技艺、沂山祭祀礼仪、全羊宴制作技艺5个县域非遗生态保护实验区。

截至2014年，临朐县创排的小品《骆驼石》荣获“群星奖”“泰山文艺奖”；10余部作品相继获得“泰山文艺奖”和第二届“风筝都文化奖”特别奖，同时被省文化厅授予“山东省民间文化艺术之乡”之称。

二、设计依据

①《中华人民共和国城乡规划法》2019年；

②《全国生态环境保护纲要》国务院2000年；

③《城市绿化条例》2017修订版（国务院令第100号）；

④《城市规划编制办法》建设部2006年；

⑤《潍坊市城市总体规划（2011—2020年）》；

⑥《公园设计规范》（GB 51192—2016）；

⑦ 建设方提供的资料和现场勘察的资料，以及国家现行的相关设计法规、规范、标准。

三、设计构思

（一）设计理念

山东临朐文化公园概念设计以“清音画意”为主题，在尊重原有场所条件的基础上，传承和展示底蕴深厚的临朐小戏、书画和奇石文化等地域特色文化，并赋予其当今的时代特性，将文化、休闲、教育和生态等功能融入其中，力求营造一个以临朐文化为基底，可识别性强，人们归属感强，并能促使城市的经济与文化协调且生态可持续发展的城市文化公园。

（二）设计原则

1. 注重场地肌理原则

因地制宜，巧于因借。临朐文化公园是基于城市公园基本功能的文化公园，它需要表达原有场地的基本特征以及特有属性。当原有场地不能最大限度地发挥场所价值时，在原有场地的自然属性和社会属性的基础上进行再改造和再创造，是一种表达场所特性的途径。

2. 生态优先原则

掌握场地的生态学特性，适当运用一些人工措施去保护原有场地的固有资源，尽可能维护场地上原有的生态平衡，把场地的被保护和被开发的度调节到一个平衡点而不被破坏，最大限度地发挥场地的生态功能和维持场所资源的可持续发展。

3. 地方特色原则

深入挖掘具有典型特征的临朐地方特色，提炼这些特色为公园的设计做铺垫，并将最能体现临朐地方特色的元素应用于公园主要入口和景点的设计中，使意境和场景水乳交融，实现自然景观与人文景观的有机融合，最终将临朐地方特色巧妙地刻画于整个文化公园中。

4. 文化精致原则

文化公园的主题应紧扣临朐文化的灵魂，精确提炼临朐所特有的文化，合理地将精致文化运用到文化公园的设计中，提升公园的文化形象，提高公园的文化品质和教育功能，以精致的文化内涵来实现与人在思想上的互动，以一种反对传递肤浅和粗糙的文化态度来展现临朐文化。

（三）总体布局

设计以原有场地现状和自然属性为基础，有机地组织各景点和功能分区，建造以临朐特色文化为核心的城市文化公园。该公园形成了“一轴、三心、五区”的空间结构。“一轴”指的是文化公园的主要景观轴，由主要广场和景点形成；“三心”分别指主入口广场、历史文化广场和滨水休闲广场，这三个广场是集散游人和承接各种大型活动的场地；“五区”是指历史文化区、民俗文化区、滨水文化休闲区、石文化区和湿地生态文化区（图 3-10-1、图 3-10-2）。

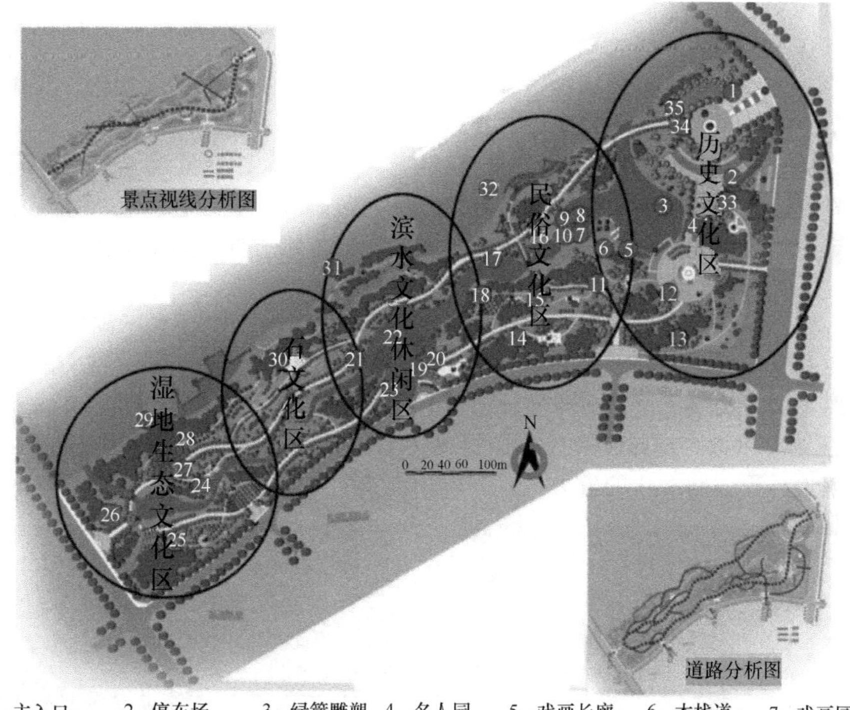

1—主入口；　2—停车场；　3—绿篱雕塑；4—名人园；　5—戏画长廊；　6—木栈道；　7—戏画园；
8—凉亭；　9—木座椅；　10—花坛；　11—溢翠流香；12—史话浮雕墙；13—景观亭；　14—石径寻风；
15—归耕居；　16—滨水散步道；17—木桥；　18—雕塑园；　19—童稚戏水；20—儿童水池；21—滨水广场；
22—宁静致远；23—绿篱；　24—秀木繁荫；25—林中茶室；26—鸟语花香；　27—逸趣园；28—林中散步道；
29—滨水木栈道；30—卧石绕径；31—人生之曲；32—游船码头；33—厕所；　34—承启；　35—入口广场

图 3-10-1　山东临朐文化公园景观规划概念设计总平面图

（四）主要功能分区及景点意向设计

1. 历史文化区

此功能区着重体现临朐历史文化，通过设置主入口广场、广场雕塑、文化长廊、史话浮雕墙和名人园等具有历史文化特色的景物及景观小品，从而突出临朐悠久的历史文化，使人们更好地了解临朐文化。主入口广场是公园承担游客聚集和接待服务的主要场所。公园主入口位于公园东北部，主入口处设置 3 个几何花坛用以分流游人，并与整体环境保持协调统

图 3-10-2　山东临朐文化公园景观规划概念设计鸟瞰图

一，主入口广场上的雕塑寓意着承接传统临朐文化和启示发展中的临朐文化，西南侧的小型休闲广场与主入口广场相呼应，引导游人视线。

“承启”雕塑：位于主入口广场景观节点处的大型雕塑（图 3-10-3），以蓝红两种颜色分别涂刷在钢材表面，整个造型拔地而起，蓝色象征着传统文化，红色代表当代文化，当代文化承载着传统文化的精华，传统文化启示着当代文化的发展方向，整个雕塑有力地诠释了文脉的承启。

“戏画长廊”展厅：戏画园是历史文化区的重要景观之一，它设置于湖边，湖面的开阔与文化的厚重相互辉映，戏画园充分运用临朐文化特色中的书画和小戏，将书画和戏曲的历史与发展以图案或者文字的方式置于室外墙上，同时建造小展厅陈设珍贵的文物和字画（图 3-10-4），增强艺术感染力。此园区为人们提供一个可体验和欣赏书画和小戏之地，从而让游人身临其境地感受临朐文化的魅力。

图 3-10-3　“承启”雕塑意向图

图 3-10-4　“戏画长廊”展厅意向图

2. 民俗文化区

此功能区重点表现临朐民俗文化，通过民俗体验园、归耕居和雕塑园等具有民俗文化特色的景点及景观小品，从而突出临朐独具一格的民俗文化，增加临朐民俗文化的趣味性和互动性，从而能引导人们了解临朐民俗文化，并进一步体验临朐的民俗特色。

“石径寻风”古道：民俗体验区是临朐民俗文化的特色代表之一，园区入口处错落有致地布置了形状各异的石块，石块上或有刻字，或有图案，都是由临朐民俗文化提炼而得，并营建了一个极具现代特色的玻璃阁楼（图 3-10-5），在里面可以体验多种传统的民俗活动，如剪纸窗花和桑皮纸制作等。

3. 石文化区

石文化是临朐文化最重要的特色之一，临朐地质构造复杂，蕴藏着丰富的奇石资源，也赢得了世界化石宝库的美誉。通过借鉴当地各种奇石的形状，将提炼出的形式应用于此区域地形的塑造，利用有代表性的红丝石营造一个石林迷宫，以打破景观的呆滞感，将赏与玩有机地结合，从而更好地表达临朐的石文化。

“卧石绕径”展厅：该区设有奇石园，以室内展示奇石及化石为主，辅文字或影像资料介绍，并将现代的声、光和电的技术应用于各种奇石上，赋予奇石一种神秘感和厚重感（图 3-10-6），使人们更好地欣赏各类奇石，从而更深入地认识奇石，感受当地博大精深的石文化。

图 3-10-5 “石径寻风”古道意向图

图 3-10-6 “卧石绕径”展厅意向图

4. 滨水文化休闲区

滨水文化休闲区是人们集中活动的主要区域，在这个功能分区中设置了很多方便游人游览和休憩的基础设施。大型的亲水平台适合多种亲水活动，滨水区设置沿水步行道，步行道串联着由植物构成的多种空间，这些空间可满足游人的不同使用需求。该区域通过文化与休闲的融合，提供一个有文化特色的滨水休闲场所，不仅满足了人们亲水的需求，还通过设置广场铺装和景观小品等，为人们提供一个休闲、散步、健身的地方。

“宁静致远”广场：广场上规则式的种植形成一种节奏与韵律之美，同时为在广场活动的游人提供了乘荫纳凉的场所，广场北面旷阔的湖面，配以湖边的柳树，使水的柔美尽收眼底，营造了一个典型的开放空间（图 3-10-7）。

图 3-10-7 “宁静致远”广场意向图

“人生之曲”散步道：以开敞的空间为主，形成大的起起伏伏的草坪空间，慢步道形状模拟水的形态，给场地一种和谐美，零星点缀绿篱造型，增添游玩的趣味性，让人近距离感受自然之美（彩图 38）。

5. 湿地生态文化区

湿地在抵御洪水、调节径流、改善气候、美化环境和维护区域生态平衡等方面有着其他系统所不能替代的作用。湿地生态文化主要是由人类创造，是人类自觉或不自觉地利用自然湿地而产生的物质和非物质形态文化的总和，例如价值观念和思维方式等。通过此功能区让人们更加了解当地湿地文化特色，更加了解自然，认知生态，从而实现人与自然的和谐共处。

“鸟语花香”广场：该广场通过建造一个中心旱喷泉，用高大乔木围合空间，并设置多排坐凳，夏天可满足人们戏水乘凉的需求，冬天可以提供一个硬质空间供人们举行各种大型活动，以便于人们的游憩（图 3-10-8）。

“秀木繁荫”草坪：形成以大草坪和多种植物构成的开敞中带有围合的空间，空间的灵动变化，为人们提供了一个既开放又私密的空间，在充分利用此绿色空间的同时，满足人们的各种活动需求（图 3-10-9）。

图 3-10-8 “鸟语花香”广场意向图

图 3-10-9 “秀木繁荫”草坪意向图

（五）道路交通设计

游客在游览公园的各个景点的过程中不断累积信息，最后形成比较完整的景观形象，而游览的过程主要靠园路的指引。园路可将景点串接在一起，使游客获得更好的游览体验。交通流线应贯彻“可达性、便捷性、观赏性”的原则。根据公园内的景点布局及分区特点，该规划将园内交通道路分为 3 级。

一级路：宽 5～7m，贯穿全园，连接公园的主要分区，并能保障工作车辆、应急车辆的通行。

二级路：二级路是公园路网的景观道，因而也是公园的骨架，宽 3m，将公园的大部分景点联系在一起，二级路主要沿轴线分布。

三级路：宽 1～2m，根据不同区域的特点，设置各类步行道，路面材料多采用木质、天然石材，遵循天然、无污染的原则。道路两侧较多布置座椅、花架、园灯等，方便游人休息，提高环境观赏性。

（六）植物配置设计

公园植物景观以自然式为主，平面构图上注重植物的疏密关系和林缘线的形状，竖向构图上注重植物的林冠线形状和重要透视线，设置乔、灌、草相结合的复层结构绿地，并且创造各种花丛、草地、孤植树、树丛、疏林和密林等景观。植物选择上以乡土植物为主，配以驯化后的外来植物，这样既能满足植物所需的正常生长的条件，又能构建相对稳定的复层植物群落。植物景观设计不仅要注重种植形式的变化多样，同时还应考虑季相、功能等多方面均要达到和谐的景观效果。

历史文化区包括主入口和休闲广场，是面对游人的主要场所空间。因此，植物选择以常年观赏型植物为主，借助植物的叶形、叶色、花形、花色、花香和植株整体轮廓的四季变化来创造植物景观。这些植物包括国槐、雪松、黄栌、侧柏、黄山栾、日本早樱、法桐、银杏、白蜡、白玉兰、紫玉兰、二乔玉兰、迎春、牡丹、月季、木槿、凤尾兰、紫薇、连翘、野蔷薇等。

民俗体验区周围多种植常绿植物，以雪松和大叶女贞为主。广场内种植黄金槐和合欢等，湖石旁种植千头柏球。玻璃阁楼的南边种植以青杆和青桐为主的密林，用作此区域的背景林。功能分区里种植银杏和紫叶矮樱等观赏型植物，以增加整个功能区植物景观的层次。其他的植物有垂柳、法桐、日本早樱、龙柏、枸骨、大叶黄杨、迎春、连翘、梅花、木槿、金银木、火棘、紫薇、紫荆等。

滨水文化区主要以植物构建开敞空间，利用垂柳枝条的柔美与水的灵动相互呼应，再间隔配植碧桃，营造一个桃红柳绿的景观；在滨水步行道旁种植白蜡、榆叶梅和凤尾兰，不破坏空间的开放感；广场空间中种植展现夏秋景观的黄山栾；水路交界处的湿地中种植芦竹和芦苇。其他植物有雪松、毛白杨、迎春、连翘、龙柏、水杉等。

石文化区的背景植物选择时应尽量衬托奇石的特色，可以多种植松柏类的植物如雪松、黑松、白皮松、龙柏和蜀桧，以突出奇石和化石的俊秀；密林以刺槐和栾树为主创造一个“香花谷”的景象；草坡上以日本早樱和黄玉兰为主，以观春花之色。其他植物有朴树、丁香、木槿、枸骨、紫荆、西府海棠、迎春、木本绣球、紫薇等。

湿地生态文化区的植物配植，主要以具有净化水质的本土植物种类为主，其中水生植物选用睡莲、香蒲、芦苇、美人蕉、再力花、千屈菜等临朐地区常见的湿地植物品种，驳岸绿化则选择旱柳、迎春和垂柳等耐水湿的植物。其他植物有侧柏、水杉、黑松、北海道黄杨、毛白杨、臭椿、垂柳、合欢、国槐、旱柳、爬地柏、蜀桧球、榆叶梅、黄刺玫、连翘、龙柏、丁香、山桃等。

规划设计以山东临朐的历史和民俗文化为背景，在景观生态学和园林造园理论指导下，深入挖掘场地的自然属性，把临朐文化和场所特性融合后应用到公园的规划设计和所有的景观中，营造出了一个蕴含文化美、园林美和生态美的城市文化公园。

城市文化公园是展现城市文化的镜子，又是评价城市生态环境质量的主要指标，是当地居民游憩的主要活动场所，同时还是城市绿地系统的重要组成部分。因此，现代城市文化公园的设计理念应立根于本土优质的文化资源，在时代发展的基调上，借助现代的科学技术手段，利用现有的新材料和新工艺，最大限度地营造出能够表达本土特色文化且又符合现代生态园林理念的景观。

案例十一　济西国家湿地公园生态规划设计

湿地是城市重要的生态资源，不仅在生物多样性的维持、食物生产、固碳、净化水体、调节气候、保堤护岸、提供观光娱乐场所等方面发挥着巨大的生态服务功能，同时也为城市的社会经济快速发展提供保障。我国城市现代化与旅游业的迅速发展，导致城市湿地的面积、生态功能、生物多样性等各方面都受到严重威胁。湿地的规划利用与生态恢复、环境保护之间的矛盾也日益突显。湿地公园建设是缓解这些矛盾的有效方式之一，其生态规划对最佳人地系统的建设提供了保障。

湿地公园是城市重要的生态基础设施，是开敞的绿色空间，它将生态、景观、园林艺术融于一体，创建了一个可持续性高、物种丰富多样和生境自然的景观绿地系统，是城市可持续发展建设的重要内容。它不仅具有较高的生态、观赏、游憩、教育和文化等多种价值，而且具有净化城市污染物、调节微气候、改善城市环境、为动植物提供栖息地、为城市居民提供休闲娱乐和教育场所等生态及社会服务等多种功能。

由于城市湿地保护利用工作的复杂性，在资源保护和利用过程中如何正确处理好资源开发与利用的各种矛盾，对湿地公园的规划有更多、更高的要求。建设湿地公园能够协调湿地保护与利用的矛盾，在既满足人的需求的同时，又不破坏生态系统的平衡。对湿地公园进行更准确、客观化、科学的规划，达到对资源合理保护、科学利用的目的，是现今湿地公园规划工作的重要方向。

一、区域概况

（一）基地分析

济西国家湿地公园位于山东省济南市中心城区西部（图 3-11-1），周围交通便利，距济南西客站仅十几分钟车程。济西国家湿地公园东起南水北调引水池，西邻黄河，北起沉沙池大坝，南至冯庄村与老李村间，面积约 33hm^2，涉及长清、槐荫两个区域。

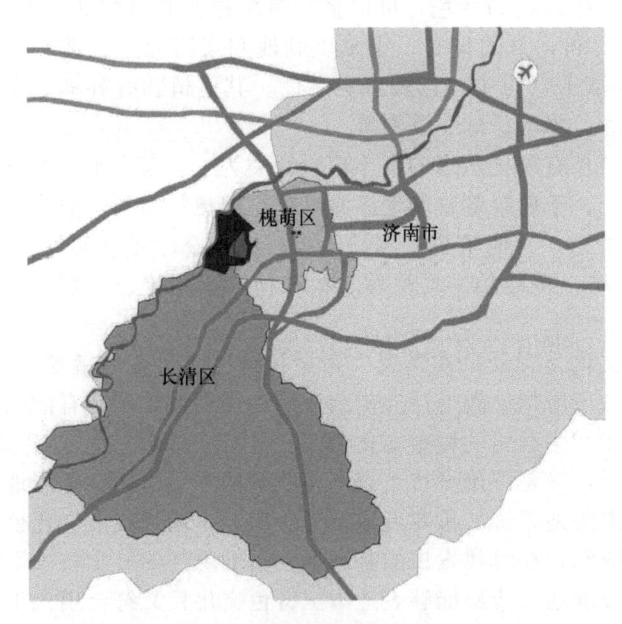

图 3-11-1　济西国家湿地公园区域位置图

（二）自然条件

济西国家湿地公园园内自然环境独特，生态系统结构完整，场地西南角腹地较深，可开发利用度相对较大。公园内地表水有黄河、玉符河、小清河和玉清湖水库等。济西国家湿地公园属于玉符河冲洪积扇，地貌类型单一，济西湿地形成原因主要是地势低洼、玉清湖水库向外渗水、离黄河较近。湿地公园内地形局部堆高，居民区建于地形之上，以满足防洪要求。

（三）人文条件

济西国家湿地公园横跨长清、槐荫两个区，涉及长清区域较多。长清区始建于隋开皇十四年（公元 594 年），因境内古齐长城和清水得名，是全国设县最早的县份之一，秦代即在境内设卢县，隋开皇十四年（594 年）始设长清县。明代前，自现南大槐树东首向北穿中大槐树东街、经二路，至北大槐树西首，有一土石岗，南高北低，蜿蜒起伏，貌似长龙，岗上植树，抵御风沙。南大槐树一带，人烟兴旺，故名盘龙庄，1955 年改名为槐荫区。

济西湿地历史悠久，园内最大支流玉符河在《水经注》中有所记载：“济水又东北，右会玉水。水导源太山朗公谷，旧名琨瑞溪…水亦谓之琨瑞水也。其水西北流径玉符山，又曰玉水”。该区域民俗特色有鲁中派长清剪纸、明湖踩藕、吃春、浴佛放生等。

（四）动植物资源分析

济西湿地内野生动植物资源丰富，而且该区域也是东亚—澳大利亚候鸟迁徙路线上的一个重要驿站，具有一定的独特性和代表性。湿地内鱼贝类4个目6科21种，两栖类1个目3科6种，爬行类1个目4科11种，鸟类14个目34科141种，哺乳类5个目10科23种。

目前公园内主要的乔木有垂柳、旱柳、二球悬铃木、白蜡、元宝槭、栾树、枫杨、柳杉、毛白杨、楸树、一球悬铃木、东京樱花、构树、榆树等；主要的灌木有紫叶李、紫荆、大叶黄杨、柽柳、湿地松、云杉等；主要的地被有地锦、苍耳、铁苋菜、苋、牛筋草、狗尾草、马唐、马齿苋、打碗花、稗、苘麻、藜、小飞蓬、葎草、欧亚旋覆花、山莴苣、艾蒿、黄花蒿、小蓟、野胡萝卜、野大豆、翼果苔草、益母草、酸浆、田旋花、龙葵、全叶马兰、美人蕉、篦齿眼子菜、一年蓬、绿穗苋、罗布麻、狼尾草、水鳖、谷子、车前草、白茅、地肤、豆、野甜瓜、蛇床、柳叶菜、竖立鹅观草；主要的湿地植被有芦苇、水蓼、醴肠、狭叶香蒲、荻、牛鞭草、再力花、扁秆藨草、黑藻、金鱼藻、竹叶眼子菜、问荆、菹草、节节草、狐尾藻、小刺藻等。

二、济西国家湿地公园规划现状及存在问题

（一）湿地公园规划现状

济西国家湿地公园总体规划为“一环三组团”和“七大功能分区”（图3-11-2）。

图3-11-2 规划总平面图

一环三组团分别为玉清湖水库景观带、原生态湿地景观组团、民俗风情景观组团、旅游服务管理组团。玉清湖水库景观带，规划内容为湿地景观和亲水娱乐等活动；原生态湿地景观组团，规划内容为鸟类观测、湿地植物展示和水质净化等活动；民俗风情景观组团，规划民俗展示、田园风光、农耕体验等活动；旅游服务管理组团，规划以旅游接待、服务管理为主。

七大功能分区分别为饮用水源地保护区、湿地生态恢复保育区、玉符河泄洪道保护区、湿地生态游览观光区、民俗风情展示体验区、田园风光体验区和管理服务区。饮用水源地保护区，其功能定位为提供城市优质水源和野生动植物栖息地，区域内规划观景点、观鸟台；湿地生态恢复保育区，其功能定位为野生动植物栖息地、科普宣教和水质净化地，区域内规划观景点、科研检测站；玉符河泄洪道保护区，其功能定位为玉符河泄洪通道；湿地生态游览观光区，其功能定位是生态旅游、科普宣教、湿地景观展示地，区域内规划博物馆、湿地植物展示、水景艺术展示、特色建筑群、游船码头、水上乐园、百亩荷园、垂钓园等；民俗风情展示体验区，其功能定位为非物质文化遗产展示的主要场所，区域内规划特色民居、农家乐、民俗风情展示等景点；田园风光体验区，其功能定位为田园观光旅游、有机农产品供应地，区域内规划农耕体验、自行车及自驾体验等项目；管理服务区，其功能定位为公园入口、公园游客集散地、小清河接入口，区域内规划出入口、服务办公建筑、水质净化模拟等。

（二）湿地公园规划存在的问题

湿地公园内湿地景观丰富，场地内有大面积芦苇、野生莲、菱等水生生物群落。农田分布较广，地势平坦，开发利用范围大，可操作性强。湿地公园边缘设较高防汛墙，景观效果较差。目前，济西湿地公园的规划多是从水源地保护、湿地保护与开发、游憩规划等功能性角度出发，多注重湿地景观的营造和观赏游憩项目的规划，忽略了对湿地生态系统过程及生态系统自身承载力的研究与考虑。对济西湿地进行生态规划已势在必行。

三、湿地公园生态规划指导思想及定位

（一）湿地公园生态规划依据

①《中华人民共和国环境影响评价法》2018 年；

②《中华人民共和国环境保护法》2015 年；

③《中国生物多样性保护战略与行动计划》（2011—2030 年）；

④《中华人民共和国城乡规划法》2019 年；

⑤《中华人民共和国自然保护区条例》2017 年；

⑥《关于特别是作为水禽栖息地的国际重要湿地公约》（简称《湿地公约》）1971 年；

⑦《城市湿地公园设计导则》（住房城乡建设部　2017 年）；

⑧《城市湿地公园管理办法》（住房城乡建设部　2017 年）；

⑨《国务院办公厅关于加强湿地保护管理的通知》（国务院　2004 年）；

⑩《湿地保护工程项目建设标准》（2018 年）；

⑪《国家林业局关于做好湿地公园发展建设工作的通知》（国家林业局　2005 年）；

⑫《公园设计规范》（GB 51192—2016）。

（二）指导思想

湿地公园生态规划坚持“保护优先、科学修复、适度开发、合理利用、持续发展”的方针，规划遵循生态保护性、可持续发展、合理利用、特色性原则，以将湿地公园打造为一个

提供生态旅游、休闲度假、观光游憩的绿色开放空间为目的。通过规划实现最大限度地维护湿地生态系统结构和功能完整性；维护湿地生物多样性，实现湿地调洪蓄水、净化水质、调节气候、科普宣教、游憩娱乐等功能；通过活动参与及感官体验，为居民和游客营造一个认识、体验、参与自然的教育基地；挖掘地区特色文化，使湿地公园成为湿地文化与地域文化展示平台；实现地方的自然、社会、经济三者的生态可持续发展，同时也促进人与自然的和谐共生。

（三）湿地公园生态规划定位

济西国家湿地公园规划以“水润泉城，绿韵齐鲁”为定位，为城市注入新的活力、新元素，致力于打造一个集保护与修复、生态防护与利用、科研宣教、生态旅游、休闲度假于一体的国家级湿地公园，使湿地公园成为济南城市新名片。充分发挥湿地公园湿地生态系统和生物多样性保护、生态防护、综合利用的功能；以宣传湿地知识和科普低碳环保意识为任务，规划整合城市和园区的景观资源，为济南提供一个展示民俗、历史、湿地文化的平台。

四、湿地公园生态规划总体布局与功能分区

（一）湿地公园生态规划总体布局

结合公园规划性质及定位的要求，将湿地公园规划为“一环、一带、五区”（图3-11-3）。“一环”为环玉清湖隔离区带，“一带”为沿黄河保护带，“五区”为生态保育区、生态恢复区、科普宣教区、管理服务区和合理利用区。

“一环”即环玉清湖隔离景观区，在环水库区域设立绿化林带，并保留周围的组团绿地，形成生态有序的生态防护体系；“一带”即沿黄河保护景观带，在黄河边设立隔离景观绿带，保留隔离带周边的绿地，边缘设置观景区。

（二）功能分区

1. 生态保育区

以玉清湖水库东侧的输水口为重心，将玉清湖水库及其西北侧、沿黄河岸带划分为生态保育区。由此划分在保障水源涵养的同时，周围区域也能起到更好的保护作用。该区域处于综合生态敏感度高敏感、中敏感区，面积约10489622.4m^2，占公园总面积的32%。生态保育区是公园的重点保护区域，对其生态保育的实现也是保护、维持小清河水质的保证。保育区内湿地景观质量相对较好，有一定面积的林地及发育相对较好的湿地植被带，区域西侧是黄河洪水的泄洪口，地下水位较高。

区域内植被、野生动物丰富，是鸟类栖息较多的区域。因此，植被、野生动物栖息地保护、恢复也是区域保育的重点。该区只进行保护、监测等保护活动，不进行其他娱乐、休闲活动项目的开发，除管理、维护外，禁止人为干扰，严格控制污染物的排放，通过保育现有景观营造良好的湿地生态环境。

2. 生态恢复区

结合区域内景观资源分布情况，将保育区北部、玉清湖水库西侧和南侧划分为生态恢复区。该区域规划面积约7605760.1m^2，占公园总面积的19.2%，处于综合生态敏感区的高、中度敏感区内。该区域湿地景观一般，前期受人为干扰严重。生态恢复区主要以湿地生态恢复为主，主要采用“适度人为干扰”方法进行恢复。规划中划定了较大的区域进行水系、水质、湿地生态系统恢复。此区农田和池塘分布整体布局较规则，恢复中将规则的水域进行改造，改为自然弯曲、大小不等的浮岛。在恢复前期限制游人进入，使区域在较短的时间内恢复。该区域内的部分苗圃也纳入了目前的规划中，为后期建设提供储备。

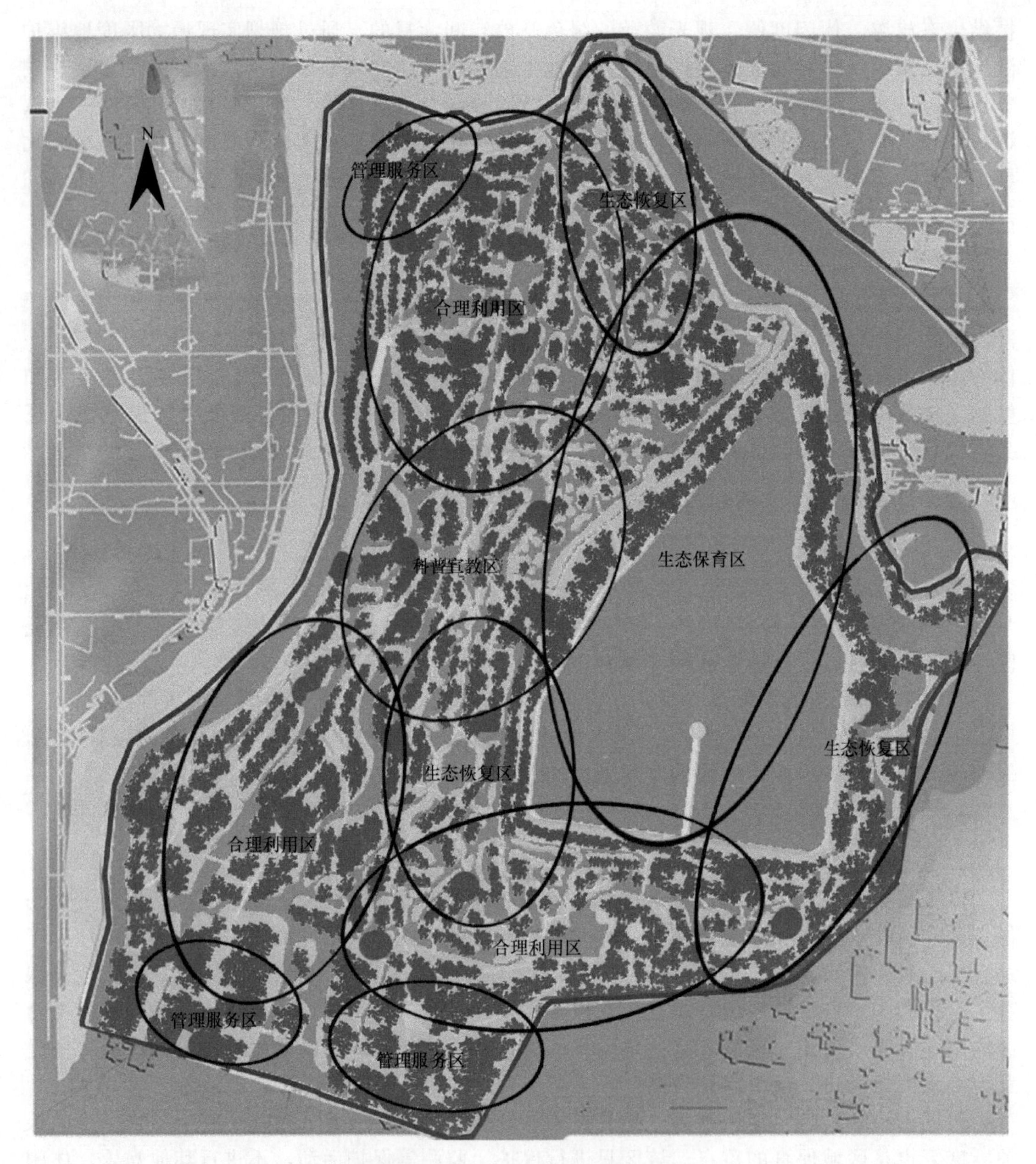

图 3-11-3 “一环、一带、五区”图

湿地及其生境恢复主要采用生物和工程措施，通过保护和恢复水体水系、湿地生态系统，营造多样性的生态湖岸景观带，为野生动物提供良好的栖息地。规划在恢复重建区对滩涂带进行保护修复，自然过渡湿地植物带的建立是其恢复重建规划的关键。在恢复重建时，注重水边植物到岸边植物的过渡，深水区的沉水植物和浮水植物到浅水区的挺水植物的衔接。要根据前期植物群落调研内容，选择本地的水生植物种类，保证其生长良好，合理布置搭配，建立恢复重建植物模式，在保证湿地生态恢复的同时丰富湿地景观。该区域内规划小范围的观鸟、湿地游览项目。

3. 科普宣教区

将玉清湖水库西侧划分为科普宣教区，规划面积约 6865085.15m^2，占公园总面积的

21%。该区域位于公园综合生态敏感度的高、中、弱度敏感区，且中、弱度敏感区面积相对较大。区域内动植物资源丰富，可达性较好，有利于开展科研和科普宣教活动。科普宣教主要分为两个部分，一部分是展示湿地生态系统的结构和功能，另一部分是展示黄河岸文化景观。通过科普解说和实验等活动让公众参与进来，提高公民的环境生态保护意识及其保护湿地的自觉性，共同维护湿地生态系统的可持续发展。该区域规划在现有景观资源的基础上，深入挖掘区域自然、人文景观特色，规划不同类型的生态旅游体验项目。

4. 合理利用区

将合理利用区规划为两部分，分别位于公园南侧和西侧，规划面积约 7529476.615m^2，占公园总面积的 19%。该区位于公园综合生态敏感区的弱、不敏感区，且区域内不敏感区面积较大。为了让游客更近距离地接触湿地，在合理利用区内划分了小范围的湿地恢复区。区域内分布有整齐的农田和池塘，目前已进行“退耕还湿”，在规划中将分散的池塘改为弯曲的水体。该区域在现有景观资源的基础上，深入挖掘区域自然、人文景观特色，规划多种不同类型的生态旅游项目，主要围绕湿地体验、生态民俗展示、滨水娱乐等项目进行开发。

5. 服务管理区

服务管理区设一个总管理区和两个次管理站，根据生态敏感性综合评价结果中各敏感区的分布特征，将服务管理区均规划在公园综合生态敏感区的不敏感区内。总管理站设置在园区入口，两个次管理区设置在公园西北和西南侧，规划面积约 290125.7224m^2，占公园总面积的 0.7%。管理区不仅仅是开展日常行政工作管理、科普宣教的场所，也设置了不同规模的休憩、餐饮、娱乐等区域。由此，在保证湿地公园协调、有序运行的基础上，为游客提供更高质量的服务。

五、湿地公园保护生态规划

（一）水系水质保护生态规划

湿地公园是济南泉水的源泉之一，也是山东省的母亲河——小清河的源头，园内的玉清湖水库是济南市饮用水水源。因此，济西湿地水系保护和水质净化显得愈加重要、紧迫。湿地公园水域整体敏感度较高，且极、高敏感区面积较大，分布相对集中。公园敏感区内部分湿地受人为干扰严重，河道规整、连通性差，湿地生态系统遭到破坏；水质威胁主要表现在农业面源污染、废弃物污染、富营养化、重金属积累等方面。公园水系水质规划主要从以下两方面展开。

1. 保证湿地水源稳定和水体流动

湿地水系除了大气降水和汇水外，还通过协调将玉符河、北大沙河、腊山湖等水系的季节性洪水引入湿地，以保证水源稳定并形成流动的水面。

① 大气降水及汇水。该区域年均降水 650mm 左右，在 50%、75%、90%频率年份地表径流汇集量分别为 159.7 万立方米、108.5 万立方米和 67.7 万立方米。

② 季节性洪水补给、城市中水补给和玉清湖水库渗漏。玉符河是季节性山洪河道，仅在汛期洪水通过卧虎山水库时下泄为湿地提供水源。北大沙河也是湿地公园水源补给之一。玉清湖水库渗水量较大，年渗透水量达 684 万立方米，其中 325 万立方米可补充湿地公园的水量，使湿地面积有逐渐扩大的趋势。城市中水补给，水质净化厂可每年提供 438 万立方米中水。

2. 水体水系的生态防治

① 水体水系是湿地公园的重要组成部分，为保证其洁净度，需要从技术及管理层面改变传统的农业生产方式，降低农药的使用量，减少农业污染源；将园内农地改造成有机食品生产基地，施用有机肥或少施肥，利用生物方法防控病虫害。

② 污水处理和水质保持。植物体的新陈代谢机制可将有害物质转化成自身营养，因此可采取生物防治方法，利用植物吸附、吸收水中的重金属元素、有机污染物等有害物质，达到处理污水、洁净水质的目的。

③ 定期对水体水系进行监测、评估，及时提出治理方法，并定期提出污染治理方案。定期对公园的废物进行清理，尤其要注意局部卫生清理。

④ 生态工程措施。主要规划有生态浮岛、湿地生态系统水质净化、生态种养殖、生物净化处理等。

（二）水岸保护生态规划

生态驳岸是一种可渗透的人工驳岸，通过人工措施模拟自然驳岸的结构和生态功能，重建或修复自然水陆生态结构。根据济西湿地公园的水文条件，驳岸均采用生态驳岸。生态驳岸在保障防洪、护堤的前提下能保障水岸之间的水分调节与交换、保证物流和能流畅通，也可为野生动植物的繁衍生息创造优良的环境，最终形成具有景观和生态防护、利用功能的自然岸带。

1. 自然型驳岸

自然型驳岸主要用于坡度较缓的区域，并植以护坡植被，达到稳定岸线的效果。该种驳岸坡度相对较小，流速缓慢，流水冲刷力小，且多为泥质驳岸，但在建设和后期管理中需要进行维护和保护。济西湿地公园多采用该种类型驳岸，多用于河流、湖区，主要集中在生态保育区和生态恢复区。

自然型驳岸多采用生物护坡，如树桩护岸、树枝压条护岸。种植模式多采用沉水植物-浮水植物-挺水植物-乔灌草（图 3-11-4）。浅水区植被多采用芦苇、菖蒲等，水面以上以植草为主，岸边种植柳树、杨柳等乔木。

图 3-11-4　自然型驳岸剖面图

2. 半自然型驳岸

半自然型驳岸多将驳岸的自然形态与亲水设施结合（图 3-11-5），如栽植植被、修筑栈道等小品，以丰富驳岸景观。该种驳岸除种植自然植被外，多采用工程措施护坡，利用天然木材、石材等材料增强护坡的稳定性，也能增强驳岸的抗洪能力。一般筑一定坡度的土堤，斜坡上种植物固坡，坡脚处采用木桩或石块护底。济西湿地公园中此种驳岸多用于宣教展示区、恢复区内，在观鸟设施及湿地展示区域内也采用此种类型驳岸。

3. 多种人工自然驳岸

多种人工自然驳岸多用于坡度较陡、流速大、水流冲刷大的区域。该区域需要具有较强的抗侵蚀能力才能护岸，以自然型护堤为基底，在此基础上，结合人工材料与植物自然材料巩固岸堤，一般较多使用钢筋混凝土等材料。利用耐水圆木或者钢筋混凝土柱制作成箱状的梯形框架，在框架中放入大小不同的混凝土管，或者放置适当大小的石块，在其中插入耐水

图 3-11-5　半自然型驳岸剖面图

湿的树枝，如杨柳枝等，在水岸旁种植水生植物，如千屈菜、香蒲等，其根系在巩固水岸的同时，还可形成郁葱的景观。济西湿地公园采用该种护岸的是济平干渠（图 3-11-6）和沉沙池周边（图 3-11-7）。

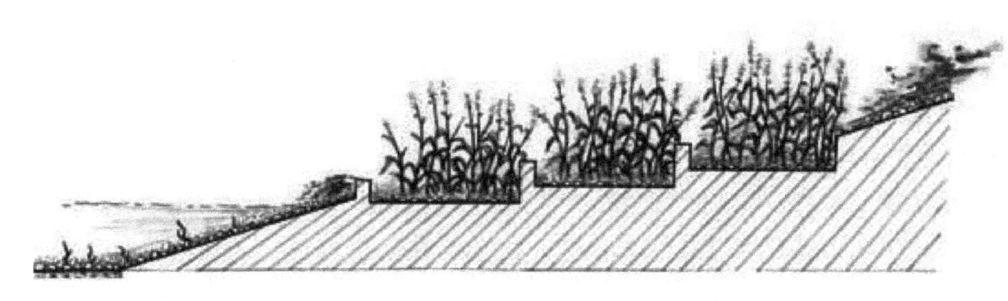

图 3-11-6　人工自然型驳岸剖面图

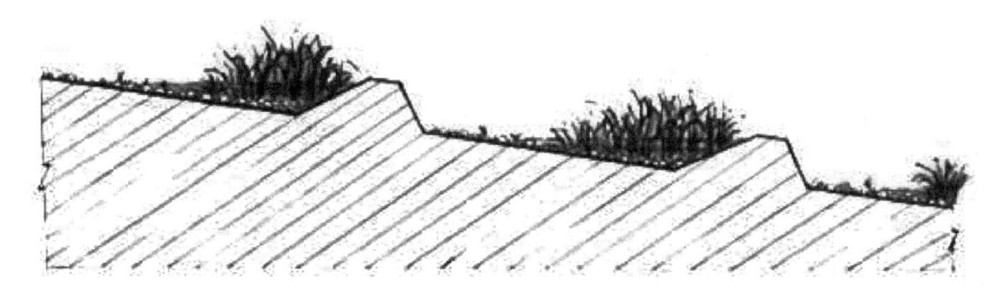

图 3-11-7　沉沙型驳岸剖面图

（三）栖息地保护生态规划

湿地是野生动植物栖息和繁衍的重要场所，湿地生境影响着野生动植物特别是鸟类物种的分布，湿地生境的多样化决定了物种的多样性。济西湿地公园位于我国东部候鸟迁徙区，是候鸟迁徙的重要中转站。候鸟及其他动物在湿地的生命活动也促进了栖息地生态环境的稳定，如不同植物种子的传播，使湿地公园的生物多样性更丰富，生态系统更完善。野生动物栖息地的保护规划依托于整个生态系统的保护和管理。

1. 保护规划

根据鸟类和鱼类的生活习性，按季节划定栖息地保护区域，制定相关保护管理条例，保证野生动植物生存、繁衍环境的稳定。在野生动植物特别是鸟类栖息地尽量减少人为干扰，远离交通要道，除必要的科研、监测设施外，不设建筑物或观景点。加强消防措施规划，同时建设防火瞭望塔和防火检查站，消除火灾隐患，防患于未然。

除此之外，还需加强对病虫害和有害生物的监测、防治，有效控制可能发生的鸟类、鱼类传染病的蔓延。植被栖息地保护，要坚持贯彻“预防为主、科学防控、依法治理、促进健康”的方针，控制外来生物或物种入侵。避免外来有害生物对湿地栖息地带来的灾害，加强管理人员的防范意识，尽量使用无公害防治措施。

2. 管理规划

建立可持续的保障机制和管理体系，加强监督、管理力度。在鸟类、鱼类活动周围开展巡护和监督，制订相应的规章制度，禁止一切破坏野生动植物栖息地的活动。建立保护管理站，打击非法猎鸟、捕鱼等行为。加强制度建设，加大宣传力度，提高公众保护意识，让广大群众和游客自觉参与到湿地公园的保护和管理工作中。

加强与政府及企业间的合作，借鉴和引进先进的技术、管理方法；联合政府部门与高校进行湿地资源调查，对湿地资源和环境进行评价，建立济西湿地珍稀物种基因库，以促进生物多样性和遗传物种的持续发展。

（四）湿地文化生态规划

湿地是一种重要的、独特的、多功能生态系统，由于文化资源具有不可再生性，湿地文化更显得难能可贵。湿地文化同其他景观文化、历史文化一样，是一个城市文脉的重要传承。因此，湿地公园特色文化的塑造也是丰富城市文化内涵、提升城市文化竞争力的重要途径之一。济西国家湿地公园文化规划主要从三个方面展开。

1. 挖掘、整理济西湿地文化

从城市及区域的历史、文化特征出发，挖掘济西湿地的特色文化，主要包括历史文化、民俗文化、湿地文化、稻耕文化、陶瓷文化、红色文化、湿地饮食文化、曲艺文化、候鸟文化等。除此之外济南民俗文化较丰富多彩，如放河灯、明湖踩藕、碧筒饮、曲水流觞、吃春、剪纸等。

2. 以湿地公园为载体，保存和发扬湿地文化

城市的前进要坚持文化的传承与发展，传承是前提，如果没有传承，发展根本就是无稽之谈。该湿地公园文化规划在总结本土特色文化的基础上，秉承保留、改造、创新的原则，实现文化的可持续发展。另一方面通过景观规划设计，从水体、建筑、植物、景观小品等方面，展现湿地公园特色文化，如充分借鉴利用庙会、饮食等文化，在公园内开展一定规模的活动及展览，使湿地公园文化形成一个“点、线、面”贯穿的文化网络体系。

3. 充分利用文化发展产业化，推进多元文化的发展

只有促进文化发展的产业化，实现文化产业的多元发展才能打造强有力的旅游品牌。湿地公园规划为一些正在发展或正在被人们淡忘的文化提供了一个发展的载体。如济南面塑具有较高的科教、娱乐价值，但人们对面塑的了解较少。规划中为面塑融入科技、新工艺等新的活力，拓展商业渠道，促进其发展。根据《老残游记》对老济南的描述，以“泉文化”和“老济南”为依据，打造出“老残系列”文化，为湿地公园增添新元素。通过促进多元文化的发展，最终实现湿地公园物质、文化遗产保护、展示与旅游的可持续发展。

（五）保护管理规划

我国湿地公园建设处于起步阶段，其保护管理还没有相应完善的制度。湿地公园保护管理涉及的方面较广、部门较多，因此，要积极、有序地统筹各方面、各部门，实现湿地公园健康、可持续发展。可采取以下措施：

① 设立专门的管理机构；

② 制定湿地公园保护管理办法；

③ 建立健全内部管理制度；

④ 建设湿地公安派出所、保护管理点、保护管理站；

⑤ 建立有效的社区参与机制，当地居民对湿地公园的人文历史、湿地环境比较了解，让社区居民参与到公园保护与管理的过程中，能充分调动人们的积极性、参与性，有助于公园保护管理工作的有序进行。

六、湿地公园恢复生态规划

（一）水体恢复规划

1. 水体、水系恢复规划

根据水域、湿地生态敏感性评价结果，对极敏感、高敏感区进行水系调整。在水系恢复中将生态恢复区内规整的河道改为自然弯曲的形状，并建立生态缓冲带，这种河岸结构既可以拦截一些面源污染物质进入水体，也有益于营养物质的滞留，为鱼类的栖息创造环境。增加大小不等的浮岛，为湿地公园物种多样性的增加创造条件。

为保障水体的连通性和水系循环，完善水域生态系统，可通过水系调整使各水体之间相互贯通。规划中对玉清湖水库东侧的池塘、农田进行了改造，打通了该位置与上下水域的联系，扩大了水域的面积，同时该区域也作为玉符河泄洪道，由此既实现了对水体的联合调度，又形成了循环流动的水系；对生态恢复区和合理利用区的水系也进行了调整，扩大水域面积的同时加强与周边水体的连通性（图 3-11-8）。输入的水源都经过湿地净化后输出，以此保证水质。

公园整体高程低于周边地区，园内的地势西高东低，但高程相差不大。根据单因子生态敏感性评价中高程、坡度敏感性评价结果，结合水域整体流向，对公园进行地形改造，其改造应避开高程、坡度的高敏感区域。湿地公园原地形与公园水流方向大致相符，为促进园内水系循环，规划中重点对公园合理利用区新增水系及其周边进行地形改造。此外，为丰富科普宣教区湿地景观，规划对该区域湿地进行微地形改造。

2. 水质恢复生态规划

济西国家湿地公园水体水质保护、恢复的总体思路为控源—减污—疏导—修复。公园水质威胁主要有农业面源污染、废弃物污染、富营养化、重金属积累等方面。水质恢复规划中要控制污染源，减少污染物质的排放。污染严重的水域，根据其受污染的程度，采用物理、生物处理及生态工程措施进行水质优化。

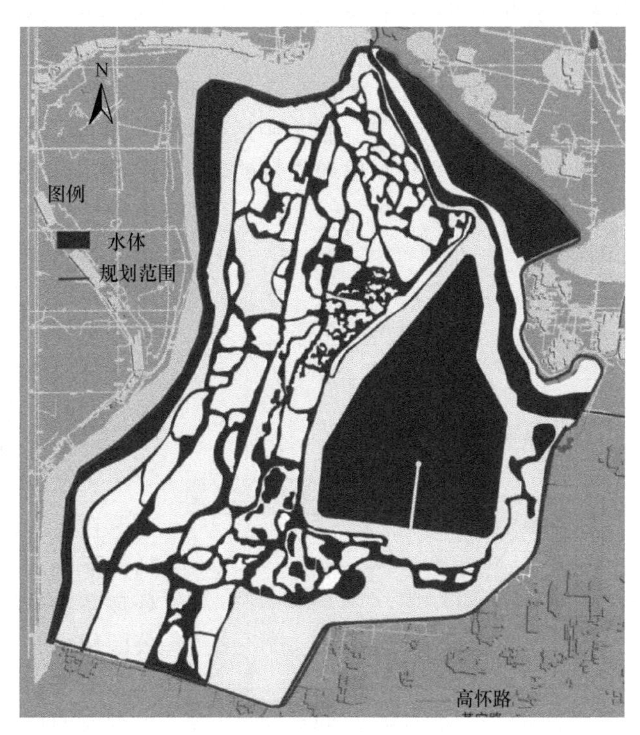

图 3-11-8　水体规划图

（1）干扰、污染严重区域水质恢复

污染严重的区域水质的改善可采用底部清淤与生态修复结合。底部清淤是通过底泥疏浚去除沉积物中所含的污染物，减少底泥污染物向水体的释放，可在短期内抑制、改善污染，但随着颗粒沉降及生物转化等过程的持续作用，可能出现污染回复的现象。所以应将底部清淤治理与生态工程相结合，以实现水体、水质的生态可持续恢复与发展。

生态修复是利用工程的手段恢复河流及其岸边的水陆、植被环境，增加水体的自净、恢复能力。如在藻类过度生长的水域，采用生物浮床方法进行水环境改善（图 3-11-9）。在种植床内种植美人蕉、旱伞草等水生植物，既能吸收水体中的氮、磷等污染因子，又可形成一个与藻类竞争营养盐的格局，抑制藻类生长。此外，还可引入一些藻食性、滤食性的鱼贝类，来改善藻类的浓度，在改善鱼贝养殖环境的同时也能实现水体净化。

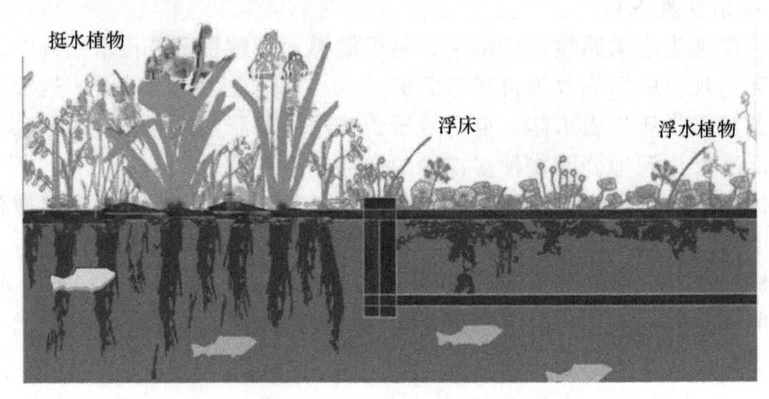

图 3-11-9　生物浮床结构图

（2）轻度干扰、污染区域水质恢复

济西湿地公园内一些受到轻度干扰和污染的水域和湿地可采用生物生态修复措施，此种方法多用于修复退化河流、湖泊。生物生态修复并不能使受干扰（或受污染）区域恢复到未干扰前（或未受污染前）的状态，通过修复能使受干扰区域恢复至相对于干扰状态而言的自然状态。该方法多利用植物或微生物的生命活动来吸收、转化、降解污染物，达到净化土壤或水质的目的。

按照挺水-浮水-沉水的配置模式在河岸两侧种植净化能力较强的湿地水生植物，如芦苇、浮萍、睡莲、水草等。在水中适量放养鱼贝类，以形成多条食物链，促进水生态系统循环（图 3-11-10），实现物质和能量的转化与传递，最终将污染物进行降解和转化。也可向水中投放微生物，有针对性地向水中投加污染降解菌，利用微生物的自净作用消除水中的污染物和水体富营养化，在水质净化的同时抑制有害微生物的生长。生物生态修复方法不仅能提高水域生态系统的净化能力，还能在促进生态系统的稳定性的同时，丰富生态系统的多样性。

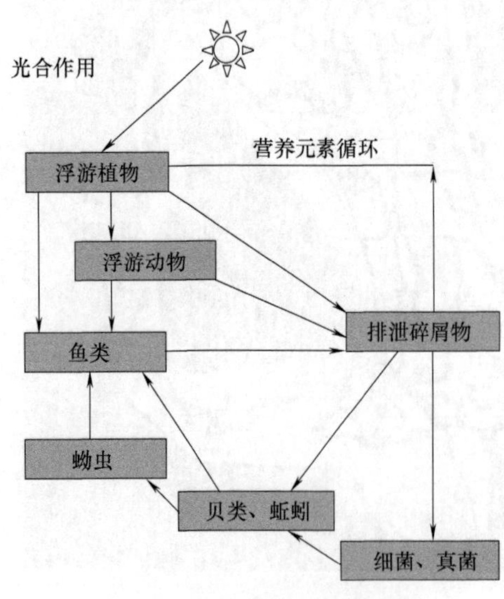

图 3-11-10　水生态系统循环图

（3）湿地生物净水水质恢复

人工湿地系统由一系列阶梯式的种植池构成，在池内种植湿地植物，污水进入池内后沿阶梯向下流。一般采用以下步骤：污水集水池—预处理系统—湿地净化系统—净化水集水池—湿地公园用水。

首先，利用预处理系统减少有机负荷，去除大颗粒的固体，沉淀的泥沙经常抽出系统处理。然后利用植物吸收转化、降解水中污染物。将湿地净化系统分为一、二、三级净化阶段，分段栽植植物，同时注重湿地植物景观的展示。在植物吸收、净化污水中的营养物质的同时，土壤基质中的微生物也能通过新陈代谢降解、转化污水中的营养物质。经过处理后，水体内的有害物质浓度降低，污染固体颗粒物被滞留，可将处理后的水用于公园内景观用水和灌溉。

除此之外，通过改变传统农渔运作方式、环境立法限制生产、生活等点源污染的排放，减少污染物质的排放。

（二）栖息地恢复生态规划

1. 湿地鸟类招引规划

调查动植物群落的状况，了解鸟类的生境特点，并以此为依据进行规划，采用系统招引与简单招引结合。采用多种方式吸引鸟类前来繁殖，如悬挂人工巢箱、适当的人工喂食等；食物短缺的季节，在空地投放食物，设置饮水装置，吸引鸟类前来。多种植一些不同种类的树种，有助于鸟类觅食与栖身。其中，高大的落叶树种，如榉树、枫杨、水杉等，便于鸟类筑巢。

在生态保育与恢复区内划分相对隐蔽的禁入区和保护小区，为野生动植物预留生活空间，也有利于减少其他干扰。在周围划出特定的区域设置为鸟类活动中心、观鸟通道、放飞区等。在外围道路上设置一系列的解说牌，向游人普及野生动物保护知识。

2. 野生动物栖息地恢复生态规划

（1）增加湿地面积，营造野生动植物适宜的栖息环境

利用开阔水面及各深浅水域，如草滩、沼泽等湿地营造适于不同野生动物栖身的环境，并在此基础上恢复、完善植被群落，形成一个舒适的生存环境，使野生动植物可以稳定地生长。同时为保证野生动物的生存和繁衍，增加湿地植物群落的多样性，丰富植物种类。通过退耕还湿、水道疏浚、清理等措施扩大湿地面积，最大程度地满足水鸟的集群行为需要。营造陆地林地、灌草地、深水、浅水、浅滩、沼泽等不同的栖息地类型，为不同生活习性的水鸟提供更好的觅食和栖息场所。

（2）成立科研、保护小组

设置野生动物繁育中心，设立专门的研究小组及实验室，为珍稀濒危动物的救护与繁育、种群的扩大提供条件。成立“济西国家湿地公园野生动物保护协会”，依照相关法律法规制订《济西国家湿地公园野生动植物资源保护管理制度》，严禁猎鸟、捕鱼等行为。向游客与周边居民进行宣传，普及爱护、保护野生动植物及其栖息地的思想。

（三）湿地植被恢复保护生态规划

根据单因子生态敏感性评价中植被覆盖度和植被类型敏感性评价，发现湿地公园植被覆盖度整体敏感度属于中度敏感、植被类型属于高度敏感，且各敏感区布局分布相对集中。高敏感区受人为干扰严重，植被结构简单、不合理，并且影响到野生动植物的栖息和繁殖。为实现济西湿地生态系统的良性循环，增加物种多样性，应加速湿地植被的恢复与重建。针对不同功能分区植被现状及其发展定位，制订相应的恢复对策，打造一个稳定、可持续发展的自然湿地生态系统。湿地公园植被恢复及重建规划在尽量满足观赏的前提下，最大限度地发挥植被的生态效益。

1. 植被原生态保护生态规划

济西湿地公园植被原生态保护区域多位于植被类型极敏感区、高敏感区和植被覆盖度中、弱敏感区范围内。植被保存相对较完整的原生湿地区域，植被群落也较稳定，该区域湿地植被的生态保护，应划定保护范围，保护、维护现存的典型代表性群落。

禁止砍伐、破坏等一系列行为，为群落的自我恢复、自我演替营造一个适宜的环境。实行该种方法保护的区域乡土物种种群较大，能避免其他生物物种的入侵，抗干扰能力较强，即使受到一定程度的损害也能自我恢复。该湿地公园内原生态保护规划区多位于生态保育区与恢复区内。

2. 植被恢复生态规划

被破坏的原生植物群落的恢复多位于公园植被类型极敏感区、高敏感区和植被覆盖度高敏感区范围内。该区域中植被恢复需充分利用现存的植被群落，在分析其群落结构与生境特征的基础上，有目标、有选择性地对干扰区进行恢复。在该湿地公园植被规划中主要针对湿地净化、野生动植物栖息地规划、观赏展示等几项目标进行植被保护、恢复规划。恢复过程中乡土植物表达优先，注重多植物种类的搭配，适当适量地引用外来植被。在保证湿地植被生态系统稳定的前提下，营造季相、林相变化丰富的水、陆植被群落景观。

在湿地水系改造和恢复的基础上，沿水系两侧按照沉水-浮叶-浮水镶嵌式的植物配置模式栽植不同类型的湿地植物。此种配置模式既能净化、控制水质，又能展现湿地植物的自然群落及组合形态。丰富堤坝绿化，岸边与堤坝配置湿地植物，来丰富岸线，增加景观的层次感。植物选择久经考验，适宜性、净化力较强的乡土植被，如芦苇、黄菖蒲、千屈菜、荷花、绦柳、香蒲、苦楝、乌桕、紫穗槐、落羽杉、德国鸢尾、侧柏、水稻、菰、茭白、垂柳、灯心草、水烛、水鳖、睡莲、水蓼、水葱、红蓼、毛白杨、柽柳、池杉、枫杨、菖蒲、小叶杨、耧斗菜、水杉、燕子花、凤眼莲、风车草、花菖蒲、美人蕉、圆柏、薄荷、蒲苇等。

3. 湿地植被展示规划

在水质净化区分段栽植植物，在满足水质净化功能的同时展现湿地植物的自然风貌。植被种植模仿自然植被群落结构，按照深水-浅水-沼泽-陆地的形式种植。湿地植物多选择去污、净化能力强的植物，如芦苇、香蒲等有发达根系的水生植物，其能吸附大量污染物，另外，发达的根系还可为微生物的生长与繁殖提供良好的栖息地及丰富的营养物质。

挺水植物一般生长在水深 30～100cm 的浅水区，如茭白、芦苇、菖蒲、香蒲、小香蒲、泽泻、水葱、鸭跖草、梭鱼草、鸢尾、灯心草、荷花、再力花、芦竹、慈姑等。浮叶及漂浮植物一般生长在浅水或稍深一些的水区，如芡实、萍蓬草、睡莲、凤眼莲、荇菜、菱、水鳖、浮萍、满江红、马来眼子菜。沉水植物是指植物体全部位于水层下面的植物，如黑藻、苦草、金鱼藻、伊乐藻、篦齿眼子菜等。水岸交错带种植柳树、湿地松、夹竹桃、重阳木、木槿、紫穗槐、金钟花、落羽杉、水杉、枫杨、乌桕、合欢等耐水湿乔灌木。

4. 苗圃、农田区改造

合理利用区与生态恢复区内有零散分布的苗圃，规划中调整苗圃的分布格局，在不影响后期使用的前提下，在周边布置基础设施，使暂时的苗圃也成为供游人观赏、游憩、科普的植物园。将合理利用区的部分农田改造为生态旅游农业、生态果蔬园，分区、分段进行植物栽植。另外，在玉清湖水库、济平干渠、黄河岸带均规划绿化隔离带，以起到保护、隔离的作用。

5. 古树名木保护

稀有植被或古树名木要根据其生境特点，划分保护范围，留有足够的生存空间，以利于其保护与繁殖。古树名木的保护首先应对现存古树名木进行归档、挂牌；制定相应的法律法规，依法对古树名木进行保护；注重消除竞争树种，及时进行水肥管理；加大宣传力度，让人们了解古树名木的科学价值和文化、历史价值，调动人们参与古树名木保护的积极性，提高人们的认识、保护意识。

七、道路交通生态规划

湿地公园生态环境脆弱，易受人为干扰，其道路规划有别于一般公园道路设计，规划更注重保护湿地生态环境和生物多样性。根据湿地公园生态敏感性综合评价结果，对公园进行交通道路规划。高敏感、中敏感区道路规划在道路现状的基础上采用引导式的布置方式进行改造、规划，以减少游人在敏感区的逗留时间，园内新规划的道路尽量绕开高敏感、中敏感区域。弱敏感、不敏感区内道路规划多结合景观资源分布，穿过或围绕弱敏感、不敏感区，且道路多蜿蜒曲折，以便为游人创造最佳的游览路线。通过对公园道路交通生态规划，将道路空间组织和布局在游人可达与视线通达的范围内，最大限度地将干扰控制到最低（图 3-11-11）。

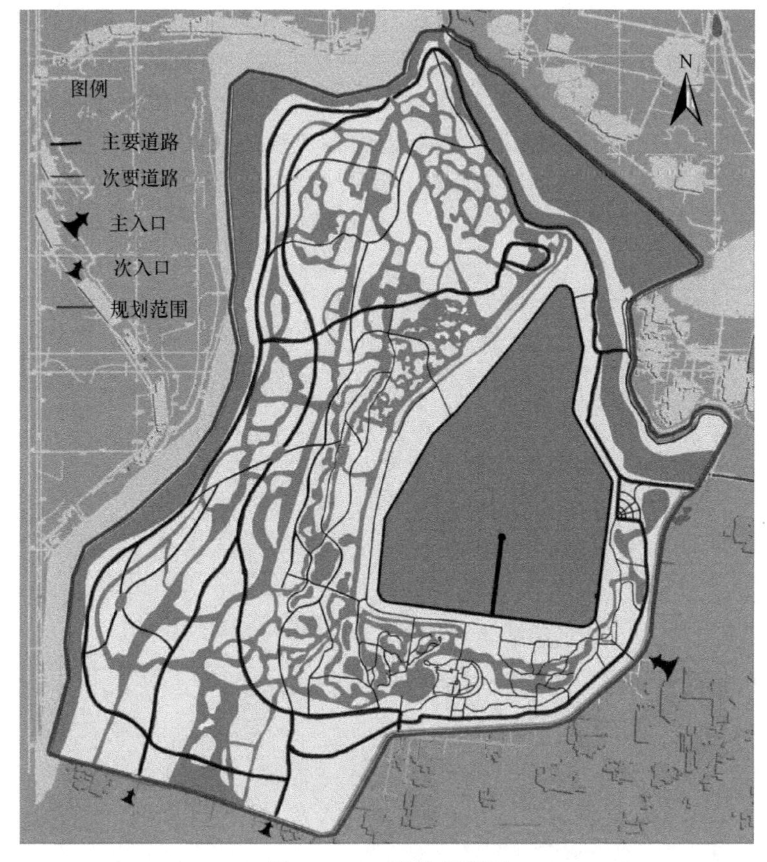

图 3-11-11 道路规划图

（一）主要道路生态规划

公园道路选线根据研究区资源和生境现状规划，主要道路宽为 5～7m。绕开野生动植物栖息地与湿地生态保育区，避免分割原生境或动植物生境。在生态保育区和生态恢复区外围设置环形电瓶车、自行车游览路线，它也是公园的主干道之一。湿地生态恢复区道路规划采用架空的方式，以避免造成对湿地生境的破坏。

科普宣教和合理利用区为防止水体因道路受到干扰，道路与水体均保持一定的距离。除亲水区外，根据周边环境敏感性的程度，主要道路距离水面 20～70m 不等。

（二）次要道路生态规划

次干道路规划 2.5～4m，其路网密度较大，以此来辅助和弥补主干道的不足，以形成完善的路网。为维护湿地的生态完整性，次要道路规划要避免过多的交叉，以减少景观的破碎化程度，其规划多为平行或沿主道路辐射。科普宣教区和合理利用区人流量较大，路网密度也较大。湿地恢复和科普宣教区次要道路，路网密度相对较小，其道路形式布置中规划一定范围的木栈道、浮桥。

（三）游步道生态规划

游步道供游人游憩、散步用，路面相对较窄，其规划设计也相对灵活，由不同的景观节点和小型休憩区相连。游步道多采用曲折蜿蜒的布局形式，引导游人进入各个景观节点。游步道规划 1.5～3.5m，多围绕景观节点，如临水或水上道路、田间小道。

（四）水上游览路线生态规划

湿地公园水上游览路线生态规划在水域、湿地敏感性评价和生态敏感性综合评价结果的基础上进行，其规划避开水域、湿地和综合生态敏感性高、中敏感区，以及水源保护区和水源输入、输出口。主要在恢复区、科普宣教区和合理利用区开辟水上游览路线（图 3-11-12）。水上游览线分为主航道和次航道，主航道通行大型的观光船，次航道主要是人力划船观景线路。沿次航道规划一系列的活动空间，组织各类水上参与活动，为游客近距离接触湿地提供方便。

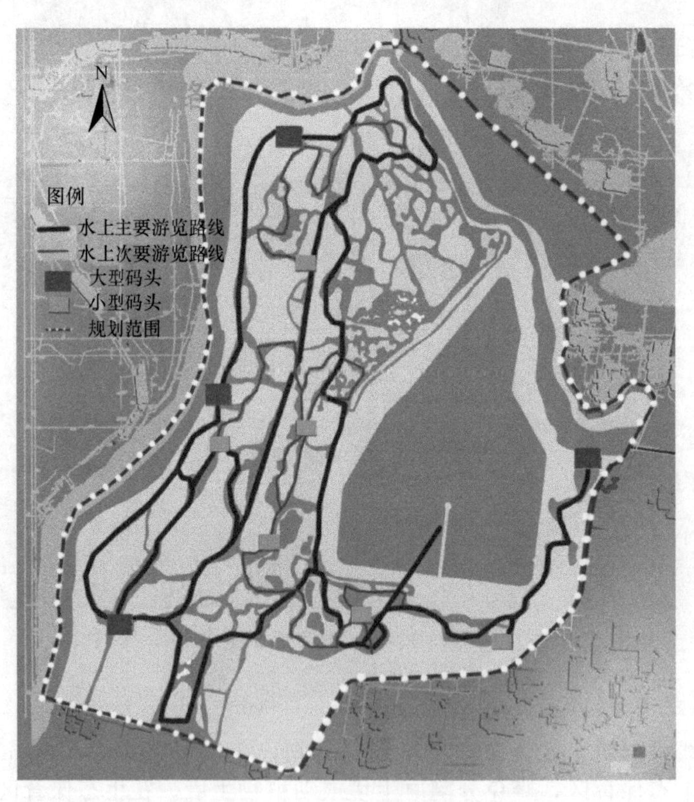

图 3-11-12　水上游览路线图

八、湿地公园旅游项目生态规划

湿地公园旅游项目是生态规划的核心内容之一，其规划依托场地的资源优势展开多种生态旅游项目。济西国家湿地公园旅游项目规划共分为五大类：湿地观光体验类、湿地滨水娱乐类、文化科普类、农渔体验类、休闲度假类。

（一）湿地观光体验生态规划

湿地公园景观资源丰富，湿地观光体验项目围绕园内资源展开规划。湿地观光与体验主要围绕展示、体验两方面展开，同时也开展各类科普宣教项目。湿地生境展示以湿地生境内各群落间的相互关系及其不同湿地的演替形态等内容为主，其中，生境展示采用解说系统结合虚拟体验的方式展开。湿地动物展示项目主要包括湿地鸟类、鱼蟹贝类及昆虫展示。鸟类展示是在鸟类栖息地的保护、恢复的前提下，主要通过观鸟长廊、放飞场、观鸟平台等展开观鸟、体验活动。鱼虾、昆虫展示均设立观测场地或借助观测设备进行观测、体验。湿地植物展示主要通过设立湿地植物园、木栈道、观测室等方式进行实景展示（图 3-11-13）。除此之外，还通过动植物模型、标本结合解说系统在室内展示解说。

图 3-11-13　湿地观光旅游项目规划意向图

（二）湿地滨水娱乐生态规划

湿地滨水娱乐项目是以“水”为主题展开相关的活动，多为参与性活动，规划设置水上运动中心、嬉水园、水剧场、亲水平台等亲水空间，并设置码头广场，供船只停靠（图 3-11-14）。湿地滨水活动区驳岸规划为流畅的曲线，设计多结合木栈道、滨水长廊、跌水广场等景观。滨水活动区设置一系列主题广场，周边辅助设置相应的服务设施。开辟部分区域规划篮球场、网球场、排球场等健身活动区，为附近居民和游人提供健身运动的场地。

图 3-11-14　湿地滨水娱乐旅游项目规划意向图

（三）文化科普生态规划

济西国家湿地公园旨在打造济南市环境知识科普及环境教育基地，为游客提供一个集观赏、学习、科研为一体的游憩场所，科普宣教是湿地公园生态规划的重要内容。文化科普项目规划主要采用实景展示和虚拟体验两种方式进行，实景展示主要在现有的景观资源基础上，利用人们的五感体验，加深人们对场地的认识；虚拟体验主要采用高新技术向人们展示虚拟场景，如利用3D、4D影院及其一系列的特效，展示湿地演替过程，加深人们的印象。

湿地的自然资源、人文资源是文化科普项目规划的基础，通过人文历史、湿地文化、环保知识科普三个方面展开。历史文化展示主要规划文化园区、雕塑园、文化广场等场地，通过展示墙、影音播放、3D场景复原等形式展开，其展示内容包括济南历史文化、湿地文化、黄河文化、农耕文化、水泉文化等内容。历史文化体验重视知识科普，主要规划设计体验、参与类项目，如通过开展民俗表演和民俗活动，让游人参与其中。农耕文化展示主要通过展馆或模型进行实物展示、解说。设立生态环境教育中心，宣传低碳环保意识，通过开发智力闯关、拼图游戏、细胞工厂、森林迷宫等游戏，使游人能更形象、直观地了解相关科普知识（图3-11-15）。

图3-11-15　文化科普旅游项目规划意向图

（四）农渔体验生态规划

农渔体验类规划主要以田园风光展示和农耕体验项目为主。田园风光规划布局以柔和的曲线景观为主，通过农田、花田、果园、鱼、鸟等景观规划，营造静谧、安逸的环境氛围。其中农田、村庄的改造，保留了部分农田和村庄的肌理现状，并在此基础上进行规划设计。由此，既保留了场地的记忆，也丰富了场地的活动内容。农耕体验通过设立农耕体验园、生态采摘园、桑基鱼塘园和生态养殖园等场地，供游人进行种植、采摘等农事体验（图3-11-16）。

图3-11-16　农渔体验旅游项目规划意向图

（五）休闲度假生态规划

济西国家湿地公园交通便利，周边有部分在建的景区，区位优势明显。休闲度假市场客源主要来自周边地区，以省内的客源为主，联系周边景区，可形成一个旅游体系。休闲度假的对象主要针对商业、政府会议和家庭休假，商业休闲和家庭休假前景较好。在场地内规划高尔夫练习场、赛马场、网球场、野营区等活动场所。

养生保健是目前社会关注的热点，在湿地公园内开展各类养生保健项目，是吸引游客的一大亮点。在场地内利用湿地公园的资源优势，设立养生会所、康体中心等场所，开展植物保健疗养、室外瑜伽、健身等项目（图 3-11-17）。

图 3-11-17　休闲度假旅游项目规划意向图

济西国家湿地公园各类旅游项目规划见表 3-11-1。

表 3-11-1　旅游规划项目

旅游项目类别	旅游项目及活动	活动区域
湿地观光体验	湿地漫步	生态恢复区、合理利用区
	湖面观光	生态恢复区、合理利用区
	芦苇荡	生态恢复区
	水上植物园	科普宣教区
湿地滨水娱乐	水上世界、趣味运动	合理利用区
	码头广场	合理利用区
	亲子园	合理利用区、科普宣教区
	水剧场	合理利用区、科普宣教区
文化科普	湿地观鸟	科普宣教区、生态恢复区
	湿地博物馆、科研观测中心	科普宣教区、生态恢复区
	黄河文化展示带	合理利用区、科普宣教区
	老残系列	合理利用区
	写生基地	科普宣教区、生态恢复区
农渔体验	田园风光	合理利用区、生态恢复区
	农耕体验	合理利用区
	乡村垂钓	合理利用区
	作物采摘	合理利用区
休闲度假	休闲会务	合理利用区
	青少年拓展训练基地	合理利用区
	养生健身	合理利用区
	野营区	合理利用区

九、环境监测生态规划

济西湿地公园环境监测规划将不同敏感区研究与整体环境研究相结合，通过布设监测站点形成区域监测网络，将专业监测与综合监测结合，以便对整体环境进行全面、全方位的动态监测。济西湿地公园环境监测主要从两个方面进行：一是利用 3S（RS、GIS、GPS）技术对区域进行动态宏观监测，对区域整体环境进行动态监测、评估；二是对生态敏感区的监测，对生态敏感区的监测不仅仅是对敏感区域的监测，也包括对敏感区内的各影响因子的监测。

根据生态敏感性评价结果中各敏感区的分布特点，结合资源现状分布，在公园内设立5个监测站，分别位于玉清湖东侧的出水口、玉清湖水库、生态保育区与恢复区交界处、沿黄河线南北两侧。除此之外，湿地公园各主要景观节点内设立水质观测点，监测湿地COD（化学需氧量、化学耗氧量）、BOD（生化需氧量、生化耗氧量）等指标。在各植被恢复区水域进行单独水质监测，对各区段、不同植被区段水质净化结果进行监测。

根据济西湿地公园野生动植物分布及生境特征，采用观测、科研等相关设施，对湿地公园野生动植物物种的种类、数量、繁殖状况进行现状调查，并建立湿地野生动植物的动态监测系统。

案例十二　滕州荆泉风景区湿地园林景观规划设计

湿地园林即以湿地为对象的园林形式，是利用现代园林建设和生态学原理，对湿地生态系统进行保护、重建和恢复，艺术地再现自然湿地景观，并为社会民众提供亲近自然、感受自然、体验自然的场所。湿地园林是融合生态、景观、园林艺术的绿色空间，是一个可持续的、具有丰富物种和生境的景观绿地系统，是建设可持续发展城市的有效手段，具有生态、观赏、游憩、教育和文化等多种功能。

山东省滕州市荆泉风景区湿地景观生态设计，是在可持续发展观的指导下，融糅了中国传统园林艺术、现代生态学理论、滕州悠久灿烂的城市历史与博大深厚的城市文脉，在充分尊重原有生态群落的基础上，做到了因地制宜、因势利导，设计出了具有水源地保护和湿地地下水系自净功能的风景优美、钟灵毓秀、生物多样、生态环境良好、天人合一的荆泉风景区湿地园林景观，达到了生态、湿地、地域文脉与园林美的统一，是现代湿地园林景观设计中一个成功的范例。

一、基址概况

滕州市位于山东省南部，东依沂蒙山区，南临枣庄市薛城区，西濒微山湖，北靠齐鲁故地，是著名的“三国五邑”之地，“北辛文化”遗都。滕州地处北温带，季节型大陆性气候，四季分明，雨量充沛。地貌具有山区、丘陵、平原、湖洼兼备的特点，境内泉水荟萃。

荆泉水源地位于滕州市城郊乡后荆村东北，设计区域面积824万平方米，是滕州市重要的水资源基地，现为目前滕州城区居民生活唯一的饮用水水源。近年来，随着荆泉附近工农业的快速发展，境内外工业和生活污废水排放量不断增加，监管难度加大，直接或间接威胁荆泉水源水质安全。市政府希望通过整治荆泉水源周围环境，来保护水源、提升城市品位。

二、设计依据

①《中华人民共和国城乡规划法》2019年；

②《中华人民共和国环境保护法》2015年；

③《公园设计规范》（GB 51192—2016）；

④ 现场初步勘探的资料和有关部门领导及专家的指导意见。

三、设计构思

（一）尊重自然　生态优先

水资源是人类赖以生存与发展的重要资源，也是基础自然资源，是生态环境的控制性因素之一；同时，又是战略性经济资源，是一个国家和地区综合国力的有机组成部分。荆泉水源地是滕州市重要的水资源基地，并且是目前滕州市城区居民生活唯一的饮用水水源，应在保护好水源的前提下，合理开发周边旅游资源。因此，在景观规划设计时，要继承可持续发展的理论，把景观设计的生态性放在首要位置，使设计的结果在保护环境的同时又满足人类需求。

设计方案希望以保护水源地，保持湿地生物的多样性，维持湿地生态系统的平衡为目标，通过荆泉风景区景观的建设，带动水源湿地的建设和保护，从而促进湿地生态系统自净能力的提高，在保护水资源的前提下，进一步改善水质。注意保留已有的生态群落，尊重植被的生长特性，而且使植被景观具有生长和变化的特点。

园林建筑和小品在外形和功能上力求达到自然和生态的要求。因此，在建筑小品的用材上，设计采用了天然的材质，如木材、石材、茅草等；结构线条自然、流畅，与环境相融合。

（二）园林景观　形神兼备

景观是一个综合的整体，设计既要遵循生态原则，又要遵循艺术原则，缺一不可。因此在生态化的基础上，现代湿地园林景观设计还要注重园林“美”的品质。在设计中，运用园景创造的各种手法、艺术构思、形式美构图等，融合自然，达到情景交融、物我相契的程度，为游人提供一个高质量的精神生活空间。

利用荆河支流及泉眼水源形成的湿地和水面等的水位变化，创造出极具个性的生态景观。结合地形和周边环境对水体进行适当改造，种植各种水生植物，形成丰富、动态的水面景观。优美独特的湿地植物景观与驳岸、曲流、河心岛、浅滩、沙洲、深潭交相辉映，力求做到湿地区域收放有致，设计形式与内部结构、环境功能和谐，实现生态与美学统一，达到整体和谐。

（三）文化文脉　传承历史

城市公园的文化底蕴不仅对城市文化的发展和形成有很大的促进作用，而且也是城市文化所不可或缺的有机组成部分。荆泉景区的设计，我们不仅仅把它当作一个风景区公园来设计，而是时时处处把它当作体现滕州地域文脉的代表，使外来的人认识、了解滕州，使滕州人民在其中找到归属感、认同感。做到这一点，不仅要从滕州特有的景观地貌和生物物种上体现，更重要的是从滕州的文化底蕴、城市历史和精神风貌之中寻求精神上的共鸣。

四、功能分区布局

景区整体规划为综合性风景区公园，水源湿地保护、园林景观、别墅住宅、文化教育、餐饮休憩、休闲游乐等功能一应俱全，分为荆泉湿地生态保护区、荆泉主题园区、休闲观赏区、滨河景观区和村庄别墅区五大功能区（彩图 39、彩图 40）。

荆泉湿地生态保护区是荆泉泉眼所在地，因此没有设置更多功能性的建筑，以免污染水源，主要以湿地植物为主。此区是由荆泉泉眼涌水形成水塘和低洼湿地，改造后形成生态湿地景区。沿荆河支流种植的芦苇、菖蒲、鸢尾、水葱、茭白、荷花、千屈菜、睡莲、凤眼莲、苦草、金鱼藻等各种水生植物不仅可以保护湿地和水源，改善水环境，而且还可以形成各种水生植物的观赏区。通过各种园林化手段的处理，使之形成围绕荆泉水源四周的一道生态屏障和湿地地下水系自净生态系统。在园内开辟一定范围的土地种植果树和药用植物等，既可给当地带来经济效益，又可作为一些名贵花卉及优良苗木的科研培育基地。

荆泉主题园是主要体现滕州地域文脉的区域。该区着重体现滕州的历史文化，寓历史名人及典故于人们所游所憩之处，如走廊、景墙、甬路铺地、雕塑，使游人在不知不觉中沉浸在滕州浓郁的历史氛围中。以象征着生命之水的雕塑为主题的荆泉文化广场，同时融合了“泉文化”“诗文化”“花文化”，让人们在孔墨故里、泉城之都享受到了宁静的心灵洗涤和文化熏陶。此区植物在利用乡土树种为主的前提下，充分体现特色二字，围绕以特色植物造景为主的生态景观的营造，意在使人感受到异域他乡的新奇感。

休闲观赏区位于园区的中部，起到一个融会贯通、承接全园的作用。其北接湿地保护区，西邻村庄别墅区，南邻荆泉主题园区，东部连接滨河景观区。密林茂布，生态优美，可供人们在全园游览之时的闲暇休憩。

滨河景观区指沿河狭长的绿带，设计体现生态性、亲水性和适于游憩的原则。按照生态学和可持续发展的观点对建筑和园林进行规划。沿河边布置铺装硬地、园路，点缀景观建筑小品，所有铺装小广场、园路、小品均依水展开，使人游览的时候能临水而行。布局区域适当扩大绿带或由园路穿树林而过，以增加园林景观空间的变化。种植水生湿地植物，营造湿地生态和人文景观，充分发挥滨水湿地区特有的生态和景观功能。在水岸空间设计上，岸线若采用混凝土砌筑方法，会破坏自然景观和生态基因及天然湿地对自然环境所起的过滤、渗透等作用。因此，针对不同的岸边环境，采取了不同的水岸空间处理方式，用自然化的手段对滨水的岸边环境进行生态营造，建立一个水体与驳岸自然过渡区域，并在适宜的地方种植湿地植物，真正创造出湿地原本的自然野趣。

村庄别墅区位于园区西部，地势低平，可作为城市居民的别墅区，也可作为风景区的一部分，在此处设置乡村旅馆、饭庄等旅游后勤部，也可作为荆泉风景区的另一经济来源。

五、植物配置

在植物配置设计中，采用复合层次的绿化，增加绿化覆盖面积；采用常绿与落叶、色叶与香花乔木搭配，景观层次分明，色彩丰富；色彩上强调整体感，大色块对比，以植物造景为手段，以清新、高雅、优美为目的，强调生态性和视觉上的效果，使其不仅有图案美，而且有一定的文化内涵。

树种选择方面，首先以特色乡土树种为主。其次，选择净化能力、抗污染能力强，以及对土壤、气候、病虫害等不利因素适应性强的树种。在进行以乔木为骨干，用灌木、草坪为衬托的植物配置时，根据地形、地貌等当地条件以及景观功能上所要达到的某种意境要求，采取大小相通、幽畅变换、开合交替、虚实结合的手法形成多样变化景观空间；植物配置时要基本契合森林植被，形成以草坪、灌木、乔木、藤本植物相结合的生态园林人工植物群落；同时，植物配置根据因地制宜、因时制宜、因材制宜的原则，力求达到意境上的诗情画意，功能上的时效性，生态上的科学性，配置上的艺术性，经济上的合理性，风格上的地方性。

在湿地园林景观设计途径中，湿地景观、生态设计、地域文脉和园林艺术是紧密联系与互动的。作为一个代表滕州地域特色和文化历史展示的风景区，在对荆泉湿地风景区的规划设计中，应做到生态、内蕴、美学三者兼顾；充分尊重湿地原有的生态群落、地形地貌、人文环境；既遵循“生态优先、最小干预、修旧如旧、注重文化、以民为本、可持续发展”的六大保护原则，又避免缺乏文化含义和美感的唯生态纯自然的设计，融合园林美学法则中的统一和谐、自然均衡原则以及滕州荆泉悠久的历史文化、深厚的底蕴沉淀、丰富的文化遗产资源，使湿地景观的自然生态、优美独特，园林艺术的形神兼备、意蕴隽永，地域文脉的博大深厚、悠久灿烂完美融糅，以臻“天人合一”的境界。

案例十三　东营市东郊湿地公园概念设计

将景观生态理念融入城市湿地，强调湿地生态系统的生态特性和基本功能，突出湿地所特有的自然文化属性，已成为当代湿地公园建设的新趋势。

东营市东郊湿地公园生态设计以城市生态景观学与生态恢复理论为指导，以打造“落霞与孤鹜齐飞，秋水共长天一色”意境景观为目标，遵循生态可持续原则、景观多样性原则、互动参与原则，将湿地公园划分为入口景观区、滨水休闲区、湿地景观区、湿地保育区、文化展示区、游憩观赏及科普教育区六个功能分区，设计中融入当地的人文资源特色，增加了让人们互动参与的景观，把城市湿地与文化、美学形式与生态功能三者融合，营造了和谐、自然、生态、野趣的湿地景观。

一、区域概况

（一）基地分析

东营市东郊湿地公园总规划面积为 $38hm^2$，位于东营东城区的南部，广利河北岸，南邻淮海路，西邻胜利大街。规划区土壤含碱量大，地下水位较高，地势不平，有大面积的水面及盐碱滩涂，有耐盐植物分布，是典型的黄河三角洲湿地景观。规划用地是城市建设初期取土造成的低洼荒碱地，随着时间推移，雨水沉积，生长了大量的乡土树种，吸引不少鸟类在此繁衍生息，充分展示了黄河三角洲湿地水陆交接、自然过渡的景观。

（二）自然条件

东营市属暖温带大陆性季风气候，四季分明，多年平均气温 12.8℃，年平均降水量 555mm，且多集中在夏季，易形成旱、涝灾害。黄河自西南向东北贯穿东营市全境，除黄河以外还有其他十几条河流，分为两大水系。东营市境内有油田、湿地、天然气等资源，东营市土壤类型丰富，潮土是面积最大的一类土壤，盐土在近海处呈带状分布。

（三）人文条件

东营自古以来就人才辈出，历史文化资源丰富。广饶是闻名中外的“兵圣”孙武的故里；东营是著名革命烈士李耘生、李竹如，抗日名将李玉堂的故乡；东营是吕剧的发源地，2010 年东营市被命名为“中国楹联文化城市”。东营北部黄河入海口以红色文化资源以及石油文化资源闻名。

二、设计依据

①《中华人民共和国城乡规划法》2019 年；
②《中华人民共和国环境保护法》2015 年；
③《公园设计规范》(GB 51192—2016)；
④ 现场初步勘探的资料和有关部门领导及专家的指导意见。

三、方案构思

（一）设计理念

东营市东郊湿地公园建设是对湿地资源的保护、利用与提升，公园的建成也会为城市带来生态、社会、经济效益。公园设计以当地文化为依托，营造了具有地域文化特色、生物多样性和自我恢复与演替能力的城市湿地公园。在公园的规划设计中，将各种水景观、文化景观融入到景点与景观设施的布局中，选择具有代表性的乡土植物，构建乔、灌、草、藤相结合的复合植物群落，营造出“落霞与孤鹜齐飞，秋水共长天一色”意境的景观，给人以美的享受，满足人们活动需求的同时，对游人进行科普宣传。

（二）设计原则

1. 生态可持续原则

深入了解场地的生态特点，采取适当的人工干预，最大限度地维持湿地自然生态过程，采取有效的措施保护和恢复湿地资源，使湿地的保护与利用进入良性循环状态，实现湿地生态服务功能的同时追求生态、经济、社会利益最大化，维护湿地景观的可持续发展。因此在城市湿地公园设计中，将湿地、生态、文化相融合，营造一个充满生机并富有文化底蕴的城市景观。

2. 景观多样性原则

湿地公园具有自我演替能力，能够维持该区域内的生态平衡，建成后使湿地生态系统高效、稳定地发展。公园的设计以植物景观为主，结合水体、建筑等景观的布局创建相互渗透的景观空间，形成多样的园林环境。

3. 互动参与原则

湿地不仅资源丰富，蕴含的科学知识也丰富，可通过视觉、听觉、味觉、触觉等感官体验，提高游客的参与性。公园中建立科普教育体系，结合场地主题与各区域内的资源提供科普教育场所，使游客全身心参与进来，营造一个游客与自然景观互动的场所。

（三）总体布局

规划依托场地内现有的资源条件，把东营的文化景观融入到城市湿地公园的规划布局、建筑设计中，东营市东郊湿地公园按照功能划分为入口景观区、滨水休闲区、湿地景观区、湿地保育区、文化展示区、游憩观赏及科普教育区，力求创造一个既能满足人们休闲活动需求又能引起人们共鸣的城市湿地公园（图 3-13-1、图 3-13-2）。

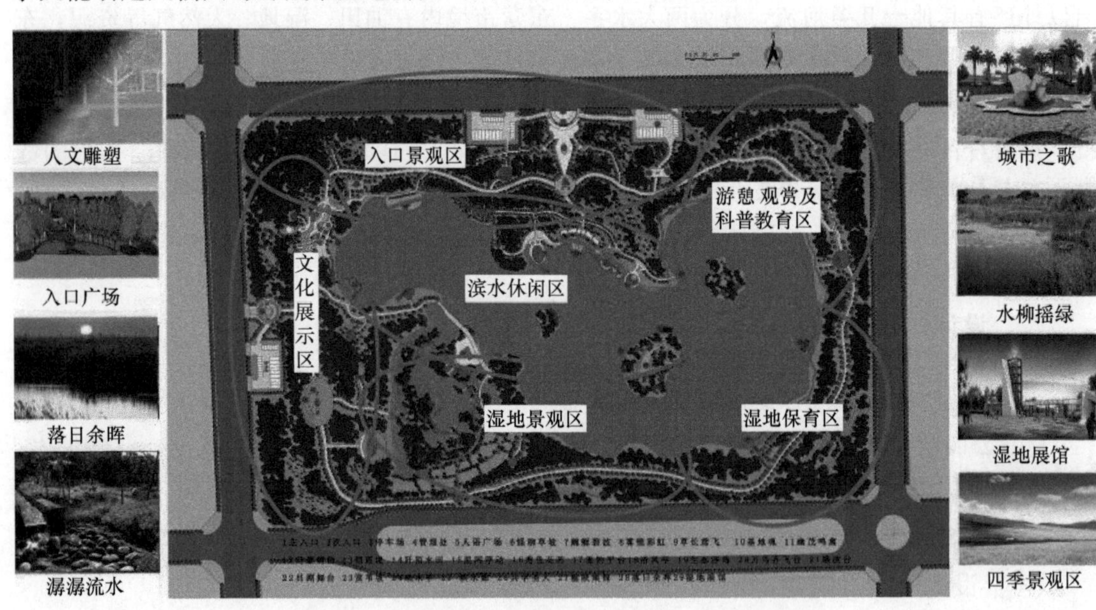

图 3-13-1　东营市东郊湿地公园概念设计总平面图

（四）功能分区及主要景点设计

1. 入口景观区

入口景观区强调简约、宜人，园外到园内采取自然、通透的过渡形式，选择刻有“东营市东郊湿地公园”的景观石作为大门入口的标志。公园北侧为主入口，西侧为次入口，两个入口内都设置了停车场与集散广场，主要有“群居和一广场”“人语广场”“柽柳草坡”“人文广场”等景点。

（1）群居和一广场

该广场注重视觉开阔性，广场中心放置“群居和一”的抽象雕塑，周围布置喷泉，“群

图 3-13-2　东营市东郊湿地公园概念设计总鸟瞰图

居和一”是对城市、湿地、城市湿地公园关系的概括。广场周围设置了不同姿态的天鹅雕塑群，用波浪形的草坪来连接，边缘设花境，使得两个雕塑在草坪与花境的掩映下更加突出，预示“落霞与孤鹜齐飞，秋水共长天一色”游览路线的开始（图 3-13-3）。

（2）人语广场

位于群居和一广场南侧，该广场人流较多，比较热闹，故取名“人语广场”。该广场主要用于举行大型活动与展览，广场上设置了台阶供游人观看或休息，广场周边是大型的草坪空间供游人休息和活动。广场左侧设置了高低错落的文化墙，把广场与大草坪分隔开，另一侧设置了树池，形成了既统一又有变化的半围合广场空间（图 3-13-4）。

图 3-13-3　“群居和一广场”意向图

图 3-13-4　“人语广场”意向图

（3）柽柳草坡

柽柳草坡由林间漫步道与草坡组成，选择大中型乔木与草坪来营造林下漫步空间，大草坪上散植柽柳，人们可以在草坡上玩耍、休息，丰富景观层次的同时增加趣味性（图 3-13-5）。

图 3-13-5 “柽柳草坡”意向图

2. 滨水休闲区

滨水休闲区是游人活动较为集中、停留时间较长的区域，在此处布置了较多的观光、游憩设施，设置临水平台满足人们的亲水需求。沿滨水区设置开放的绿带，以林荫道为主线穿插小型的广场，为游人提供了可滞、可游的绿色空间。区域内设置了“蜿蜒碧波”“雾锁彩虹”“出水观景台”“水柳摇绿”等景点。

（1）蜿蜒碧波

临近水面设置了木质或竹制的亲水平台与曲折木栈道，形成了滨水廊道，满足了人们亲水、好水的心理需求，滨水廊道把周围的景点联系起来形成了流动的观赏路线，从远处看木栈道在水面与植物中曲折交错。木质、竹制铺装的使用，减少了对自然的破坏，为生物多样性的保护创造了更大的空间（图 3-13-6）。

（2）雾锁彩虹

亲水平台与广场相连设置了喷泉，采用喷雾与彩色地灯营造出梦幻、浪漫的氛围。广场设置了自行车租借等观光设施与游船码头管理处（图 3-13-7）。

图 3-13-6 “蜿蜒碧波”意向图

图 3-13-7 “雾锁彩虹”意向图

3. 湿地景观区

湿地景观区内有天然水体和自然形成的湿地植物，该区域的设计在保护现有湿地生态系统的基础上，为游人提供活动、游憩的区域。该区内设置“草长鸢飞”“幽茂鸣禽”“基地魂”“生态木栈道”“芦花飞雪”等景点。

（1）草长鸢飞

景区中游步道在芦苇荡中穿过，沿游步道设置带状种植池、文化墙，把带状种植池打造成“水中花境”。水面开阔的区域有鸟在水上捕食，在东侧开辟出一块鱼塘，木栈道向外延伸出一个平台建了休闲野趣垂钓区，为游人提供了安静的垂钓环境（图 3-13-8）。

（2）幽茂鸣禽

生态浮岛的主景点就是湖心岛，作为主入口对景的“幽茂鸣禽”岛，保留了岛上原有的景观，只是开辟出较小范围的观鸟区，它是公园内唯一可进入观赏鸟禽的小岛，且只能通过水路进入，傍晚人们可以观赏到“落霞与孤鹜齐飞”的景象，在这里人们能够近距离地接触、感受原始的自然景观（彩图 41）。

（3）基地魂

东营是石油装备制造基地，“基地魂”景观模拟石油开采场景，设置部分设施让人们体验、互动，其设置在湿地景观中，体验区与湿地由步行道连接，形成连续的景观，增加趣味性（图 3-13-9）。

图 3-13-8 “草长鸢飞”意向图

图 3-13-9 “基地魂”意向图

4. 湿地保育区

湿地保育区是公园内湿地保护的核心区域，区域湿地生态系统比较完整，原有的植物群落人工干预程度较小，鸳鸯、灰鹤等鸟类聚集，设计为维持其自然状态，只是在湿地周围设置一些简单的景点，如“纤影清韵”“朝霞堤”“踏波台”“赏苇坡”等。

（1）纤影清韵

该景点围绕生态浮岛布置，周围需要穿行区域设置木栈道，防止人为破坏。生态浮岛周围有大量的原生植物如芦苇、香蒲等，形成大片水生植物景观，营造出了“风吹清韵柳翩舞”的景观。生态浮岛由土丘沼泽、草地与周边区域隔离，减少对动植物的干扰，营造野趣盎然的生境（图 3-13-10）。

（2）朝霞堤

朝霞堤上有盐地碱蓬，秋季变成红色，颜色像朝霞，与“落霞与孤鹜齐飞，秋水共长天一色”形成呼应，也预示东营发展的美好未来。水中至驳岸由沉水、浮水、挺水植物向耐水湿的树木过渡，形成典型的湿地植物群落（图 3-13-11）。

5. 文化展示区

文化展示区设置“阡陌水田”“星河浮动”“落日余晖”“潺潺流水”等景点。将历史人文展现、宣传教育与互动体验相结合，主要向游人展示东营历史、名人故事、农垦文化、湿地文化。区域内的稻田、果园内设置体验项目，营造观赏与体验相结合的互动景观。

图 3-13-10 “纤影清韵”意向图

图 3-13-11 “朝霞堤”意向图

（1）阡陌水田

以农垦文化、湿地文化为主题，并划分为三个部分。其中每段的种植池里种植东营各地区的特色植物和农作物，设置农庄观光与农事体验项目。文化墙上采用浮雕来描述东营的故事，用雕塑展示人们农耕、收获的场面（彩图 42）。

（2）星河浮动

图 3-13-12 “星河浮动”意向图

由星辉广场、星耀广场、星河广场等一系列小广场串联而成，展现当地文化，把雕塑、墙、柱作为该文化展区的核心部分，将历史人文展现与科普教育相结合，各景点由雕塑作为过渡，通过两侧的景观小品作为序列性引导，体现出时代感。按照历史事件发生、历史人物出现的时间来排列，将吕剧文化、兵家文化与红色文化作为表达的重要内容，把典型的故事情节用雕塑群的形式表现出来，体现东营人民勤劳、勇敢的传统美德（图 3-13-12）。

6. 游憩观赏及科普教育区

游憩观赏及科普教育区位于湿地保育区的北侧，设置“城市之歌”、“四季景观”、“秀色花苒”、湿地展览馆等景点。该区域面积不大，主要通过各连续的小园来划分空间，组织观光游览路线，设置展馆、雕塑、解说牌与各种简易的实验设施，让游人参与进来。

（1）秀色花苒

该景点主要以各种植物的季相变化来体现景观的变化，由园内的道路划分出不同的空间，设置特色植物园，如柳园、盆景园、芦苇荡、蔷薇园、樱花园。园区内设置不同形式的解说牌与景观雕塑，让游人在欣赏风景的同时，接受生态科普教育，增加人们对植物的了解，使人们与自然更亲近（图 3-13-13）。

（2）湿地展览馆

展馆边缘通过人为种植湿地植物重建了湿地生态系统，扩大了水禽栖息地的面积，在改善和提高动植物生存环境的同时开展相应的科研监测和科普教育、宣传活动（图 3-13-14）。

四、植物种植设计

湿地植物是城市湿地公园景观营建的核心内容之一，科学合理地选择湿地植物是湿地景观规划设计的重点和难点。城市湿地公园的植物配置在保护原有植物群落的前提下，坚持自然性、生态性、多样性、针对性原则，采取乔、灌、草、藤复合层次的绿化。湿地植物选择注重生态性与文化性，注重保留场地内原有的植物，通过合理配置对水体中的污染物进行吸收、吸附和富集，发挥湿地的生态效应。

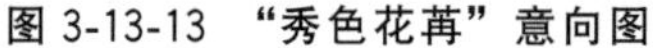

图 3-13-13 “秀色花苒”意向图

图 3-13-14 湿地展览馆意向图

在东营市东郊城市湿地公园植物设计中，选择落叶大乔木为主，辅以观花、观果的小乔木，以常绿与落叶乔木为背景，湿地周围及生态岛选择耐阴的乔灌木。陆地选择黄山栾、毛白杨、大叶女贞、白蜡、黄栌、紫薇、楸树、五角枫、柽柳、榆叶梅、紫穗槐、金叶女贞、金银木等植物，形成具有季相变化的空间层次；临水陆地部分选择垂柳、山桃、蔷薇、夹竹桃、唐菖蒲、连翘、迎春、丁香、月季、鸢尾等观赏性强的植物形成水、影、灌、乔的景观；水生植物的种植模拟自然湿地中植物群落的组成和分布，挺水、浮水、沉水植物搭配种植，选择荷花、千屈菜、香蒲、黄菖蒲、凤眼莲、睡莲、浮萍草、金鱼藻等形成多层次水生植物景观。

东营市东郊湿地公园建设尝试平衡湿地生态系统与人类对其利用之间的矛盾，通过合理的规划设计使二者和谐与融合。湿地公园具有自我演替能力，能够维持区域内的生态平衡，规划设计遵循生态可持续、景观多样性、互动参与原则，在保护原有生态系统完整性的基础上，对于已破坏地区采取适当的人工干预，利用场地内动植物等资源，最大限度维持自然生态过程。设计以东营地区的历史文化为导向，充分挖掘场地的生态特点，将两者结合，融入到公园规划布局与各景观元素设计中，坚持生态与美学兼顾，创建一个融文化、自然、景观于一体的城市湿地公园。

案例十四　济南市白泉湿地公园生态规划设计

城市湿地公园被称为“城市之肾”，具有重要的生态修复净化功能。城市湿地公园以景观生态学原理为指导，以湿地的保护与恢复为目的，兼顾公园绿地的休闲娱乐、科普教育、游览观赏等功能，并且具有极高的生态、观赏、人文、科研等价值。

城市湿地公园生态设计主要围绕着三大重点——湿地生态保护与恢复、湿地科普教育研究和湿地合理利用。而湿地公园的生态规划，有利于建立最佳的人地关系，既满足人们休闲娱乐的需求，又维持生态系统的平衡。

城市湿地公园生态规划是修复受损的湿地生态环境，模拟自然湿地景观，并与地域性文化相互融合，运用景观生态学原理与湿地生态恢复技术，对湿地中的景观要素斑块、廊道、基质进行景观格局分析研究，结合区域环境生态评价，进而提出生态的规划设计方案，指导后期的建设与管理，实现对湿地资源可持续性的综合保护与利用。

一、区域概况

该区域地处北温带，四季分明。该区域南部为鲁中山地低山丘陵区，北部为山前倾斜平原，东南高西北低，地势平坦，以堆积平原为主，土壤一般为黏质沙土和沙质黏土夹沙、砾石层组成。夏季多东南风，冬季多西北风，多年平均气温13.7℃，多年平均降雨量为651.2mm。

20世纪五六十年代，由白泉泉群出露形成了四条河流，白泉河、东河、风沟河和龙脊河，四条河流汇流至小清河。白泉泉群位于济南市历城区东北部王舍人片区，北至距济青高速公路350～600m一带，南至纸房村北、阿科力化工厂一带，西至南滩头村、山东建工混凝土公司一带，东至东梁王庄三村。目前该区域地上以农田、林地、池塘、沟渠为主，部分区域建有农村住宅、厂矿企业等。

二、规划设计依据与原则

（一）规划设计依据

①《济南市城市总体规划（2011—2020年）》；

②《济南市名泉保护条例》（2017年修订版）；

③《济南市名泉保护总体规划》2019年；

④《城市湿地公园设计导则》住房城乡建设部2017年；

⑤《湿地保护工程项目建设标准》2018年；

⑥ 现场初步勘探的资料及有关部门领导及专家的指导意见。

（二）规划设计原则

白泉湿地公园规划设计应遵循系统保护、合理利用与协调建设相结合的原则。在系统保护白泉城市湿地生态系统的完整性和发挥环境效益的同时，合理利用白泉城市湿地具有的各种资源，充分发挥其经济效益、社会效益，以及在美化城市环境中的作用。

（1）保护性原则

以湿地资源保护为主，充分保护原有的历史文化底蕴与生态自然资源。在保护的基础上有限度地进行开发利用，实现生态恢复与经济发展协调建设。

（2）生物多样性原则

保护湿地的生物多样性，营造适宜生物多样性发展的环境空间，提高湿地生物物种的多样性，并防止外来物种的入侵造成灾害。

（3）合理利用原则

合理地利用现有自然资源和人文资源，分析泉水、池塘、沟渠、地形地貌、植被分布等情况，深入挖掘该区域内历史文化底蕴，结合济南新东站规划布局进行总体考虑，将建筑融入环境，使建筑与环境相互衬托、和谐统一、交相呼应、相得益彰。

（4）特色性原则

根据白泉湿地现有的地形地貌特点和现有资源，展现地方人文精神，体现地域文脉，个性鲜明地展示已有历史文化特色，挖掘景观特色，建设具有地域风格的景观设施，为人们提供一个舒适的自然环境。

（5）生态性原则

在景观生态学原理指导下，结合资源现状，修复水体水系，改造自然受损的地形地貌，保护原有的地形、植被以及湿地生态系统的连贯性，保持城市湿地与周边自然环境的连续性，避免大规模的土方工程和人工设施的大范围覆盖，保证湿地生物生态廊道的畅通。

三、规划方案构思

（一）规划设计定位

白泉湿地公园规划以“保护泉水湿地”为核心定位，遵循“实用、经济、美观”的基本设计原则，按照“生态保护、生态修复、适度开发、生态旅游”的方针，旨在将白泉湿地公园打造成一个生态保护与恢复、科普教育研究、生态休闲娱乐的城市湿地公园，实现经济与生态的可持续发展。

（二）总体布局

根据白泉湿地公园区域概况，结合规划目标，以“鱼跃鸢飞，水流拥翠”为设计主题，将白泉湿地公园规划为六大功能分区，形成了“一带、两轴、三环、六区”总体空间布局（图 3-14-1～图 3-14-3、彩图 43），从而营造一种“芦苇一夜扶波皱，白翅双展望古楼。荡舟破苇寻泉踪，红鲤绕莲画中游”的意境。

“一带”为一条景观带；“两轴”为一条东西主轴线，一条南北次轴线；“三环”为三条主要交通环路（图 3-14-1、图 3-14-2）。“六区”即六大功能区，分别为生态保育区、湿地恢复区、科普教育区、休闲娱乐区、滨水活动区、管理服务区，各成特色，并注意营造满足人们不同心理体验与感受的空间场所，重点突出泉水景观，展现泉水湿地特色（图 3-14-3）。

1—曲径幽兰；2—朝霞凝树；3—步移望苇；4—荷香书韵；5—中心广场；6—竹帘香溢；

7—石上听泉；8—落英缤纷；9—日出印象；10—平湖秋月；11—曲院风荷；12—湖光林影

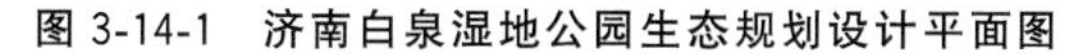

图 3-14-1　济南白泉湿地公园生态规划设计平面图

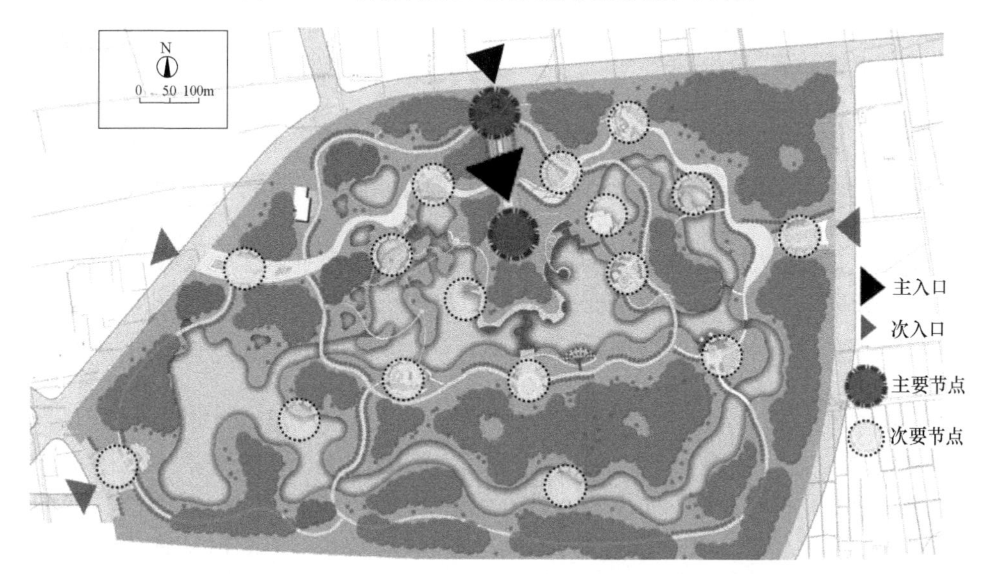

图 3-14-2　济南白泉湿地公园生态规划设计节点分析图

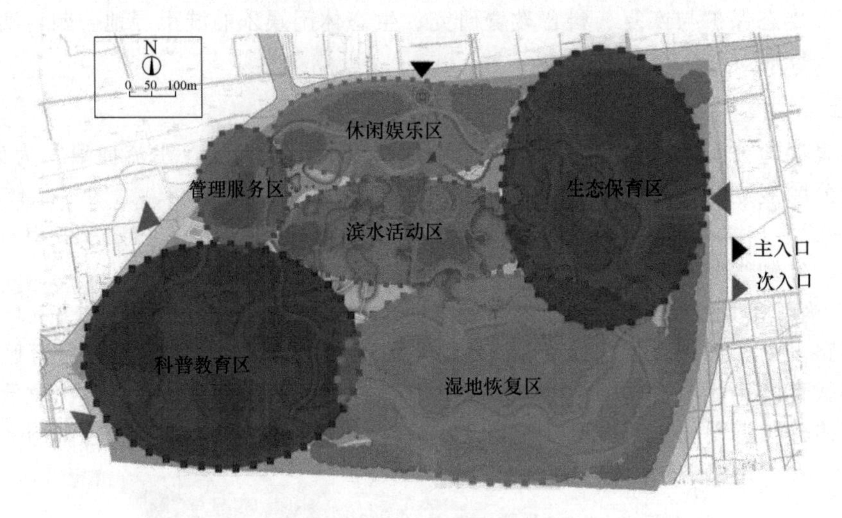

图 3-14-3 功能分区图

(三）白泉湿地公园功能分区及主要景点设计

1. 生态保育区

生态保育区（彩图 44）位于白泉湿地公园的东北角，该区域具有较大水域面积，植被主要以次生乔灌为主且生长良好，由于人为干扰程度较弱，生态适宜性极高，具有较大生态潜力。因此，要重点实施保育措施，调节水体形态，增加景观斑块，提高生物多样性，营建动植物良好的栖息地。还要经常监控区域环境生态变化，不设计休闲娱乐项目；加强管理，严禁破坏环境、污染水域、垂钓、捕鸟等活动，将其作为重点保护区域。

2. 湿地恢复区

湿地恢复区主要位于白泉湿地公园东南区域，原场地基底为农田、果园，具有较高的生态潜力。该区域需要改变现有的地形地貌，设置一条水道，打造一条生态廊道，增加区域生态斑块；提高生态多样性，形成湿地浅滩景观，注重水生植物的配置，实现陆生植物到水生植物的过渡；选择乡土植物，模仿自然群落结构，减少人为干扰，使其逐渐成为动植物的栖息地。适度开发建设，设置湿地生态展示、湿地摄影等项目活动，此区内设计“曲径幽兰”“朝霞凝树”“步移望苇”等主要景点。

(1）曲径幽兰

“曲径幽兰”景点营造一种“起结开合，步移景异”渐入佳境的效果，给使用者一种贴近自然的喜悦感，植物配置物种有白玉兰、望春玉兰、广玉兰、二乔玉兰、樱花等（彩图 45)。

(2）朝霞凝树

“朝霞凝树”景点位于湿地公园东面核心生态区，此处可迎接第一缕朝阳，营造“水似晨霞照，林疑彩凤来”的意境。其主要运用借景设计手法，大面积种植彩叶植物，在视觉上吸引游人的注意力，使人心旷神怡。植物配置有红枫（槭树类)、黄栌、黄山栾、银杏等(彩图 46)。

(3）步移望苇

“步移望苇”景点（彩图 47）位于湖面西侧，面积约 $1hm^2$，以观赏水生植物、和营造特色湿地景观为主，设有数量众多、形态各异的生态小岛，岛上主要采用适宜的乡土树种；生态岛之间用木栈道相互连接，木栈道的交界处为景观平台；节点内设置休憩设施，如凉亭、座椅等。节点内的植物配置中以梭鱼草、水葱、芦苇、菖蒲、香花鸢尾、香蒲、睡莲、荷花、千屈菜、芦竹、再力花等水生植物为主，生态岛上的乔木主要有旱柳、垂柳、水杉、石榴、樱花、碧桃、紫叶李等。

3. 科普教育区

科普教育区主要分布在规划场地的西南部，原场地为部分水域与建筑物，生态适宜性等级较为复杂，并且与未来济南市东火车站相接，游客较多，所以设置为科普教育区。一方面可以通过挖掘济南历史文化底蕴，展现济南市泉文化；另一方面可以适度引入火车站的生活污水，通过人工湿地净化水质，展示湿地环境净化过程，让更多的游客了解湿地科普知识，增加人们的参与性，培养良好环保意识。

该区域设计“荷香书韵”景区（图 3-14-4）。“荷香”有半亩方塘，晨风怒放溢荷香的“城畔荷风”之意，四溢荷香已经定格了湿地景观的风光；“书韵”是科普教育区的核心理念，运用济南宋代女词人李清照的雕塑作为主景；在造景空间中运用对景、借景、框景等设计手法。植物配置为水生植物（荷花、睡莲）、滨水植物（垂柳、枫杨、桃花、樱花）。

图 3-14-4 “荷香书韵”意向图

4. 滨水活动区

滨水活动区位于湿地公园的中部，主要以滨水景观娱乐为主，是园区的主要景观区域，其设计一中心广场，园区主景“鱼跃鸢飞，水流拥翠”即在此区域（彩图 48）。另围绕湿地景观，打造趣味运动、水上拓展、童趣体验、芦苇迷宫等水上娱乐项目。在水域周围可以修建一些亭、台、楼、榭、廊等古建筑，不仅营造了休息停留的空间，也丰富了公园空间层次。

主景所在地的中心广场位于场地的中部，为场地的中心集散地，以硬质铺装为主。中心广场上设有雕塑喷泉、文化柱廊、草坛和座椅等，雕塑喷泉突出了“鱼跃鸢飞，水流拥翠”的主题，雕塑形状构思主要来源于往上跳跃的鱼，蕴含了对当地发展美好的愿望。

5. 休闲娱乐区

此区域位于湿地公园的北部，原址为农田、裸露地、建筑等，其生态价值较低，需要生态恢复，改造地形地貌，营造大面积水域，科学合理地开发利用。该区域主要以休闲健身、滨水娱乐为主，围绕湿地景观，主要打造一些健身养生类项目，如滨河晨练、湿地漫步、饮茶养生等。此区内设计“竹帘香溢”“石上听泉”等主要景点。

（1）竹帘香溢

该景点位于湿地公园的休闲娱乐区（图 3-14-5）。其意境取自于杜甫的“绿竹半含箨，新梢才出墙…雨洗娟娟净，风吹细细香。”竹帘香溢园主要运用障景设计手法，利用小径旁的竹林作为屏障，其内配置香花香草植物在嗅觉上吸引使用者的注意力，整个植物围合的通透而又紧密的空间可创造出别样的静谧，同时香花植物又具有杀菌保健功能，所以该景点设计是湿地公园中修心养生佳境。植物配置有竹、桂花、蜡梅、香椿、刺槐。

(2) 石上听泉

该景点位于公园湖心小岛的北部（图 3-14-6），面积大约为 300m²，以观赏白泉景观为主。景点邻水而建，北面是广阔的湖面，依靠白泉景观使生态岛与湖面联系在一起。通过植物配置营造封闭空间或者半开放空间，景观点内设计亭廊等建筑，为游客提供一个休憩、品茶的交流空间。

图 3-14-5 “竹帘香溢”意向图

图 3-14-6 “石上听泉”意向图

6. 管理服务区

管理服务区位于湿地公园的西北角区，主要满足游客的休息、餐饮及湿地公园的日常管理等需要。该区域以草地、建筑为主，生态适宜性评价值 1～1.453，生态价值较低，距离合理开发区与科普教育区较近，有利于就近管理与维护。

7. 公园出入口设计

公园设计 1 个主入口、3 个次入口、1 个办公管理入口。主入口位于湿地公园的北侧城市干道上。次入口主要分布西北、西南、东侧，以满足不同区域游客的参观游玩。办公管理入口位于北侧的服务管理区，主要满足日常管理维护工作。

(四) 湿地公园水体生态规划

1. 水系水质保护生态规划

白泉湿地公园位于济南市历城区，济南钢铁厂北侧是济南市重要的湿地景观公园，大部分面积为农田，小部分区域为工厂区。湿地公园水补给方式主要有地下泉水补给、季节性洪水补给、城市中水补给、城市河道汇水等，以保证湿地公园水位稳定并形成流动的水面。

随着环境恶化，生态系统受到人为干扰较为严重。水质受污染状况严峻，主要污染源有大量的重金属、化肥农药残留，废弃物垃圾堆积，水体土质富营养化等，因此，对湿地公园水体水系进行污染防治及生态净化技术与规划势在必行。

(1) 防治污染

提高湿地管理技术，改变传统的农药化肥生产方式，打造生态次生演替系统，减少化肥农药的使用，改用生物防治等；对水体水质进行实时监测，加强水体管理，定期清理，严格控制污水排入等。对于已经污染的水域提出修复方案，科学论证方案的可实施性；针对潜在污染危险，提出相应方案备案。

(2) 生态净化技术

充分利用城市湿地“肾”的排毒解毒功能对水体水质净化降解。湿地植物与微生物对水体的净化是一个生物化学、生物物理共同协作的过程，而湿地公园中水生植物的多层次立体生长模式是水体净化与修复的核心，多种植物的多层次立体模式使得各种化学物质被充分吸收，加上微生物的分解作用，从而达到污水净化的目的，湿地生态恢复功能得以实现。为此，在白泉湿地公园的规划设计中采用生物净化技术，设计生态浮岛、湿地植物净化池等，利用湿地公园的生物净化工程，将污水中的有毒物质通过植物的根系和土壤中的细菌、真菌等微生物进行吸收、分解，从而转化为其可以利用的化学物质，如水中的有机物和N、P等元素物质被转化为相应的蛋白质、激素、淀粉等。

2. 水岸线生态规划

水岸线规划设计是根据水体形态与功能分区，既达到对驳岸的生态需求，又满足使用的工程结构的稳定性；严禁千篇一律的钢筋混凝土或者自然植被驳岸，增加驳岸的多样性设计，形成具有景观效果与生态功能的生态岸带。可根据历年水位变化情况与规划范围确定驳岸高度，在保障基本的护坡、防洪、渗透等功能的前提下，调节湿地与陆地的水体交换，为动植物提供良好的栖息地，形成生态廊道，满足动植物信息交流、物种传播等。

(1) 自然型水岸线

自然型水岸线主要规划在生态保护区与生态恢复区，为白泉湿地公园的主要驳岸形式，其以当地植被为主，起到护坡的作用，同时也满足动植物的生活繁殖需求。自然型驳岸要求岸坡度较小，水域侵蚀作用较小；要营建科学合理的植被种植模式：岸边主要以乔木、灌木为主（如柳树、枫杨、水杉、桃树、棣棠、水蜡、火棘、连翘、迎春等）；浅水区主要以挺水植物为主（如鸢尾、大丽花、芦苇、芦竹、千屈菜等）；深水区主要以浮水植物与沉水植物为主（如睡莲、黑藻、狐尾藻等）。

(2) 半自然型护岸

半自然型护岸主要规划在科普教育区与合理开发区，自然驳岸与亲水景观空间相结合，既要满足生态需求，又丰富水岸线景观。通过营建一些木栈道、亭、廊、水榭等建筑物，或者小型广场、花境等，形成对景空间，增加空间层次。半自然型护岸一般驳岸坡度较大，坡体设置结构主要以金属网格或者抗腐蚀材料编制体填充砂砾石块，形成护坡，具有良好的通透性，也有良好的抗挤压、防侵蚀作用，或者使用天然的石块、木桩来阻挡护坡增加稳定性。在植物配置上与自然护坡相类似。

（五）湿地公园植被生态规划

白泉湿地公园内原有植被种类主要以湿生与陆生草本植物为主，乔木以柳树、榆树、毛白杨为主，乔灌种类较少，地被植物类较多。植被规划应在保留原有树种的基础上，恢复生态多样性与景观多样性。湿地公园植被生态规划主要分为树种选择和植物配置两部分。

湿地公园植物的物种选择，应该坚持生态多样性原则、适地适树原则、观赏性原则等。在满足生态系统多样性的基础上，营造良好的自然景观。

湿地公园水体净化区域，需要引种大量抗污能力、净化能力较强物种来净化水体、土壤，如芦苇、芦竹、香蒲等，营造低中高复合空间过滤净化模式。在休闲娱乐、观赏区引种观赏类、蜜源花果类树种，营造良好的景观空间与丰富的空间层次，同时也为动物提供食物与栖息地。根据植被的生态习性，营造不同地形地貌以及不同时节景观。湿地公园中生态核心保护区域与生态恢复区应该大量种植适应力较强的乡土物种，模拟自然种群群落，形成良好的生态环境，后期维护与管理较为简单，管理粗放、成本较低。

为避免引起生物入侵、破坏原有的生态系统，要尽量减少入侵物种的引植，如水生湿地植物凤眼莲，其生存繁殖能力极强，入侵了许多湖泊、河流，造成生态系统的崩溃，并且需要耗费大量人力、物力来清除治理。

湿地公园中主要种植的乡土树种有侧柏、臭椿、香椿、女贞、石楠、枫杨、垂柳、柽柳、落羽杉、泡桐、杜仲、榆树、青桐、蔷薇、大叶黄杨、水蜡、海桐、竹子、千屈菜、野薄荷、灯心草、水葱、睡莲、芒、芦苇、菖蒲、鸢尾、荷花、水稻、曼陀罗、葵菜、水芹菜、龙葵、黄袍、何首乌、乌袍、车前草、铁蒿、金银花、蒲公英、苍耳、黄花菜、麦冬、风车草、青麻、狗尾草、艾草、枣、虎杖等。

景观类树种有黑松、白皮松、雪松、银杏、火炬树、红瑞木、花叶芦苇、十大功劳、丁香、珊瑚树、悬铃木、七叶树、樱花、紫叶李、碧桃、铺地柏、黄山栾、合欢、五角枫、元宝枫、红王子锦带、枸骨、美人蕉、大丽花、大绣球等。

花果类树种有刺槐、无花果、山楂、海棠、板栗、杏、柿子树、梨、桑葚、豆梨、枣树、构树、桂花、丁香等。

(六) 湿地公园道路规划

通过对白泉湿地公园进行道路分析(图 3-14-7),进行公园的道路规划。综合考虑未来新东站片区交通规划,特别是和济南新东站的关系,方便城市居民和外地游客及景区管理的需要,结合景区内现有道路,整合交通系统,合理进行道路分级,使得景区内道路满足游览、交通运输、消防以及风景区与外部的联系便捷等多种需要,设计中既要保护风景区自然环境,减少工程投资,又要结合地形和景点分布,以方便游客游览。

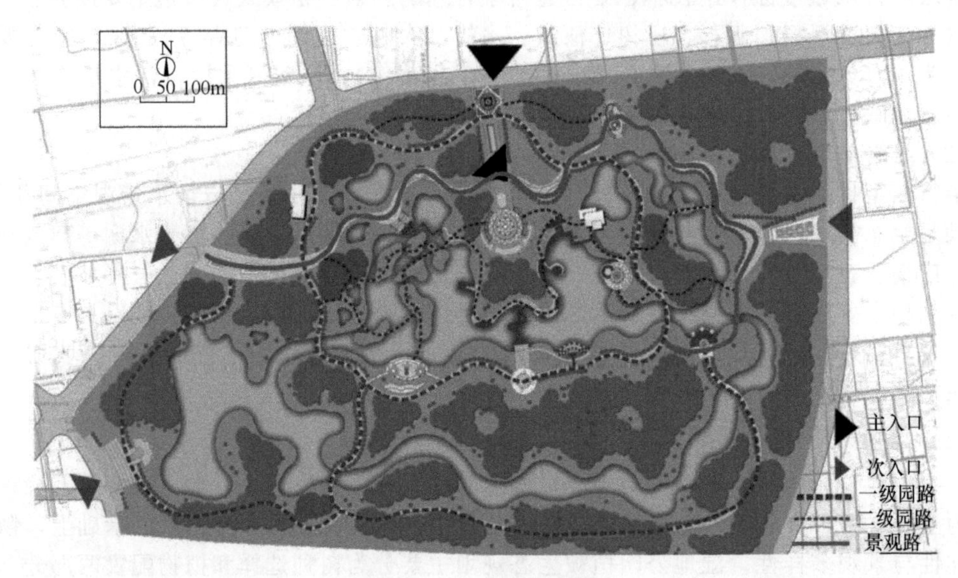

图 3-14-7 道路分析图

公园的道路系统分为四级:一级园路、二级园路、三级园路和景观路。一级园路为三个环形道路,连接主要的功能分区,来组织游览、消防、管理等,道路宽度规划 6~7m,采用双向排水,道路两侧分别设置 0.5m 的汇水沟。二级园路为各景区内的游览主线,交通网较为密集,路面宽度为 3~4m。三级园路为 1.2~2m 宽,以石块或嵌草铺装为主,曲折蜿蜒形体与自然融为一体,形成幽静深邃的小径。景观路为横贯公园东西主要景观轴线,穿过主要功能分区与主要景点。湿地公园设置两个大型主要停车场,分别布置在北侧的主入口与西南侧的次入口,共设计 1317 个停车位。

城市湿地公园作为城市环境净化器官,最主要的功能是生态系统的维持与修复,同时兼顾社会功能和经济功能。城市湿地公园在单调的城市环境中,在物种种群信息传递、基因交流、物质运输等方面发挥着不可替代的作用,同时,也是城市美化、文化展示、休闲娱乐以及人们日常生产生活不可缺少的绿地空间。

案例十五　济南市莱芜区龙崮河河道景观规划设计

近年来，城市内涝问题日益严重，河道生态系统被破坏。河流是城市重要的生活记忆和生态廊道，也是城市活力和形象的重要表征，对城市河道进行生态规划设计有助于提高城市景观建设水平，提升城市魅力。在城市河道治理和开发过程中，对河道护岸和堤防、河岸植被、河道水质等的治理，应推广应用生态治理技术，最大程度改善修复河流生态系统，促进城市河道良性循环。龙崮河是莱芜区城市肌理和生态廊道的重要组成部分，对龙崮河的生态环境进行生态恢复，有利于提升莱芜区的形象。

龙崮河河道景观规划设计在前期理论研究和案例分析的基础上，对龙崮河进行生态恢复设计、功能分区及节点设计，以山水画卷的形式展示了绿水青山与人文康体景观相结合的自然生态环境，通过构筑物、景观小品、景观空间的营造展现区域性、生活性、景观性和可持续性的独特景观，展示田园风光与城市乡愁相交融的时代画卷，促进人与自然、人与人之间的亲和关系，为莱芜人民营造一个规划完善、布局紧凑、科学便利、优雅宜人、具有人文关怀和精神承载的新龙崮河环境。

一、莱芜区龙崮河区域概况

（一）区域现状

济南市莱芜区地处山东省中部，交通便利，历史文化悠久。龙崮河项目位于莱芜城区东北部，规划范围自东沈家庄村、龙崮水库起至孝义河，长约 10km，规划景观面积约 130 万平方米，服务人群主要是当地和中心城区的居民，是莱芜区对外展示的窗口。

1. 基地现状

河道上游段（龙崮水库—博莱高速）较为平坦，形态明显，但水量较小，两岸多为白杨林；河道东侧多为坡地，西侧则以村庄、农田为主，共有 5 处道路横穿河道。河道中游段（博莱高速—水坝）较为平坦，水量较小，为曲折蜿蜒的较窄的溪流，并具有河流冲击形成的滩涂景观，两岸植被以白杨林、旱柳为主，南端有大片的芦苇等水生植物；两侧现状为农田、村庄；西侧有高压线过境，全段共有 5 处道路横穿河道，南端有 1 处拦水坝。河道下游段（孝义水库—博莱高速）河面较宽，水量充沛，植被以苗圃、白杨林与旱柳为主，以及局部的芦苇、荷花等水生植被；西侧以林地为主，有 1 处供电站，并有高压线过境，东侧分布有农田、居住区、公园；共 1 处道路横穿河道，中部有 1 处拦水坝。河道支流段落差较大，水面宽窄变化，多为较窄的水流，水质较差；河两岸以村庄、农田、林地为主，北部与道路之间高差较大，南部坡度较缓。

2. 基地发展分析

（1）劣势

河道位于主城区外围，目前人流量单一；河道支流处水量较小，受周边村庄影响较大，有一定污染；河道两侧植被品种单一；河道蓄水坝陈旧，河道亟待清淤，部分岸堤损坏严重，岸线单一，可达性不强；与多处高压线、高速路、铁路线有交叉，对于景观连续性有一定影响。

（2）优势

在上位规划中占有较佳的位置，可塑性较强，有较大的发展潜力和使用价值；河道水流不断，水质较好，尤其下游水坝处形成较宽阔的水面，景观基础较好；河道两侧有良好的绿化腹地，两岸生态基础较好，有一定的绿化基础，存在多株形态较好的大树；现状水际线变化丰富，形成了大水面与小溪流、滩涂、湿地等类型多样的、独特的景观风貌，为后期设计提供了良好基础。

（二）周边现状分析

项目周边用地结构较单一，主要以农田和村庄用地为主，同时有公园及部分企业分布于道路两侧。项目周边的京沪高速、莱芜枢纽立交、青兰高速、滨莱高速同属车流量较大的路段，莱芜枢纽立交、银河大街与山深线、银河大街与凤凰路的交叉口是区域内主要道路交通节点，并有多条乡村道路穿插其中。

二、设计依据与设计原则

（一）设计依据

①《江河流域规划编制规程》（SL 201—2015）；

②《城市规划编制办法》2005 年；

③《公园设计规范》（GB 51192—2016）；

④《莱芜市城市总体规划（2017—2035）》；

⑤ 基址现状资料及我国现行的相关设计法规、规范、标准。

（二）设计原则

1. 科学系统性原则

河道及河流的形成过程是地球内外力综合作用产生的复杂的地理系统，包含了众多因素，而每一因素的缺失和变化都会对外部景观的面貌形态产生巨大的影响。因此，河道的景观规划设计要采用科学的分析方法，系统地对河道进行调查和研究，从水位深度、汇水区域、层级高差、水质水量、防涝泄洪等角度，以系统的区域角度进行全方位多层次的科学规划。

2. 效益统筹原则

河流的整治包含了防洪防汛、生态保育、水质提升、美化城市等一系列效益的综合提升，在规划设计时要实现多重效益的兼顾，以安全稳定为前提，保证净化水质和生态环境，以优美的环境承载人们休闲娱乐亲近自然的活动，增加岸线活力，提供更多的与环境互动的机会，同时大幅提升滨河沿岸土地的市场价值，带来社会效益。

3. 功能实用性原则

场地的设计再造目的是满足使用者的多重需求，河道的景观层面应采用复式设计，结合堤岸、滩涂、水坝等提供多样游憩场所，以人性的尺度安排适合漫步、长跑、骑行、草坪浴、戏水、野营等活动。

4. 生态可持续原则

结合生态学原理，再造自然共生环境，增强景观异质性，创造天然生趣。以稳定的生态群落促进系统循环，维持更新发展，构架起综合的生态廊道，实现可持续的发展。

5. 文化保护原则

文化是景观的内在生命力，是地域性景观营造的内涵点，文化的产生是社会功能的需要，文化的本质在于维护社会规范，不同的文化功能构成不同的文化布局。

三、莱芜区龙崮河河道景观规划设计方案

（一）设计理念

利用景观双修的设计手法对龙崮河沿线进行生态修复以及传统文化的修补。通过建立穿过基地的生态走廊，提供野生动物栖息地；促进雨水的渗透，并创造更多进行户外运动的场所；在河道确立并恢复当地植物群落，保护原生动物群；推进河道的可持续设计和使用；恢

复现有河道沿线的水生植物走廊，净化水质，建立湿地栖息地并缓解洪涝灾害。在生态环境修复的基础上重现昔日河畔记忆，重塑乡土特色，尊重基地的文化内涵，打造具有地域特色的河道景观。以“舞动的绿脉，简单的美丽”为主题，以北宋著名画家郭熙的山水画论《林泉高致》为灵感来源，以其中山水写意画“可望、可即、可游、可居”的理论为景观脉络，与莱芜特有的山水自然环境有机结合，打造贯穿龙崮河的四条景观脉络，即蓝脉、绿脉、动脉、文脉，并以此为构架，使山水空间、景观游线与城市肌理有效衔接，展现柳林溪田、山野晴和的田园风光和城市乡愁，成为一幅向莱芜区中心徐徐展开的自然山水画卷。

（二）设计目标

文化是区分一个民族的重要标志，也是民族力量的重要源泉。通过对龙崮河水系及周边环境的全面治理提升，完善片区功能，增强文化内涵，将龙崮河打造成一个体验轻生活自由行的活力空间，融合钢铁文化、山水风光和当地建筑，体现莱芜本土特色，恢复两岸原有记忆，体现田园风光及城市乡愁，将龙崮河打造成充满活力与生机的绿色廊道；将现代园林形式及生态园林引入场地，营造一处凸显本土文化的堤岸空间；将水系网络、步道空间、绿化空间和多样水活动空间有机结合，营建场地内生态物质循环和生物多样性生境，从而提升周边区域吸引力的生态水脉；最大限度地结合自然景观和场地及现状，营建连续多样的滨水步行系统和功能多样的景观节点，将龙崮河打造成能唤起儿时记忆的美丽画卷。

（三）总体布局

龙崮河规划方案在整体生态修复的基础上，空间对外强调标志性和识别性，对内强调使用功能性与舒适性，完善区域内部交通，增设绿道，形成城市滨水慢行系统；结合水体设置亲水活动空间以及文化特色空间，给游人带来休闲娱乐功能的同时提升区域活力，展现莱芜文化，突出周边田园风光，寻找记忆中的乡愁，将田园山水风光画卷展现在游客眼前（图 3-15-1）。

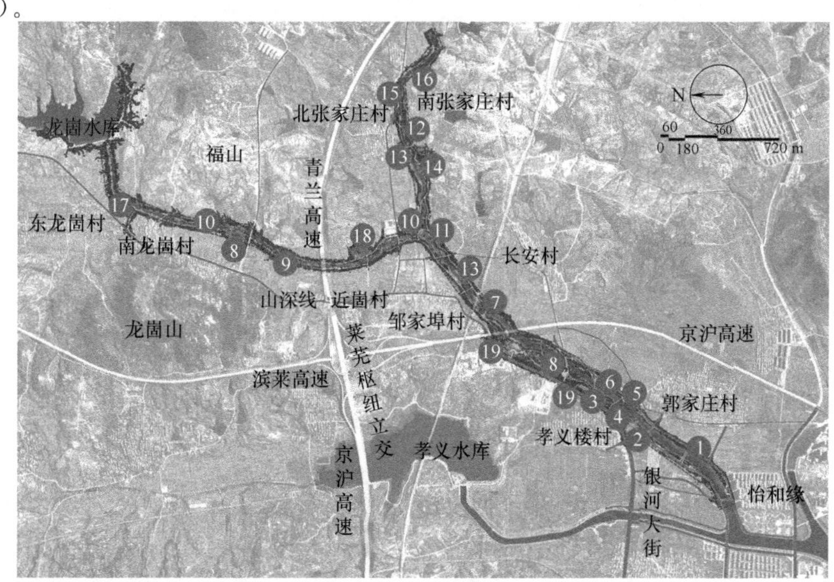

1—鹭舞鸳飞；2—高新之雕塑；3— 服务中心；4 — 儿童游戏空间；5—公厕；6— 水岸半隐；
7— 柳林溪田；8—滨水剧场；9—古柳新韵；10— 观鸟塔；11—芦荡迷津；12 — 花圃梯田；
13— 渡槽景观；14— 岛影古筑；15— 村间民趣；16— 溪涧流瀑；17— 花溪拾趣；
18—雪藕飘香；19—生态停车场

图 3-15-1　龙崮河河道总平面图

规划以龙凼河及周边风貌为基底，融合生态水脉、植物绿脉、乡土文脉、景观动脉，形成“一底、四脉、五区、多点”的景观结构（图 3-15-2）。其中，一底为龙凼河及周边风貌；四脉为蓝脉、绿脉、文脉、动脉；五区为特色文化体验区、休闲游憩区、生态湿地科普区、田园生活体验区和郊野休闲娱乐区；多点则为打造与城市功能相呼应且特色鲜明的景观节点，滨水空间与周边用地相互渗透融合，并在局部设置重要节点，提升城市形象，丰富城市景观。

图 3-15-2　景观结构图

（四）功能分区

根据龙凼河周边状况和河岸环境，将龙凼河河道景观分为休闲游憩区、特色文化体验区、生态湿地科普区、郊野休闲娱乐区和田园生活体验区五个功能分区（图 3-15-3）。

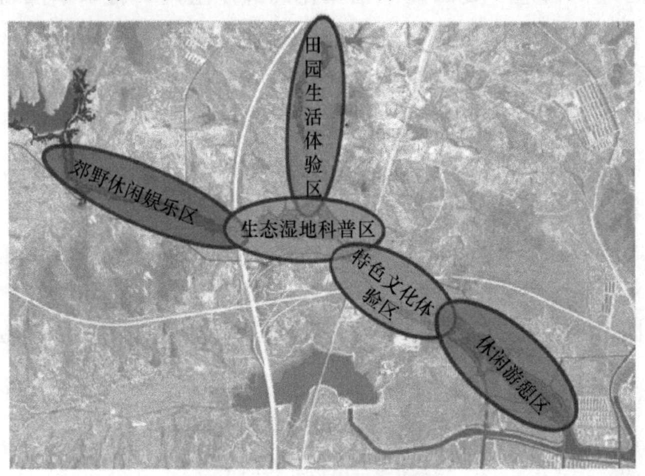

图 3-15-3　功能分区图

1. 休闲游憩区

该区域为整条河道景观的主要景区，周边以城市居民区为主，人流密集，利用区域丰富的河道地形及水资源，打造成为供市民休闲游憩的城市游乐区，此区域内有体现整条河道景观设计主题的主景——鹭舞鸢飞，见图 3-15-4（a），景点以特色雕塑和大草坪为空间构成元素，主题雕塑是景点的构图中心，灵感来源于白鹭，蓄势待发的白鹭体现莱芜人积极向上、奋发进取的精神。大草坪为市民提供了休闲娱乐的舒适空间，草坪上空栩栩飞舞的风筝结合主题雕塑的寓意共同营造出了鹭舞鸢飞的景观意境，以及景区中的龙凼飞鸿景点，见

(a) 鹭舞鸢飞

(b) 龙凼飞鸿

图 3-15-4　休闲游憩区主要景观效果图

图 3-15-4（b），都体现了“舞动的绿脉，简单的美丽”的设计主题。

2. 特色文化体验区

该区域地块靠近城市并且腹地较宽，整合岸线形成曲折富有变化的滨水空间，通过地形起伏，充分利用林下空间营造开敞的草坪空间，并设置滨水剧场，为游客提供休闲观景平台。挖掘当地特色历史文化信息，将其融入活动场地、景观构筑物与标志性景观中，使其成为富有生机与活力的区域，主要景点有柳林溪田（图 3-15-5）。

3. 生态湿地科普区

该区域作为城市和乡村的过渡区域，设计风格以自然式为主，结合龙崮河现状，在清淤和生态恢复的基础上，通过水生植物的净化、生态岛的设置，打造集生态保护、科普休闲为一体的湿地景观，此区域景观主要有芦荡迷津和雪藕飘香（图 3-15-6）。前者是具有生态气息的亲切空间，平坦的地势面对宽阔的水面，视线通透感强，滨水设观景平台，结合疏林，形成林荫空间，给人们提供了充足的游憩场地，并应用艺术化的构筑物形成空间标志性景观。后者利用当地藕池资源，整合景观，以供游客进行观光、游览、品尝、购物、休闲、度假等多项活动，形成具有特色的“雪藕观光采摘园”。

图 3-15-5 柳林溪田效果图

图 3-15-6 生态湿地科普区主要景观效果图

4. 郊野休闲娱乐区

该区域在龙崮河上游地段，此地段以湿地肌理为主，设计以场所精神为主导，保留现状的肌理，打造生态野趣的湿地景观。规划贯穿休闲慢步道，沿线设置滨水休闲节点，如“花溪拾趣”就充分利用河道景观、田园景观和乡土文化，使此景区园中有田、田中有园，展现河道的原始风采以及农田、丘陵的自然风光，广场内设置农耕小品进行展示，供游客进行观光、游览、休闲、度假等多项活动，形成具有特色的生态观光景观（彩图 49）。

5. 田园生活体验区

该区域为河道滞留段，腹地较窄，两侧乡村较多，因此，规划结合乡土风貌，以乡愁为主线，以乡土气息的小品为灵魂，再现传统田园生活，展示龙崮河本地的淳朴风情，为群众提供田园特色的休闲场所。该功能分区的主要景点有岛影古筑、溪涧流瀑，其结合地段特色，在河道内设置特色河卵石景观，作为游人游览的主要游线，河岸宽敞区域设置农耕用具展示，供游客休闲娱乐及观赏（彩图 50）。

（五）交通设计

龙崮河河道景观规划设计方案设置了市政道路和一级、二级、三级道路系统，处理好交通与城市功能区间的关系，可为公共空间的人群活动提供便利，满足游人需求（图 3-15-7）。其中，市政道路宽为 10m，与城市支路、周边乡村道路相连接，用于通车；一级道路宽为 5m，它与慢行系统相结合，承载最大人流，满足日常管理通行需求；二级道路为 3m 水岸路，其贯穿沿岸的景点与场地，通过曲线道路局部进出，打破原道路空间过于笔直、生硬的形态，并调整岸线形态，增加空间的情趣，延续亲水感；三级道路宽为1.5～2.5m，其结合周边环境与原有道路，通过路网调整，构筑两岸连续、完整的休闲步行道，增加不同形式的慢行系统，丰富游览线路。

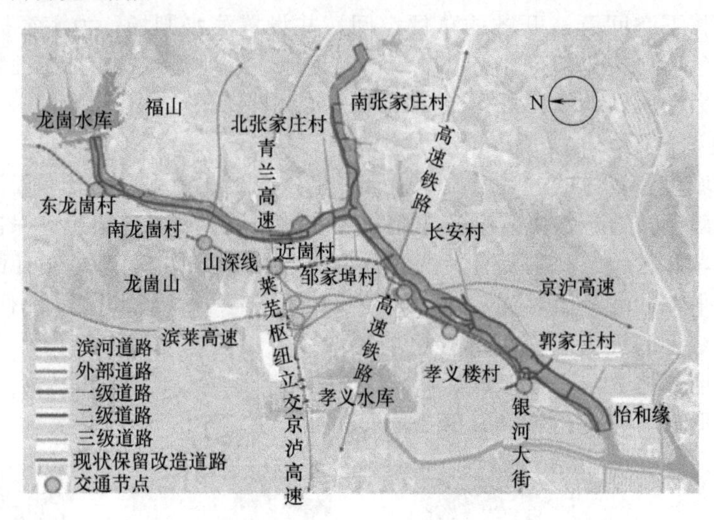

图 3-15-7　交通流线图

（六）景观视线设计

规划综合考虑龙崮河河道同周边主要交通道路的对景关系的需求，设置景观节点，形成视线焦点，同时，沿两岸设置观景点，符合人的观赏视线，丰富游客的游览体验，河道主要景观视线分析见图 3-15-8。

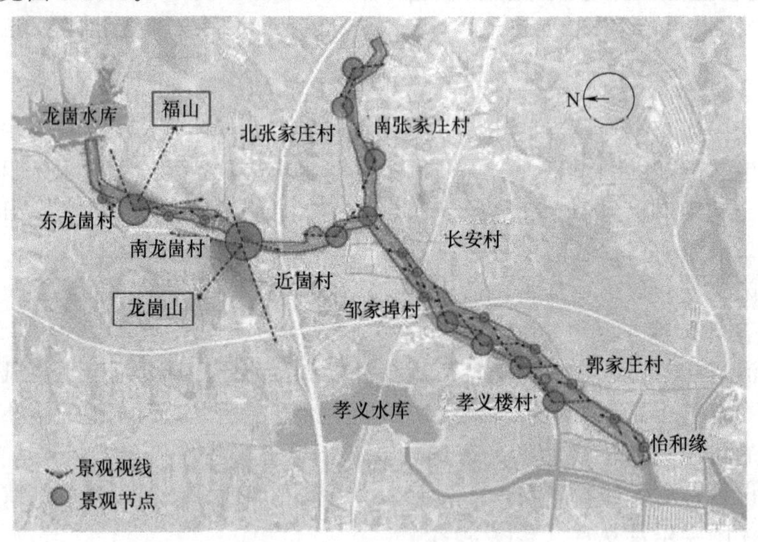

图 3-15-8　景观视线分析图

（七）水系规划

水系规划主要遵循河道与城市、居民和动植物之间相生互生的原则。随河道延伸的滨河走廊、滨水平台、供人横渡河道的踏石以及可以游玩、戏水的广场，增加了亲水空间和条件。改造后的河道宽窄不一，让河流有多样化的流动形式与流速，为野生动植物群落营造多元化的栖息地。由于河道属于季风性气候地区，针对丰水期，既要补给水源，还要行洪排涝，因此保留改造现状11处桥和水坝，同时新增4处桥与水坝，确保及时泄洪；结合雨水收集系统，利用水塘、下沉式绿地、生物滞留设施等收集雨水、降低雨水径流、增强雨水渗透；旱季上游以蜿蜒曲折的小溪流或旱溪景观为主；结合水闸设计4处湿地蓄水区域，利用阶梯式多级跌水、湿地水池等增加蓄水量，同时通过水库、汇水池补水方式，保证下游景区水量（图3-15-9）。

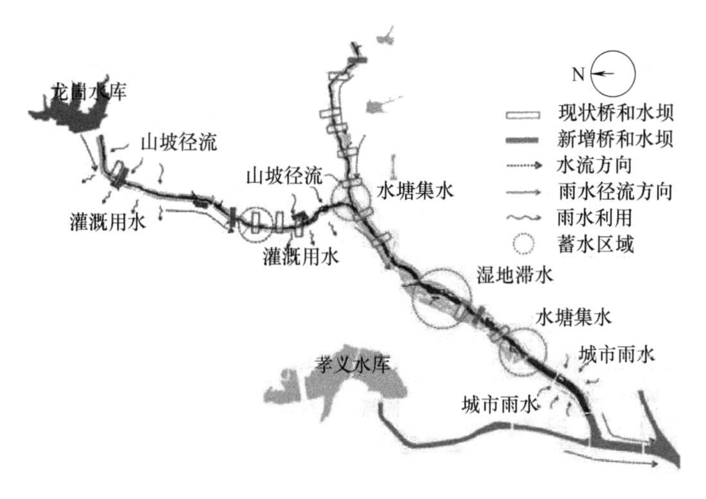

图3-15-9　水系规划图

（八）种植设计

绿化树种选择以乡土树种为主，在保留、整合现状植被的基础上，突出五个分区各自的种植特色。总体上以落叶树结合常绿树形成绿化基调，并利用景观树种、色叶树种、观果树种体现春花、夏荫、秋叶、冬景的季相变化。乔木林带、护坡植物、近岸植物、湿生植物种植顺应河流走势，与周边各用地充分融合，与景观规划相呼应，形成一条层次丰富、立体感强的绿色生态廊道及连续规整的林带色块。

1. 苗木选择原则

苗木的选择以体现莱芜地域特色的植物为主；选择抗性好的树种，对于特殊地段选用抗风性好、耐阴的植物，其易于养护管理，且适应河道格局影响下的微气候；常绿与落叶、速生与慢生、彩叶等观赏植物相结合，植物搭配丰富。

2. 苗木种植比例

落叶树与常绿树之比为3∶2。其中落叶树分为彩叶类、花灌木、观果类和普通落叶类，以满足不同功能区的观赏需求。常绿类植物分为针叶类和阔叶类，进一步丰富常绿景观。

3. 种植分区规划

① 特色文化体验区：种植毛白杨、白蜡、国槐、栾树、油松等，凸显文化氛围，增强互动性。

② 休闲游憩区：以大叶女贞、日本晚樱、香花槐、樱桃、桃等树种为主，体现当地的生物性。

③ 生态湿地科普区：种植睡莲、千屈菜、香蒲、花叶芦竹、狼尾草和水葱，既能满足科普的功能，又能体现多样性，并增强互动性。

④ 田园生活体验区：为营造丛林幽静的氛围，种植千头椿、泡桐、白皮松、黄栌、枣等。

⑤ 郊野观光游览区：种植杨树、白蜡、大叶女贞、二月兰、油菜花，营造开阔的疏林空间。

莱芜区龙崮河河道景观设计从人本角度出发，遵循生态、自然、科学、适宜的设计原则，打造了绿色健康与人文关怀并重的自然生境，以龙崮河场地现有风貌为基础，通过蓝脉、绿脉、动脉和文脉四条景观脉络，采用因地制宜、随形就势的设计手法，创造灵活的空间结构，营造宜人的舒适环境，解决城市内涝问题，改善、修复河道生态系统，落实民生政策，将龙崮河营造成为促进人与自然和谐共荣的绿色廊道生态水域。

案例十六　现代休闲农场景观规划设计
——以济南南山农场为例

随着城市化进程的快速发展，人们生活节奏加快，导致了汽车尾气、人口骤增及环境嘈杂等一系列城市问题出现，城市居民回归自然的意愿渐强，形成了巨大的客源市场和旅游需求，农家乐和农业观光园等因其独特的田园文化和生活气息特质，顺应了人们减压、放松、回归田园生活和获取知识的心理需求，受到城市居民的青睐。我国灿烂的农耕文明和丰富的农业资源，为现代休闲农场的发展提供了优越的基础条件，同时现代休闲农场景观的发展也是城市休闲景观的一种补充，而传统的农家乐以及单一的农业观光园等乡村旅游已经不能满足人们的需求，从而赋予了现代休闲农场景观一个良好的契机。

现代休闲农场景观应该充分利用乡村的自然环境，结合区域优越的地理位置，为城市中向往慢节奏的居民提供良好的休闲体验场所，使其参与到休闲农场的活动中，有效地利用乡村荒山坡地，为乡村旅游和新农村建设提供一种新的发展模式。休闲农场景观不仅能实现资源循环利用，实施低影响开发建设，而且对于保护生态环境具有重要意义。济南南山农场景观的规划设计目标是使人能够体验休闲农场的田园生活乐趣，感受大自然的绿色生态，形成历史文化与生态文化交融的休闲度假胜地。

在农场景观快速发展时期，越来越多的人参与到乡村农场景观中，而现有的农场景观形式和内容单调乏味，规划设计水平良莠不齐，重复建设问题严重，如果不对农场景观的规划设计进行系统研究总结，必然会造成资金、土地和人力的浪费，增加农民负担，可见现代休闲农场景观规划设计，对于新农村建设也具有重要的意义。未系统化的规范标准，使景观规划设计成为亟需解决的技术性难题，如何营造具有特色的现代休闲农场景观已经成为一个新的研究方向。

一、规划设计区域概况

(一) 区域现状

南山农场位于山东省济南市历城区仲宫镇，有城市交通干道接入，地理位置独特，地处泰山余脉，辖地面积约 800hm^2，水面占地面积约 17hm^2。场地水源来自山洪积水，常年保持稳定储水量。南山农场西部为山峦环抱的坡地平原以及丘陵式山谷，北部包含南山农场部分居民民房及相对平坦的杂草丛生的场地，东部有市区道路接入，南面为山峦丘陵地貌构成的植被茂盛区域。区域内整体四周高中间低，基地现状中心地域为水塘，现已基本干涸，但具有改造利用价值，水塘南北交通由石桥连接。辖区内最高峰海拔为 932m，河谷最低处为 238m，山体上部较陡，中下部较平缓，少数地方岩石裸露，表层土壤肥沃，场地内农田肌理保存较好，有大量果树生长，自然环境优越，有良好的生态构成，植被覆盖整个区域。

(二) 自然条件

南山农场地处暖温带，半湿润季风型气候，四季分明，春季干旱少雨，夏季炎热多雨，秋季凉爽干燥，冬季寒冷少雪。其中年平均气温为13.8℃，年平均降水量为685mm，年日照时数为1870.9h。场地内植被茂盛，以松柏针叶类树种居多，乔木多分布在山体下部以及沟谷中，法桐、银杏、毛白杨较多；山体中上部以灌木、草、针叶类居多，种植柿树、核桃、黄梨、山楂、板栗等较多，并产有丹参、远志、香附、枣仁、野菊等几种药材；水生植物以芦苇、水生鸢尾、千屈菜为主。

（三）人文条件

济南南部山区旅游资源丰富，现代文明与历史文化也在此交辉，是融人文与风景于一体的资源体系。此处特色包含有四门塔、墓塔林、明真观、大佛寺、特色民居等景观建筑类；南泉寺遗址、般若寺遗址等遗址类；地方风情、民间节日等人文活动，如梨花节、采摘节、九顶塔民族风情等。南部山区作为泉城济南的“后花园”，历史文化与生态文化交融之地，是济南市民休闲度假的胜地。

二、规划设计依据与原则

（一）设计依据

①《济南市城市总体规划（2011—2020年）》；

②《城市规划编制办法》2005年；

③《公园设计规范》（GB 51192—2016）；

④《全国休闲农业发展“十二五”规划》；

⑤ 基址现状资料及我国现行的相关设计法规、规范和标准。

（二）设计原则

1. 参与体验性原则

南山农场以原有的农田水域为设计基础，以交通、色彩、农田采摘体验为设计来源，从参观游览者的角度出发，增加了别具特色的节点设计，利用农作物和园林植物的物候变化，带给游人色彩上的视觉冲击，同时能够让游人体验农场种植采摘的田园生活乐趣。此外，将农业与鱼塘养殖业等有机结合，形成以人为本的可持续发展模式。

2. 生态保护性原则

南山农场以农业景观为依托，在设计中充分尊重和保护生态环境，改变传统的农业生产模式，寻求人与自然的和谐，把单一的农场生产转变为体验农业和享受农业，不仅增强了人们的生态保护意识，更能建设一个符合生态要求、结构合理、功能完善的绿色生态休闲农场。

3. 美观实用性原则

南山农场结合区域现状、自然条件和历史人文条件等元素，以“花木环山、色彩斑斓”为出发点，以农场山体为依托，形成色彩贯穿休闲农场的景观，强调由低到高叠加的肌理，顺应山体由下至上分别种植各类作物、果木，给人呈现最丰富、最原始的色彩体验，打造真正的花田景观。

三、规划设计方案构思

（一）规划设计目标及定位

1. 功能多样性

现代休闲农场景观是具有娱乐、休闲度假、文化教育等多项功能的体验式景观场所，能够推动新兴产业发展，也会带动周边的经济发展，并且让当地的农民参与进来，促进农业转型升级和田园综合体的建设，加快城乡景观一体化整合，推动美丽乡村建设。

2. 地域特色性

现代休闲农场景观最重要的表现要素是农作物及园林植物。由于地理位置的差异，导致气候环境的不同，不同区域的植物景观随之变化。受季节的限制，也将体现出不同地域的季节差异性。

3. 生态保护性

农村相对于城市而言，生态环境较好，现代休闲农场景观主要是利用农村原有的农田肌理、山地景观等自然环境而设计的一系列农场体验景观，最大可能地保持原有的自然景观状态，比城市公园更具有生态保护性。

（二）规划设计主题立意

济南南山农场以“绿色田园综合体”为设计主题，遵循“绿色生态”与“田园生活”的核心理念；强调特色，注重定位，充分体现以人为本的原则，是可持续发展的直观表现，人类通过节约资源、保护环境实现人与自然的和谐与动态平衡，即都市人所追求的返璞归真，感受阡陌交通的真实；摒弃城市的霓虹灯，体验农田最真实的色彩，感受陶渊明所描述的“林尽水源，便得一山……有良田美池桑竹之属，阡陌交通，鸡犬相闻”的田园风光之美。对于绿色田园综合体的实现，南山农场的景观规划设计构思主要体现在以下几个方面。

(1)“农场＋园区”现代农业景观的构建

农场环境是近自然的基底，利用农场特有的自然生态景观资源，自然生态与农场景观的融合，利用“农场＋园区”的模式构建现代农业景观，打造观赏型农田景观、湿地景观、花田景观等，让游人回归自然，感受田园风光。

(2) 农事体验与田园休闲的集聚

让游人了解农业生产过程，参与农事活动，在参与中体验农耕乐趣；规划田园木屋、传统民居、演艺广场等特色休闲区，使游人能够深入农场田园生活空间，体验乡村风情活动。

(3) 农耕文化与农业科技的展示

农耕文化在中国具有悠久的历史和深厚的根基，讲述农业起源与发展脉络，展示农耕遗产与景物；开展农业科技和生态农业示范，展示现代农业的新技术、新设施、新品种、新产品等创新成果，体现农耕文化与农业科技的传承与科普教育功能。

（三）总体布局

济南南山农场规划设计按照参与体验性、生态保护性、美观实用性原则，充分利用区域现状的自然条件，结合基址周边环境以及人们对于休闲农场的功能需求，以“绿色田园综合体”为主题，形成“一核、五区、多景点”的空间布局和点、线、面相结合的现代农场景观生态网络体系（图 3-16-1、图 3-16-2)。

“一核”是以雨水花园为主的中心区域，展现南山农场绿色生态的核心理念。雨水花园是指在园林绿地中种有树木或灌木，由树皮或地被植物作为覆盖的低洼区域，通过将雨水滞留下渗来补充地下水并降低暴雨地表径流的洪峰，可通过吸附、降解、离子交换和挥发等过程减少污染。“五区”是根据园区特色斑块建设，规划形成入口服务区、滨水景观区、文化广场区、彩色作物区、农田体验区。“多景点”是各个功能分区有多个景点组成，每个景点有各自的功能项目且自成体系又相互关联，共同体现“绿色田园综合体”的主题。

（四）功能分区及主要景点设计

1. 入口服务区

南山农场的主要入口，设置有入口集散广场、游客服务建筑和生态停车场。入口雕塑体现了南山农场的文化特色，并配置五角枫、三角枫等槭树科树种，更好地展现秋季色彩和绿色生态的田园景观，突出观赏效果。

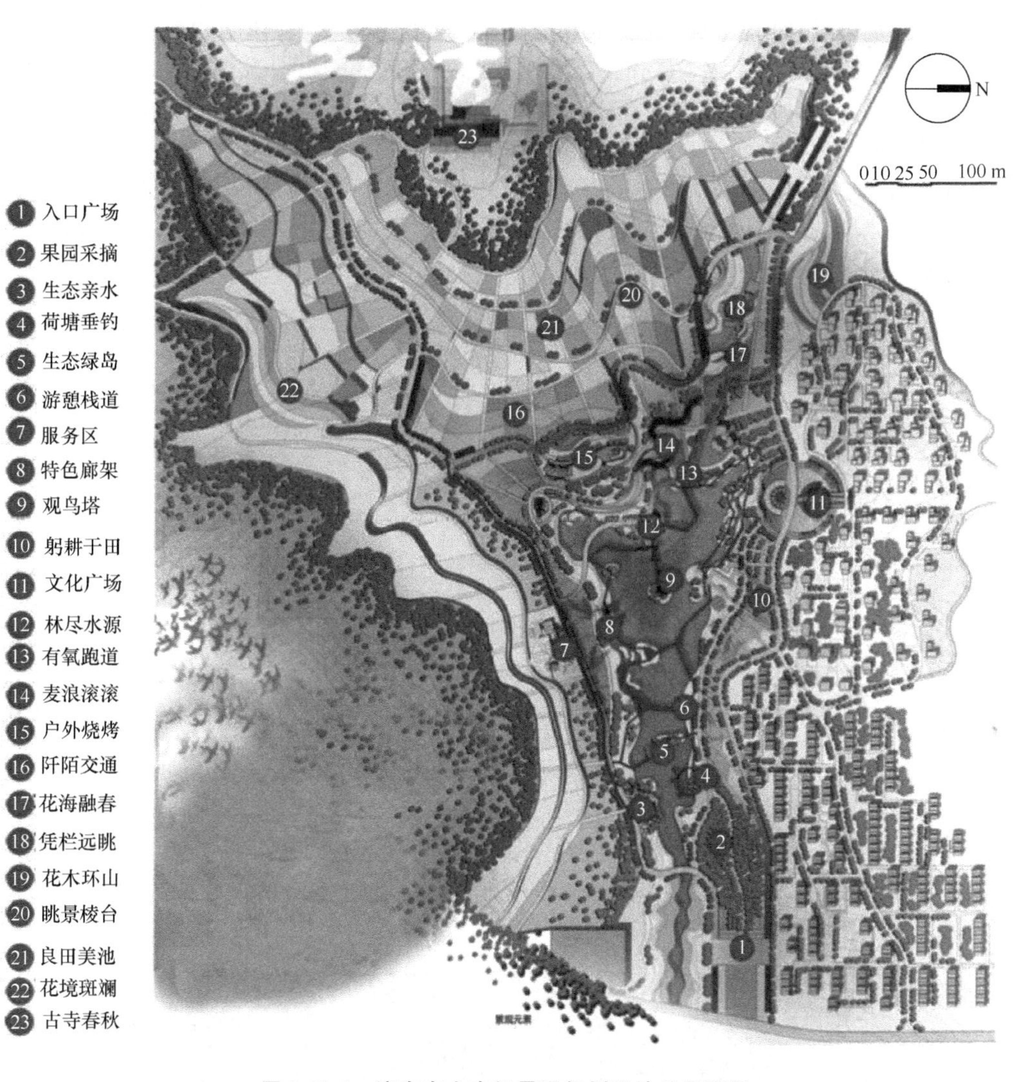

图 3-16-1 济南南山农场景观规划设计总平面图

图 3-16-2 济南南山农场景观规划设计鸟瞰图

2. 滨水景观区

以湿地景观为设计出发点，通过曲折木栈道（彩图 51）串联休闲钓鱼台和生态观鸟塔（彩图 52）等，营造“落霞与孤鹜齐飞，秋水共长天一色”的水边景观带，生态观鸟塔为南山农场的主景观，设计灵感来源于飞翔的鸟，主体造型采用向上迸发的流线，体现鸟儿舞动的姿态，同时象征着南山农场良好的生态环境。在中心地带扩建水体，建造具有储水和灌溉功能的雨水花园，种植荷花、睡莲、水葱、千屈菜、菖蒲、芦苇等，依靠载体形成生态浮岛，打造田园休闲的聚集地；另外以荷塘围绕的生态垂钓区（图 3-16-3），共同体现“绿色田园综合体”的设计主题。

图 3-16-3　生态垂钓区效果图

3. 文化广场区

文化广场区位于南山农场东北角，是展示当地文化特色的区域。其主要通过文化柱、景墙等景观设施展示农场文化和南山地区的地域特色，提高区域的文化内涵。区内还设置休息活动设施，兼顾休闲娱乐功能的特色廊架（图 3-16-4），周围种植具有观赏价值的可攀爬类作物，如南瓜、豆角、丝瓜等，并点缀一些开花类藤蔓植物，使整个廊架看起来色彩斑斓，硕果累累，达到美观和遮阴的效果。

图 3-16-4　特色廊架效果图

4. 彩色作物区

通过前期调查及文献研究发现，大自然的色彩会使人产生不同的感受，并可陶冶人的情操，给观赏者不同的视觉冲击力。南山农场景观设计运用色彩的情感效应，来缓解游人的紧张情绪，摒弃以往风景名胜区的传统游览方式，通过色彩对人情感的影响，使游人心理放松，通过让人们参与到采摘、种植等田园生活中，体现“农场＋园区”的现代农业景观构建。在设计中，使用大色块景观将农场进行分割；利用弯曲的道路穿过田地，作为游客户外健身的生态跑道（图 3-16-5）；沿途经过的田区耕种不同的作物、蔬菜以及不同色彩的果树、花木，从而形成不同色彩和肌理的田园地貌（图 3-16-6、图 3-16-7）。彩色作物区内，还设计了油菜花海和薰衣草庄园，既丰富了农场肌理，也增加了地域特色。

图 3-16-5　生态跑道效果图

图 3-16-6　麦浪滚滚效果图

图 3-16-7　花田效果图

5. 农田体验区

农田体验区主要实行农场租赁体系，游客可以在农场中采摘作物以及中草药，认养当地果树，在农场租地体验区进行田地租赁。游客通过实地考察，确定土地的大小和位置，在农场的服务区交一定费用，认领自己想要种植的作物品种，并且可以为自己的土地和作物进行命名，使用农场免费提供的耕种工具，完成作物的种植，模拟网上热门的偷菜游戏，从而达到游人亲身体验田园生活的目的。期间人们可以随时来到这里对作物进行管理，达到放松身心的效果，工作繁忙之际可交由农场管理人员管理，使得农耕文化和农业科技的传承在园区得以实现。

（五）道路规划设计

济南南山农场根据场地内不同的功能分区和景观特色，以相关规范为依据，将农场内道路划分为 3 个等级，分别为一级道路、二级道路和三级道路。一级道路为贯穿全园的主干道，是宽为 10m 的车行道，衔接城市道路；二级道路为各个分区的连接道路，即每个景观分区内的主路，能够使各景观分区联系更为密切；三级道路主要以木栈道、汀步、卵石铺路等形式出现，宽度设计为 1.5～2m，属于游览路线，为南山农场的主要步行道路。3 个等级的道路承载着不同的功能，以此构成南山农场完善的道路系统（图 3-16-8）。

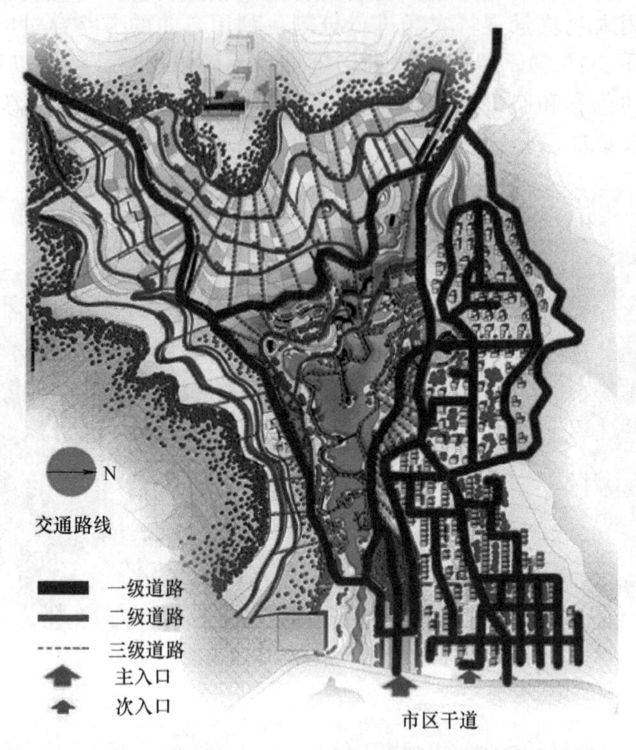

图 3-16-8 济南南山农场景观规划设计道路交通分析图

（六）植物种植设计

主入口景观区和文化广场区主要以规则式种植为主，选择体形优美的国槐和五角枫等。滨水景观区根据湿地植物的自然生长状况，选择芦苇、睡莲、荷花、金鱼藻等净水植物；驳岸植物选用垂柳、柽柳等耐水湿植物，与碧桃、紫薇等花灌木进行配植，彩色作物区以小麦、高粱、向日葵等色彩感较强的经济作物为主；花卉则选用孔雀草、万寿菊、薰衣草、薄荷等植物；另外，配植常绿高大乔木，跟低矮彩色作物形成视觉对比。农田体验区运用忌避作物的种植原理，建设生态型有机农场景观，让游人放慢脚步，体验农场，品味生态，感受自然。

参考文献

[1] 鲁敏，等. 风景园林绿地规划设计方法 [M]. 北京：化学工业出版社，2017.
[2] 鲁敏. 风景园林规划设计 [M]. 北京：化学工业出版社，2016.
[3] 鲁敏，等. 居住区绿地生态规划设计 [M]. 北京：化学工业出版社，2016.
[4] 鲁敏，等. 风景园林生态应用设计 [M]. 北京：化学工业出版社，2015.
[5] 鲁敏. 园林绿化工程概预算 [M]. 北京：化学工业出版社，2015.
[6] 鲁敏，等. 园林景观设计 [M]. 北京：科学出版社，2005.
[7] 陈蓉. 城市公园绿地主题的确立与表达 [D]. 南京：南京林业大学，2010.
[8] 顾谦. 园林主景处理手法研究 [D]. 南京：南京林业大学，2010.
[9] 马蕊. 园林绿地的主题与表达 [D]. 南京：南京林业大学，2008.
[10] 鲁敏，等. 济南市建成区绿地景观构成与空间格局分析 [J]. 山东建筑大学学报，2015，30 (01)：13-18.
[11] 鲁敏，等. 济南森林城市建设中绿道网络构建的途径与对策 [J]. 山东建筑大学学报，2011，26 (02)：101-104.
[12] 鲁敏，等. 风景园林主题主景设计的影响因素及作用探析 [J]. 山东建筑大学学报，2018，33 (05)：11-17.
[13] 赵学明，等. 涿州人才家园居住小区景观规划设计 [J]. 山东建筑大学学报，2014，29 (04)：374-379.
[14] 王恩怡，等. 济南丰奥家园居住区景观规划概念设计 [J]. 山东建筑大学学报，2016，31 (05)：496-505.
[15] 鲁敏，等. 高校校园园林景观总体规划概念设计——以山东建筑大学新校区为例 [J]. 山东建筑大学学报，2013，28 (03)：197-203.
[16] 鲁敏，等. 高校生态校园植物配置概念设计——以山东建筑大学新校区为例 [J]. 山东建筑大学学报，2014，29 (01)：9-27.
[17] 门小鹏，等. 东营市生态公园规划设计 [J]. 山东建筑大学学报，2016，31 (03)：289-296.
[18] 李东和，等. 烟台市芝罘区体育公园概念设计 [J]. 山东建筑大学学报，2017，32 (04)：379-389.
[19] 鲁敏，等. 城市公园的地域文化与现代生活的契合——齐河晏子公园景观规划概念设计 [J]. 山东建筑大学学报，2009，24 (02)：95-98＋110.
[20] 宗永成，等. 青岛崂山区城市公园生态规划设计 [J]. 山东建筑大学学报，2017，32 (02)：194-200.
[21] 郭天佑，等. 菏泽曹县文化公园景观规划概念设计 [J]. 山东建筑大学学报，2016，31 (01)：73-80.
[22] 刘功生，等. 山东临朐文化公园景观规划概念设计 [J]. 山东建筑大学学报，2015，30 (03)：255-262.
[23] 孔亚菲. 基于生态敏感性评价的济西国家湿地公园生态规划研究 [D]. 济南：山东建筑大学，2015.
[24] 鲁敏，等. 湿地园林—生态、湿地、地域文脉与园林美的统一——滕州荆泉风景区湿地园林景观规划设计 [J]. 山东建筑大学学报，2010，25 (01)：54-57＋78.
[25] 孔亚菲，等. 东营市东郊湿地公园概念设计 [J]. 山东建筑大学学报，2013，28 (06)：538-544.
[26] 李达. GIS技术在城市湿地公园生态规划设计中的应用研究 [D]. 济南：山东建筑大学，2016.
[27] 赵洁，等. 山东东营生态公园景观规划设计 [J]. 山东建筑大学学报，2014，29 (02)：157-162.
[28] 岳丽，等. 莱芜市龙崮河河道景观规划设计 [J]. 山东建筑大学学报，2018，33 (04)：77-83.
[29] 李成，等. 现代休闲农场景观规划设计——以济南南山农场为例 [J]. 山东建筑大学学报，2017，32 (05)：481-487.